濮阳市引黄灌溉调节水库工程环境影响研究

刘晓丽　张　凯　李家东　沙锦簇　王联鹏　著

黄河水利出版社
·郑州·

内 容 提 要

本书对水库类建设项目环境影响评价的程序、内容、方法、要点等问题进行了系统、全面的阐述,并结合实例,重点从生态环境、区域水资源利用、移民安置、施工期环境影响四个方面对其环境影响问题及对策进行了深入的分析论证。书中引用了诸多研究成果,提供了大量翔实的统计数据和图表,内容较为丰富。

本书对从事环保、水利、环境影响评价等行业的管理和研究人员具有较高的参考价值,也可供相关专业的大中专院校师生学习参考。

图书在版编目(CIP)数据

濮阳市引黄灌溉调节水库工程环境影响研究/刘晓丽等著.—郑州:黄河水利出版社,2011.12
ISBN 978 - 7 - 5509 - 0189 - 6

Ⅰ.①濮… Ⅱ.①刘… Ⅲ.①黄河 – 引水 – 灌溉水库调节 – 环境影响 – 研究 – 濮阳市 Ⅳ.①Ⅳ697.1
②X820.3

中国版本图书馆 CIP 数据核字(2011)第 273029 号

出 版 社:黄河水利出版社
地址:河南省郑州市顺河路黄委会综合楼 14 层   邮政编码:450003
发行单位:黄河水利出版社
发行部电话:0371 - 66026940、66020550、66028024、66022620(传真)
E-mail:hhslcbs@ 126. com
承印单位:黄河水利委员会印刷厂
开本:787 mm × 1 092 mm   1/16
印张:13
字数:300 千字   印数:1—1 000
版次:2011 年 12 月第 1 版   印次:2011 年 12 月第 1 次印刷
定价:32. 00 元

前　言

　　水是生命之源、生产之要、生态之基。2011年中央一号文件强调了水利事业在国家发展中的核心地位，并提出兴建水库、灌区等农田水利设施，确保农业稳定发展和国家粮食安全。水库作为重要的水利基础设施，建设及投入运行后，将对周边环境产生复杂、系统的影响，如何避免或减缓其不利影响已成为社会普遍关注的问题，更是广大水利、环保工作者面临的一项重要课题。

　　水库的兴建，特别是大中型水库的形成，将使周围环境发生明显改变。与其他工程相比，水库工程有突出的特点：征地面积大，影响区域广，影响人口多，对当地社会、经济、生态环境影响较大。目前，整个社会对环境问题越来越重视，环境问题已成为水库工程建设中的制约性因素。随着众多水利工程的兴建与环保形势的日益严峻，对水库建设环境影响方面的研究也进入了新的阶段。

　　本书以濮阳市引黄灌溉调节水库工程为实例，针对水库工程特点，重点突出生态、区域水资源、移民、施工环境影响研究四部分的内容，对生态系统完整性评价、水环境预测模型、生态需水量、下游重要环境敏感区影响等备受关注的预测内容的研究，力求全面、科学、客观，以阐述水库项目的主要环境问题、影响及对策。作者长期从事水资源保护及环境影响评价研究工作，从中系统地总结了一些经验和成熟的技术方法，结合实际案例阐述了有关问题及研究成果，供读者参考学习。

　　本书撰写人员及撰写分工如下：第一章、第四章由张凯撰写，第二章、第十二章由王联鹏撰写，第三章、第七章、第九章由沙锦森撰写，第五章、第八章、第十一章由刘晓丽撰写，第六章、第十章由李家东撰写。全书由刘晓丽统稿。

　　本书撰写过程中得到了黄河水资源保护科学研究所曾永所长、洪源副所长的大力支持，他们倾注了大量的心血，解决了诸多关键性的技术问题，并为本次研究创造了良好的工作环境。河南省环境保护厅、河南省水利厅、河南省环境工程评估中心、河南省环境保护科学研究院、河南省水利勘测设计研究有限公司等单位的多位专家为本次研究提出了宝贵的意见与建议，在此一并表示衷心的感谢。

　　由于水平有限，误漏之处在所难免，恳请读者批评指正。

编　者

2011年9月

目　录

第1章 总 论

1.1 项目背景

粮食是关系国计民生、经济发展与社会和谐的重要基础。河南省是粮食大省,对国家粮食安全负有重要的政治责任和历史责任,为保障国家粮食安全,河南省编制了《国家粮食战略工程河南核心区建设规划》(发改农经[2009]2251)(简称《规划》),国家发展和改革委员会于2009年发文通知实施。水利是农业的命脉,水利设施是保障粮食生产安全的基础,《规划》针对目前河南省水利建设制约粮食生产可持续发展的关键问题,明确提出:强化灌区建设,以增强粮食生产核心区的灌溉保障能力。

河南省大中型灌区中引黄灌区有26处,由于近年来引水条件恶化,灌区工程不配套、老化失修,造成国家分配给河南省的引黄水量得不到充分利用。为此,《规划》提出2020年前全面续建配套节水改造纳入国家规划的38处大型灌区和205处中型灌区,结合进行末级渠系改造,同时新建引黄灌区,充分利用国家分配给河南省的引黄水量,扩大灌溉面积,补充灌区地下水,保障粮食生产可持续发展。

濮阳市作为河南省粮食主产区之一,从20世纪50年代开始引黄灌溉,目前境内有引黄自流口门9处,形成了以渠村、南小堤、彭楼等灌区为主的大中型引黄灌区群,设计灌溉面积409万亩❶。随着小浪底水库初期运行以来,进入下游水沙过程发生了改变,造成黄河河床主槽下切,同流量水位下降,口门引水能力不足。同时,由于每年6~7月为黄河调水调沙期,水流含沙量高,灌区不宜正常引水,引水能力与用水过程的不匹配,严重影响了灌区效益的发挥。

鉴于此,结合《濮阳市水利发展"十二五"规划》,濮阳市提出兴建引黄灌溉调节水库,工程任务以保障农业灌溉为主,同时兼顾城市生态用水。项目建议书已于2011年3月获河南省发展和改革委员会批复(豫发改农经[2011]619号)。本项目已被列入全国中型水库建设规划。

水库建设项目为典型的非污染生态项目,对环境的影响是极其复杂的,本次研究以濮阳市引黄灌溉调蓄水库工程为对象,采用现状调查、类比分析、定量评价模拟计算等方法,对项目建设及运行可能涉及的关键环境影响进行了研究与探讨。

---

❶ 1亩 = 1/15 hm²。

1.2 技术依据

1.2.1 法律法规

(1)《中华人民共和国环境保护法》(1989 年 12 月);

(2)《中华人民共和国环境影响评价法》(2003 年 9 月);

(3)《中华人民共和国水法》(2002 年 10 月);

(4)《中华人民共和国防洪法》(1998 年 1 月);

(5)《中华人民共和国土地管理法》(2004 年 8 月);

(6)《中华人民共和国水污染防治法》(2008 年 2 月);

(7)《中华人民共和国大气污染防治法》(2000 年 9 月);

(8)《中华人民共和国环境噪声污染防治法》(1997 年 3 月);

(9)《中华人民共和国固体废物污染环境防治法》(2004 年 12 月);

(10)《中华人民共和国水土保持法》(1991 年 6 月);

(11)《中华人民共和国野生动物保护法》(2004 年 8 月);

(12)《河南省水污染防治条例》(2010 年 3 月);

(13)《中华人民共和国野生植物保护条例》(1997 年 1 月);

(14)《中华人民共和国水生野生动物保护实施条例》(1993 年 10 月);

(15)《建设项目环境保护管理条例》(1998 年 11 月);

(16)《中华人民共和国河道管理条例》(1988 年 6 月);

(17)《建设项目环境保护分类管理名录》(2008 年 8 月)。

1.2.2 技术规范

(1)《环境影响评价技术导则　总纲》(HJ/T 2.1—93);

(2)《环境影响评价技术导则　大气环境》(HJ2.2—2008);

(3)《环境影响评价技术导则　地面水环境》(HJ/T 2.3—93);

(4)《环境影响评价技术导则　声环境》(HJ2.4—2009);

(5)《环境影响评价技术导则　非污染生态影响》(HJ/T 19—1997);

(6)《环境影响评价技术导则　水利水电工程》(HJ/T 88—2003);

(7)《建设项目环境风险技术评价导则》(HJ/T 169—2004);

(8)《生态环境状况评价技术规范(试行)》(HJ/T 192—2006);

(9)《开发建设项目水土保持技术规范》(GB 50433—2008);

(10)《水电水利建设项目河道生态用水、低温水和过鱼设施环境影响评价技术指南(试行)》(环评函[2006]4 号);

(11)《环境影响评价公众参与暂行办法》(环发[2006]28 号);

(12)《水利水电工程环境保护概估算编制规程》(SL 359—2006)。

1.2.3　相关规划

(1)《国家粮食战略工程河南核心区建设规划》(发改农经[2009]2251号);

(2)《濮阳市城市总体规划(2006~2020年)》;

(3)《濮阳市土地利用总体规划(2006~2020年)》;

(4)《濮阳市水利发展"十二五"规划》;

(5)《河南省水环境功能区划》(豫政文[2006]233号);

(6)《河南省水功能区划》(豫政文[2004]136号);

(7)《濮阳县黄河湿地省级自然保护区总体规划》;

(8)《濮阳市环境保护"十二五"总体规划》;

(9)《濮阳历史文化名城保护规划》;

(10)《河南省濮阳国家生态示范区建设规划》。

1.3　评价标准

1.3.1　环境质量评价标准

(1)项目区环境空气质量执行《环境空气质量标准》(GB 3095—1996)中的二级标准。

(2)项目区地表水黄河濮阳段执行《地表水环境质量标准》(GB 3838—2002)中的Ⅲ类标准。引黄灌溉调节水库库区、马颊河、第三濮清南干渠、顺城河执行《地表水环境质量标准》(GB 3838—2002)中的Ⅳ类标准。

(3)项目区地下水环境质量执行《地下水质量标准》(GB/T 14848—93)中的Ⅲ类标准。

(4)项目区周围声环境质量执行《声环境质量标准》(GB 3096—2008)中的2类标准。交通干线两侧执行《声环境质量标准》(GB 3096—2008)中的4a类标准。

(5)项目区周围土壤环境质量执行《土壤环境质量标准》(GB 15618—1995)中的二级标准。

1.3.2　污染物排放标准

(1)废污水排放执行《污水综合排放标准》(GB 8978—1996)表4中的二级排放标准。

(2)施工期噪声执行《建筑施工场界噪声限值》(GB 12523—90)中的相关标准。运行期噪声执行《工业企业厂界噪声排放标准》(GB 12348—2008)中的2类标准。

(3)废气污染物执行《大气污染物综合排放标准》(GB 16297—1996)表2中的二级标准。

1.4 环境保护目标与环境敏感点

1.4.1 环境保护目标

1.4.1.1 水环境

对于工程涉及河段,根据法律规定和水域功能的环境保护要求,确定河段水环境保护标准。工程施工期间,确保生产废水满足《污水综合排放标准》(GB 8978—1996)中的二级标准,维护各河段水域环境功能要求;工程运行后,确保调节水库库区中IV类水质,确保各河段水环境质量状况不低于现状质量水平。工程涉及河段的水功能区划、水环境功能区划分别见表1-1、表1-2。地下水保护目标为工程周边区域地下水水质达到《地下水质量标准》(GB/T 14848—93)中的Ⅲ类标准。

表1-1 评价河段水功能区划

河流	二级功能区名称	功能排序	范围			水质代表断面	水质目标
			起始断面	终止断面	长度(km)		
马颊河	马颊河濮阳市景观娱乐用水区	景观、排污	濮阳县金堤闸	清丰县马庄桥	16.5	清丰县马庄桥	IV
马颊河	马颊河濮阳市农业用水区	农业、排污	清丰县马庄桥	南乐水文站	44.7	南乐水文站	IV

表1-2 评价河段水环境功能区划

河流	功能区名称	控制范围	监测断面	水质目标
黄河	黄河濮阳段	入濮阳境—台前张庄闸	台前张庄闸	Ⅲ
马颊河	马颊河上段	金堤回灌闸—马庄桥	马庄桥	IV
马颊河	马颊河下段	马庄桥—出豫境	南乐水文站	IV
第三濮清南				IV
顺城河				IV

1.4.1.2 环境空气

保护施工区大气环境,减免工程施工对区域环境空气的不利影响,保证环境敏感目标所处区域环境空气质量满足《环境空气质量标准》(GB 3095—1996)中的二级标准。

1.4.1.3 声环境

依据《声环境质量标准》(GB 3096—2008)的有关规定对工程噪声进行控制,保证库区周围、引水工程沿线达到2类标准要求,施工道路两侧的环境敏感目标周围声环境达到相关4a类标准要求。

1.4.1.4 生态环境

将工程对施工区域土地资源、地表植被的影响降到最低;提出优化方案,使工程对区域的景观、水土保持等方面的影响控制在可以承受的范围内;确保自然保护区、种质资源保护区等敏感目标的主体功能不会受到影响。

1.4.2 环境敏感点

经现场调查,施工区环境敏感点分布情况见表1-3。

表1-3 施工区环境敏感点分布情况

序号	项目	行政村名称	工程的相对位置
1	引水泵站	杨庄村	以西540 m
		班家村	西北580 m
		后范庄村	以南650 m
2	引水河道	北豆村	以西500 m
2	库区	张仪村	部分位于西库区内部
		许村	西库区东北290 m
		油辛庄村	西库区以南500 m
		貌庄村	库内河道以南360 m
		娄店村	库内河道以南380 m
		孟村	部分位于东库区内部
		祁家庄村	东库区以南45 m
		疙瘩庙村	东库区以北70 m
		北里商村	东库区以东,紧邻
4	出水河道	蒋孔村	1#出水河道以东240 m
		北里商村	2#出水河道以东150 m
5	弃土场	张仪村	1#弃土场以南320 m
		许村	1#弃土场以东250 m
		蒋孔村	2#弃土场以北250 m
		孟村	2#弃土场东南300 m
6	施工营地	杨庄村	引水河道施工营地西北150 m
		张仪村	主库区1#施工营地以北50 m
		孟村	主库区2#施工营地以东300 m
		疙瘩庙村	主库区3#施工营地以西50 m
		祁家庄村	主库区4#施工营地东南100 m
		蒋孔村	出水河道施工营地东北150 m

1.5 评价等级与评价范围

1.5.1 评价等级

1.5.1.1 水环境

工程施工排污主要是混凝土养护、冲洗废水和施工人员的生活污水，废污水排放量 $Q < 1\,000\ m^3/d$，污染物为非持久性污染物，主要是 SS，污水水质简单，工程涉及的地面水域规模较小，水质要求为Ⅳ类。按照《环境影响评价技术导则　地面水环境》（HJ/T 2.3—93）的相关规定，确定水环境影响评价等级为三级。

1.5.1.2 环境空气

濮阳市引黄灌溉调节水库工程所在地地形简单，工程对环境空气质量的影响主要集中在施工期，影响范围为施工区域和施工道路两侧，施工期大气污染物主要是 TSP，工程完建后，对环境空气的影响消失。根据《环境影响评价技术导则　大气环境》（HJ2.2—2008）评价工作分级原则，确定环境空气评价等级为三级。

1.5.1.3 声环境

工程所在功能区属于适用于《声环境质量标准》（GB 3096—2008）规定的 2 类标准的地区，根据《环境影响评价技术导则　声环境》（HJ2.4—2009）评价工作等级划分原则，确定声环境影响评价等级为二级。

1.5.1.4 生态环境

工程建设会改变土地利用类型、减少生物量，改变生态景观格局，根据《环境影响评价技术导则　非污染生态影响》（HJ/T 19—1997）来确定生态环境的评价等级。

本项目新建引水河道长 3.35 km，出水河道长 2.173 km，库区水面面积 3.2 km²，影响范围为调节水库周边地区，生物量减少小于 50%，异质化程度降低，物种多样性减少小于50%。

综合上述情况，将本项目生态环境评价等级定为二级。

1.5.2 评价范围

根据濮阳市引黄灌溉调节水库工程的规模、特点和区域环境特点，拟定工程环境影响评价范围见表1-4。专项设施改建内容不纳入水库工程建设范围，不纳入本次环境影响评价范围。

表1-4 工程环境影响评价范围

序号	环境要素	评价范围	
		施工期	运行期
1	生态环境	各种水闸、泵站工程周围 200 m； 调节水库周围 200 m； 施工营地周围 200 m； 弃土场周围 200 m	引水河道、出水河道两侧 200 m， 调蓄池周围 3 000 m； 土地利用评价范围为濮阳市区

序号	环境要素	评价范围		
		施工期	运行期	
2	社会环境	施工区域周边	工程供水灌区、濮阳市区	
3	水环境	第三濮清南干渠下游；顺城河	地表水	黄河：渠村； 第三濮清南干渠：水库引水口下游； 顺城河：水库出水口下游； 马颊河：水库退水口下游； 第三濮清南干渠：顺城河汇入处至灌区
				地下水：调蓄池周围 3 000 m
4	环境空气	施工场地周围 500 m； 运输道路沿线两侧 200 m	—	
5	声环境	施工场地边缘 100 m	水库进水泵站周围 100 m	

1.6 总体思路与研究重点

1.6.1 工程特点

(1)工程形式多样。

工程形式多样,工程分布呈点、线、面特点,其中点状工程为节制闸、进水闸、进水泵站等,包括水闸 5 座；线性工程为引水河道、出水河道、退水河道、库区河道等,上述河道总长为 5.523 km；面状工程为调节水库。

(2)水源及引水工程利用原有工程,项目施工及影响范围较小。

本项目水源工程利用渠村引黄闸,引水路线主要利用原有第三濮清南干渠河道。水源及主要引水工程目前均已运行多年,无须扩建即可满足本次工程的需要。因此,本项目引水河道仅 3.35 km,工程施工范围及环境影响范围均较小。

(3)施工方式相对简单。

工程水源及引水渠道利用现有第三濮清南干渠,无须进行建设。仅在第三濮清南干渠修建节制闸、泵站及后续引水、蓄水工程。

工程建设的引水河道、出水河道、退水河道以及水闸、泵站等配套工程施工方式均较为简单,施工活动主要为土方开挖、浆砌块石以及混凝土工程。调节水库主要施工活动为土方开挖、塑性混凝土防渗墙浇筑等。

(4)工程征地面积较大,弃土量较大。

本工程征地面积较大,永久征地 7 048 亩,临时征地 3 312 亩。工程开挖产生的弃土量相应较大,达 815.468 万 m³。

(5)与区域相关问题的关系。

由于本次调节水库位于城市规划区之内,库区移民安置主要采取在本乡本村本组内安置的方式。由濮阳市人民政府结合城市规划的实施负责统一安置,本工程不单独实施相关工作。

工程与区域集中式饮用水水源地保护区和黄河湿地自然保护区的关系,应符合《饮用水源保护区污染防治管理规定》《濮阳市城市集中式饮用水水源地环境保护规划》和《濮阳县黄河湿地省级自然保护区总体规划》的有关规定,确保项目建设不对保护区构成不利影响。

1.6.2 区域环境特征

(1)黄河渠村闸下游2.3 km为濮阳县黄河湿地省级自然保护区,应充分考虑本项目对它可能造成的潜在影响。

(2)当地引黄闸、沉沙池、第三濮清南干渠等灌溉体系相对完善,已运行多年,可满足本项目需要。

(3)调节水库所在区域以农业生态环境为主,土地利用以一般耕地为主,不涉及基本农田。

(4)工程水源黄河水质较好,基本能够满足三类水体的水质要求,但第三濮清南干渠上游接纳了沿途部分工业污染源和生活污染源,现状水质超标相对严重,主要超标因子为COD、氨氮。

1.6.3 总体思路

根据以上工程特点以及区域环境特点,结合评价工作程序,确定本次评价的总体思路如下,总体思路框架见图1-1。

(1)阐明工程建设的必要性及与相关规划的协调性、土地利用的合理性。

(2)在收集项目区域相关资料的基础上,对水环境、环境空气、声环境、社会环境、生态环境现状及人群健康进行调查与评价。

(3)预测分析项目建设征地对土地资源利用方式和生物量的影响,对区域生态系统稳定性和完整性的影响,以及水土流失影响。

(4)预测工程运行后,对环境地质的影响,以及周边河流对调节水库水质的影响关系和影响程度,针对性地提出工程及非工程措施、建议。

(5)分析工程引水对周边敏感区域的影响,提出环境保护措施。

(6)在进行评价项目建设、运行可能对周围环境产生影响的基础上,结合工程施工特点和区域环境特点,对工程建设造成的不利环境影响提出技术经济可行的防护和减免措施,并制订环境监测及监理计划,为工程的环境保护管理提供科学依据。

(7)从环境保护角度,对项目建设的可行性做出结论,并对项目建设过程存在的问题提出合理性建议。

1.6.4 研究重点

本次评价研究依据建设项目及周边环境影响特点,确定研究的重点为:工程建设对区

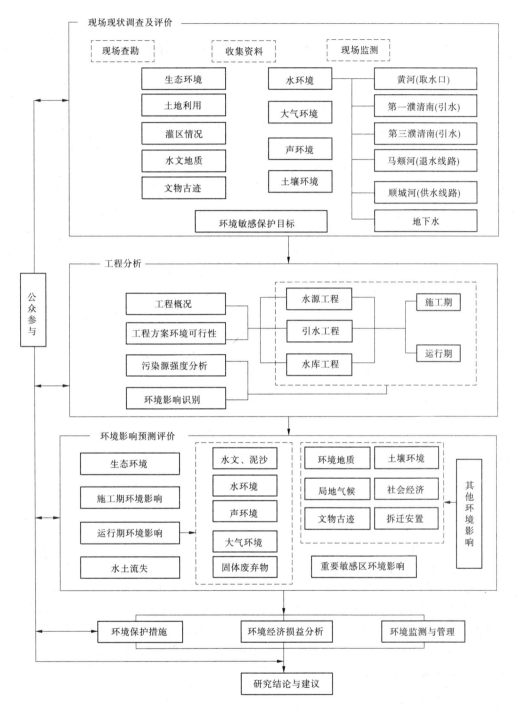

图 1-1 总体思路框架

域生态环境的影响,水库蓄水对环境地质的影响、对周边水体水环境的影响,施工期间对周围水土流失的影响,以及工程实施对黄河湿地自然保护区等环境敏感目标的影响等。

第2章 工程概况

2.1 地理位置

濮阳市位于河南省东北部,黄河下游,冀、鲁、豫3省交界处。它的东南部与山东省济宁市、菏泽市隔河相望,东北部与山东省聊城市、泰安市毗邻,北部与河北省邯郸市相连,西南部与河南省新乡市相倚,西部与河南省安阳市接壤。东西长125 km,南北宽100 km。全市总面积为4 188 km²,约占全省总面积的2.5%,其中耕地面积为2 694 km²。

濮阳市引黄灌溉调节水库工程位于濮阳市市区北部,规划水库水域面积为3.2 km²,水库正常蓄水位为51.50 m,水库平均水深为5.04 m,最大水深为6.5 m。具体位置在濮范高速以南、卫都路以北、湖村乡许村东南、孟庄村西南、振兴路以东;地理位置为东经114°57′~115°02′,北纬35°47′~35°48′。

2.2 工程任务、规模与运行方式

2.2.1 工程任务

濮阳市引黄灌区调蓄工程的主要任务是以农业灌溉为主,在保证灌区灌溉兴利用水的同时,兼顾濮阳市城市生态用水。

(1)农业灌溉主要考虑渠村灌区下游部分,即顺城河以北区域,以提高该区域农业灌溉期灌溉保证率,改善较严重的缺水现状,保障粮食生产安全。

(2)在为灌区提供灌溉用水、保证灌区灌溉率的同时,可作为濮阳市城市生态用水,改善周边的生态环境。

通过原有的渠村引黄闸引水,引黄河水入第一濮清南干渠,经沉沙池沉沙后,再进入第一濮清南干渠,在第一濮清南干渠上3#枢纽附近分水进入第三濮清南干渠,在第三濮清南干渠桩号55+550处建进水闸和提水泵站,向东开挖引水河道连接分水闸与调节水库,从进水闸分水沿引水河道输水至调节水库。水库共设2条出水河道(均为新开挖河道),1#出水河道位于水库北侧,主要是满足水库向顺城河以北的濮清南灌区供水;2#出水河道设在水库东侧,主要用于水体交换和水库退水。

2.2.2 工程规模

2.2.2.1 调蓄水量

根据灌区用水定额和供水条件,工程需调节灌溉用水总水量1 554万 m³/年,考虑蒸发渗漏及渠道沿程损失,工程年调蓄引黄水量为3 560万 m³,时段(旬)最大引黄水量为

1 000 万 m³,相应引水能力为 25 m³/s。

2.2.2.2 水源及引水工程

本项目利用水源(渠村引黄闸)设计引水能力为 100 m³/s,引水路线设计最小过水流量为 25 m³/s。引水线路总长 62.05 km;工程利用原有线路长 58.7 km,其中利用第一濮清南干渠长 23.6 km,利用第三濮清南干渠长 35.1 km;新开挖渠道长 3.35 km。

2.2.2.3 调蓄池规模

调节水库总库容为 1 612 万 m³,其中灌溉调节库容为 1 313 万 m³,死库容为 299 万 m³。调蓄池正常蓄水位为 51.5 m,池底高程为 45 m,平均水深为 5.04 m。正常蓄水位相应水面面积为 3.2 km²。

2.2.3 水库运行方式

2.2.3.1 调节水库的运行方式

适时引蓄黄河水入调节水库,需要灌溉补水时配合上游引水按灌溉用水要求通过顺城河退水入第三濮清南干渠向灌区供水。

汛期不参与城市防洪时,按正常蓄水位 51.50 m 运用,相应 100 年一遇最高洪水位为 51.88 m。有必要参与城市防洪时,可将水位降低,提高城市的防洪能力,具体运用时应与灌溉用水相结合。

工程调蓄灌区作物每年 11 月、3 月、4 月、6 月、8 月(农灌期)需要引水灌溉,每旬毛灌溉需水量为 1 202 万~3 538 万 m³,每月毛灌溉需水量为 1 376 万~5 252 万 m³。

本项目调蓄灌区灌溉用水过程见图 2-1。工程调蓄灌区灌溉毛用水量为 22 139 万 m³/年,其中调蓄水库调节水量为 2 826 万 m³/年,其余部分为直接引黄水量和地下水取水量。

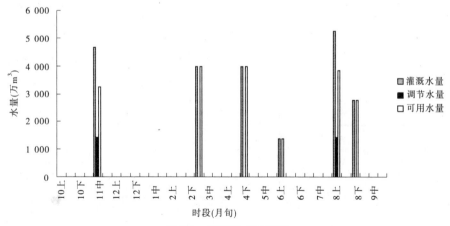

图 2-1 灌溉用水过程线

调蓄水库引水时段为每年 10 月、11 月、5 月、7 月、8 月,调蓄供水时段在每年 11 月和 8 月农灌期;调蓄池蓄水至正常蓄水位后,考虑灌区需水时段及需水量,分两次反调节灌溉。工程逐旬引水量和引水过程及调蓄水库调节计算见表 2-1。

表 2-1　水库年调节水量平衡表　　　　　　　　　（水量：万 m³）

月	旬	引黄水量	入库水量	库面降水补给量	蒸发损失量	渗漏损失量	调节灌溉供水量	水库蓄水量	水位（m）
								1 132	
10	上	313	282	5	9	7		1 403	
	中			5	8	7		1 393	
	下			3	8	7		1 381	
11	上	480	432	3	7	7		1 802	51.00
	中			2	5	7	1 413	379	
	下	444	400	2	4	7		770	
12	上			1	3	7		761	
	中			1	2	7		753	
	下			1	2	7		745	
1	上			1	2	7		737	
	中			1	2	7		729	
	下			1	2	7		721	
2	上			1	2	7		713	
	中			2	4	7		704	
	下			1	4	7		694	
3	上			3	7	7		683	
	中			2	8	7		670	
	下			2	11	7		654	
4	上			2	12	7		637	
	中			4	12	7		622	
	下			5	13	7		607	
5	上	434	391	5	13	7		983	
	中			7	13	7		970	
	下			5	17	7		951	
6	上			5	17	7		932	
	中			6	17	7		914	
	下			13	15	7		905	

月	旬	引黄水量	入库水量	库面降水补给量	蒸发损失量	渗漏损失量	调节灌溉供水量	水库蓄水量	水位（m）
7	上			19	13	7		904	
	中			16	11	8		901	
	下	1 000	900	21	12	8		1 802	51.00
8	上			15	12	8	1 413	384	
	中	889	800	12	13	8		1 175	
	下			11	12	8		1 166	
9	上			9	13	8		1 154	
	中			7	10	8		1 143	
	下			6	9	8		1 132	
合计		3 560	3 205	205	324	260	2 826		

2.2.3.2 水库建成后渠村闸灌溉引黄水量变化

根据工程可研,考虑水库调节能力,对比水库建成前、后渠村闸灌溉引黄水量变化,见表2-2、图2-2。

表2-2 水库建成前、后渠村闸灌溉引黄水量变化对比 （单位:万m³）

月份	渠村灌区灌溉水量	
	水库建成前	水库建成后
1	0	0
2	0	0
3	4 755	4 755
4	4 755	4 755
5	0	434
6	1 783.1	1 783.1
7	0	1 000
8	7 330.7	6 806.7
9	0	0
10	0	313
11	4 755	4 257
12	0	0

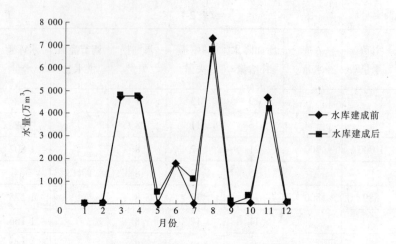

图 2-2　水库建成前、后渠村闸灌溉引黄水量变化对比

由图 2-2 可以看出,水库建成前,渠村闸 8 月和 11 月引黄水量较大,渠村闸引水压力较大;水库运行后,在引水压力较大的 8 月和 11 月提前引水,存入水库,减轻了渠村闸当月(农灌期)引水压力,同时在不增加引黄水总量的前提下,提高了水库下游灌区的灌溉保证率。

2.3　工程总布置与主要建筑物

2.3.1　工程等级

根据《水利水电工程等级划分及洪水标准》(SL 252—2000),确定该水库规模为中型,工程等别为Ⅲ等;引水工程规模为中型,工程等别为Ⅲ等;主要建筑物为 3 级,设计防洪标准为 50 年一遇,校核防洪标准为 100 年一遇。

根据《中国地震动参数区划图》(GB 18306—2001),场区震动峰值加速度为 $0.15g$,相当于地震基本烈度为 7 度区,地震稳定性较差。

2.3.2　工程总体布置

工程总体包括水源工程、引水工程、水库工程和出水工程 4 部分。工程布置示意图见图 2-3。

2.3.2.1　水源工程布置

水源工程为渠村引黄闸,利用原有工程。

渠村引黄闸于 20 世纪 50 年代建成使用,于 2005 年进行了改造,改造后设计引水流量为 100 m³/s,其中城市供水流量为 10 m³/s,灌区供水流量为 90 m³/s,灌溉闸设 5 孔,单孔宽 3.9 m,设计流量为 90 m³/s。

2.3.2.2　引水工程

引水工程布置由上游至下游分别为第一濮清南干渠引水段、第三濮清南干渠引水段

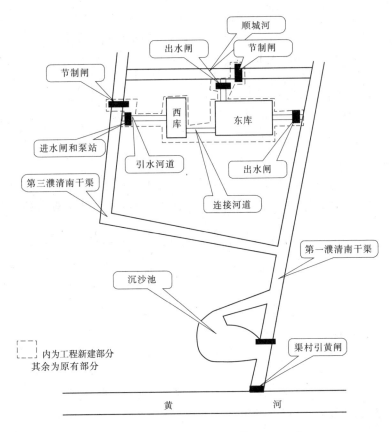

图 2-3　工程布置示意图

和新建引水河道引水段。工程大部分沿用原有渠道,利用原有水闸、渡槽、倒虹吸、沉沙池等工程设施;新建的引水河道需要建设节制闸、进水闸和提水泵站,进水闸引水时流量为 25 m³/s,泵站抽水时,其流量为 7.4 m³/s,因此开挖的引水河道设计流量为 25 m³/s。

1. 第一濮清南干渠引水段工程

利用原有的第一濮清南干渠和沉沙池,引水渠线为引黄口至第一濮清南干渠 3# 枢纽,长 23.6 km,过水流量为 100 m³/s,可以满足本次工程的过水流量为 25 m³/s。本次工程仅利用该河段作为引水路线,不涉及施工活动。

原有沉沙池占地 2 500 亩,围堤高 3 m,设计水深 1.8 m,南北长 3 km,东西宽 900 m,设计沉沙深度 1.5 m;总容积为 810 万 m³,有效沉沙容积为 405 万 m³。根据设计流量,最小水力停留时间为 12 h。

2. 第三濮清南干渠引水段工程

引黄水通过第一濮清南输水总干渠在 3# 枢纽前进入第三濮清南干渠,本工程需要在第三濮清南干渠桩号 55 +565 处修建节制闸,在第三濮清南干渠桩号 55 +500 处新建的引水河道上修建进水闸和提水泵站,引水进入引水河道。本次引水工程利用第三濮清南输水总干渠(长 35.1 km、过水流量为 25 m³/s)可以满足本次工程的过水流量 25 m³/s。

3. 新建引水河道工程

从第三濮清南干渠引水后，需新建 3.35 km 长的引水河道将水输送至水库，该河道设计底宽 60 m，设计流量为 25 m³/s。

2.3.2.3 水库工程

1. 主库区平面布置

濮阳市引黄灌溉调节水库工程库区包括东、西两个主库区，库内连接河道和 1#、2# 两个出水河道。其中，东库区水域面积为 1.75 km²，西库区水域面积为 1.03 km²。

2. 防渗工程布置

当水库正常蓄水位为 51.50 m 时，水库渗漏量为 1 071 万 m³/年，约占总库容的 2/3。因此，必须进行防渗处理，工程拟采取垂直防渗与水平防渗相结合的综合防渗方案，其工程布置如下：

沿东、西两主库区库周各布设一道塑性混凝土防渗墙，防渗墙顶部高程与正常水位 51.50 m 一致，或与水库岸边建筑物紧密衔接。防渗墙底部高程深入库底第⑥层中粉质壤土层（相对不透水层）内，深入深度为 1.0～2.0 m，防渗墙深度为 18.84～31.18 m，由塑性混凝土防渗墙和库底第⑥层壤土层共同组成一个防渗体，以满足调节水库工程的防渗要求。防渗墙总长度为 12.452 km，其中东库区防渗墙长 6.436 km，西库区防渗墙长 6.016 km，塑性混凝土防渗墙厚度为 0.4 m。渗透系数为 2.36×10^{-7}～$1.23 \sim 10^{-5}$ cm/s。

2.3.2.4 出水工程

水库共设 2 个出水河道，1# 出水河道位于东库区的北侧，水面宽 60 m，长 1 051 m，在 1# 出水河道的末端设 1# 出水闸，设计流量为 14 m³/s。1# 出水闸后设消力池和尾水渠，尾水渠长 370 m，前 120 m 为明渠、后 250 m 为暗渠，暗渠穿过濮范高速后，出水至顺城河，然后流入第三濮清南干渠，满足水库向顺城河以北的濮清南灌区供水。

2# 出水河道设在水库的东侧，长 520 m，在其末端建 2# 出水闸，然后通过 232 m 长的尾水渠出水至马颊河，满足水库水体的交换和水库的退水作用。

2.3.3 主要建筑物

本工程主要建筑物包括引水建筑、调节水库和出水建筑等。水源工程和大部分引水工程利用原有设施，可以满足工程要求；部分引水工程和调节水库需要新建，新建部分主要建筑物见表 2-3。

表 2-3 新建部分主要建筑物

工程组成	主要建筑物		性质	数量	规模
引水工程	第三濮清南干渠节制闸		新建	1	过水流量为 25 m³/s
	引水河道	进水闸	新建	1	过水流量为 25 m³/s
		提水泵站	新建	1	设计提水能力为 7.4 m³/s
		明渠	新建	1	长 3.35 km，底宽 60 m，设计过水流量为 25 m³/s

工程组成	主要建筑物		性质	数量	规模
调节水库库区	主库区及库区河道		新建	1	水域面积为 3.2 km²,库容为 1 612 万 m³
出水工程	1# 出水河道	出水河道	新建	1	长 1 051 m,设计流量为 14 m³/s
		出水闸	新建	1	设计流量为 14 m³/s
		尾水渠	新建	1	长 375 m,设计流量为 14 m³/s
	2# 出水河道	出水河道	新建	1	长 520 m,设计流量为 10 m³/s
		尾水渠	新建	1	长 232 m,设计流量为 10 m³/s
		出水闸	新建	1	设计流量为 10 m³/s
辅助工程	顺城河	节制闸	新建	1	设计流量为 14 m³/s

2.3.3.1 水源工程

水源工程为渠村引黄闸,为原有设施,不需要扩建和改造。

2.3.3.2 引水工程

引水工程包括第一濮清南干渠、第三濮清南干渠和引水河道三部分。其中,第三濮清南干渠仅在取水口建设节制闸;引水河道需要新建,在引水河道引水口处建设进水闸和提水泵站。

1. 第一濮清南干渠

工程利用第一濮清南干渠中从引黄闸至 3# 枢纽段作为引水线路,全部利用原有设施和渠道,不需要扩建和改造,不涉及施工活动。

2. 第三濮清南干渠

本工程利用第三濮清南干渠 35.1 km 作为引水渠道,不需要扩建和改造,不涉及施工活动,涉及的施工活动主要是在第三濮清南干渠桩号 55+565 处建节制闸。

节制闸分进口段、闸室段、消力池段和海漫段。

进口段长 25 m,底宽 11.2 m,前 5 m 为濮清南干渠,梯形断面,采用 M7.5 浆砌石护底,厚 300 mm,边坡为 M7.5 浆砌石护坡,后 20 m 为扭面,护底采用 0.4 m 厚 C25 混凝土,扭面采用 M7.5 浆砌石护砌。

闸室段长 13 m,共 2 孔,单孔净宽 5.0 m,2 孔一联,整体式结构,闸底板顶面高程为 46.10 m,底板厚 1.0 m,中墩厚 1.2 m,边墩为梯形断面,顶宽 0.8 m、底宽 2.65 m。

闸室末端接 1.0 m 的水平段,然后通过 1:4 的坡与消力池连接,消力池段长 8.0 m,消力池底板为 C25 钢筋混凝土结构,底板顶面高程为 45.60 m,底板厚 0.6 m,下设 0.1 m 厚粗砂垫层。消力池两侧为 C25 混凝土挡墙。

海漫段长 25 m,前 20 m 为浆砌石段,为 0.5 m 厚 M7.5 浆砌石护底,两岸为 M7.5 浆砌石扭面,后 5 m 为干砌石段,采用 0.3 m 厚干砌石护底,梯形断面,两岸为 M7.5 浆砌石护坡,坡比为1:2。

3. 引水河道

引水河道引水口进水闸与泵站采用闸站结合的方式,进水闸与泵站并列布置,进水闸分进口段、闸室段和出口段;泵站分进水口段、泵房、出水池段等。

进水闸与泵站共用,进口段长83.5 m,呈喇叭口形,渠道底宽60.10 m,其中0+000~0-015段两岸为C25混凝土翼墙,渠底为0.4 m厚C25混凝土铺盖;引0-015~0-035段为扭面过渡段,两岸为M7.5浆砌石扭面,底部为0.4 m厚M7.5浆砌石护底;引0-035~0-083.5段为喇叭口段,两岸采用M7.5浆砌石护坡,坡比为1:2,底部为0.4 m厚M7.5浆砌石护底。

进水闸闸室段长20 m,共5孔,单孔净宽6.0 m,为开敞式结构,闸底板顶面高程为48.50 m,底板厚1.5 m,右侧为3孔一联,左侧为2孔一联,整体式结构,中墩厚1.5 m,缝墩厚2.4 m,工作闸门为露顶式平面钢闸门,孔口尺寸为6 m×3.8 m,启闭设备每孔各设一套2×100 kN固定卷扬式启闭机,工作闸门前设检修闸门,孔口尺寸为6 m×3.8 m,也为露顶式平面钢闸门,启闭设备用一套2×100 kN移动式电动葫芦。

泵房段长20 m,据所选定的机组形式及结构布置要求,泵站厂房采用墩墙式泵房形式,其上、下分别设电机层和水泵层。按照设计规范和设备要求,机组间距设计为3.6 m。出口段长40 m,与泵站共用,为矩形断面,总净宽60.10 m,两岸为C25钢筋混凝土挡土墙结构,墙高4.50 m,底宽3.8 m,底部为0.4 m厚C25混凝土护底。

引水河道除引水口处建设进水闸和泵站,其余部分为开挖渠道,无建筑物。

2.3.3.3 调节水库库区工程

库区建筑物包括库体、调节水库防渗体、库区河道防护工程。

1. 库体

调节水库分为东、西两个库区,库体平均深度为5.04 m左右,正常蓄水位为51.5 m,主池区水面面积为3.2 km²,总库容为1 612万m³。

调节水库周边现状地面高程为51.50~52.50 m,地势比较平坦,平均地面高程为52.0 m。在库周30 m范围内的地面回填高程至53.0 m,50 m范围以外结合工程管理范围,设临时堆土区,平均堆高9.0 m。

2. 调节水库防渗体

调节水库防渗体由垂直防渗部分和水平防渗部分组成。

1)垂直防渗部分

沿水库库边线(在库叉处取直)布设一道塑性混凝土防渗墙,其底部高程深入第⑥层壤土层1~2 m。

根据水库总体布置情况,主库区周边采用垂直防渗,防渗墙基本沿水库岸边布设,将水库主库区包括其中,防渗墙总长度为12.452 km,其中东库防渗墙长6.436 km,西库防渗墙长6.016 km;防渗墙最大深度为31.18 m,最小深度为18.84 m,平均深度为25 m左右。塑性混凝土是用黏土和膨润土取代混凝土中的部分胶凝材料——水泥,而其中砂石等用量基本不变的一种柔性墙体材料。塑性混凝土防渗墙较易适应地基变形,防渗系数可通过调整材料配合比控制。

2)水平防渗部分

在东、西两库区的连接河道及库叉部分采用壤土铺盖防渗,壤土铺盖量为10.6万m³,引、出水河道区采用GCL膨润土防水毯进行防渗,防渗面积为34.54万m²,其上部采用0.5 m厚的开挖土料进行覆盖。水平防渗铺盖与垂直防渗体紧密相连,共同组成一个防渗体。

2.3.3.4 出水河道工程

1#出水河道水面宽度为60 m,长1 051 m,河底高程为46.10 m左右,在1#出水河道的末端设1#出水闸,1#出水闸采用开敞式弧形钢闸门,共1孔,单孔净宽10 m,设计流量为14 m³/s。

2#出水河道设在水库的东侧,长520 m,在其末端建2#出水闸,然后通过232 m长的尾水渠出水至马颊河,设计流量$Q = 10.0$ m³/s,该闸底板顶面高程为47.50 m,1孔,孔宽10 m,为开敞式水闸。

2.3.3.5 辅助工程

顺城河节制闸位于顺城河上,分进口段、闸室段、消力池段和海漫段。

闸室段长13 m,共2孔,单孔净宽5.0 m,2孔一联,整体式结构,闸底板顶面高程为46.10 m,底板厚1.0 m,中墩厚1.2 m,边墩为梯形断面,顶宽0.8 m,底宽2.65 m,节制闸设计流量为14 m³/s,上游挡水高程为49.50 m。

2.4 工程施工布置及进度

2.4.1 工程施工条件

2.4.1.1 自然条件

1. 地形地貌

调节水库位于华北平原,地貌单元属黄卫冲积平原,地势平坦,西部略高,东部稍低,局部有残留砂丘,地面高程一般为51~52 m。第三濮清南干渠位于库区西约1 km,顺城河位于库区北约1 300 m,渠宽25~30 m,水面宽10~15 m,最大水深为2~3 m。马颊河位于库区东约800 m,河宽约40 m,水深为3~5 m,由南流向北。库区内有两条排水沟,均呈葫芦状:许村至娄店村排水沟位于库区西南部,沟宽3~10 m,沟深0.5~1.0 m,常年无水,仅在汛期降雨后有少量积水,局部段被填后成为田地;疙瘩庙村至祁家庄村排水沟位于库区东部,沟宽3~15 m,深1.0~1.5 m,常年无水。各村村内及其周围坑塘较多,大小、形状不一,最深约3 m。

2. 水文气象

工程区属温带大陆性季风气候,四季分明,春季干旱少雨,夏季炎热降雨较多,秋季温差大降雨少,冬季寒冷雨雪少。年平均温度为13.7 ℃,全年无霜期210~220 d,年蒸发量1 942 mm。年平均降水量为876 mm,多年平均降水量为559.3 mm,降水年内分配不均,主要发生在7~9月,约占全年降水量的62%。

3.地质

据地层成因类型、岩性及工程地质特性的不同,上部为第四系全新统冲积层(Q_4^{al}),下部为上更新统冲积层(Q_3^{al})。把勘探地层划分为8层,各土层特征具体分述如下:

第①层,沙壤土厚度为2.4~7.5 m,岩性不均一,夹0.3~2.5 m厚的中粉质壤土层。该层遍布于全区,分布连续。该层厚度一般为4~6 m。该层层底高程为43.7~48.8 m。

第②层,粉质壤土厚度为0.5~6.5 m,沉积厚度差异较大,空间分布不连续。该层厚度一般为2~3 m。该层层底高程为42.3~47.6 m。

第③层,粉砂、沙壤土厚度为0.3~9.3 m,厚度差异大,空间分布连续。该层厚度一般为3.5~6 m。该层层底高程为36.1~43.7 m。

第④层,粉质黏土厚度为1.6~10.9 m,一般厚3.5~7 m,空间分布不连续。该层层底高程为29.4~39.4 m。

第⑤层,粉细砂一般沉积厚度为8~16 m。该层在区内广泛分布且连续,层底高程为17.7~28.8 m。

第⑥层,重粉质壤土沉积厚度为2~15.4 m,该层层底高程为10.5~24.4 m。

第⑦层,细砂分布厚度一般为10~22 m。该层沉积连续稳定,在区内广泛分布,层底高程为-0.8~8.0 m。

第⑧层,重粉质壤土揭露厚度为2~7.8 m,未揭穿。

地下水存在两个含水层组,第①~⑤层组成潜水含水层组,沙壤土和粉细砂赋存潜水,因土层分布不均,局部具微承压性。第⑥~⑧层组成承压含水层组,细砂及沙壤土赋存承压水。第⑥层中粉质壤土分布不连续,局部缺失,故承压水隔水顶板存在天窗。地下水埋深一般为21.7~24 m。

主库区及周边场区地震动峰值加速度为0.15g,相当于地震基本烈度为7度区,地震稳定性较差。

该区地下水化学类型为HCO_3—Ca—Mg—Na型,地下水对混凝土无腐蚀性,对钢筋混凝土结构中的钢筋具弱腐蚀性。

2.4.1.2 建筑材料和交通运输

1.天然建筑材料

本工程所用天然建筑材料为38.41万 m^3,其中砂24.49万 m^3、碎石11.58万 m^3、块石2.34万 m^3,均向濮阳市建材市场购买。

2.对外交通运输

主要材料及设备运输量统计见表2-4。外运物资运输强度统计见表2-5。

工程区位于城市边缘,东临106国道、西有大广高速、北靠濮范高速、南接市区,公路发达,交通便利。工程施工时可充分利用这一交通网络体系。

表2-4 主要材料及设备运输量统计

序号	项目名称	单位	数量
1	水泥	万t	4.75
2	钢材	万t	0.52
3	油料	万t	1.76
4	砂石料	万t	38.41
5	金属结构设备	万t	0.04
6	机电设备	万t	0.01
7	施工机械	万t	4.5
8	其他	万t	8.9
合计		万t	58.89

表2-5 外运物资运输强度统计

序号	项目名称	单位	数量
1	年均运输强度	万t/年	58
2	年高峰运输强度	万t/年	65
3	月高峰运输强度	万t/月	6.5
4	日高峰运输强度	万t/d	0.29

2.4.2 施工总布置

濮阳市引黄灌溉调节水库工程由引水工程、调节水库工程和出水工程组成。

2.4.2.1 工程施工分区

为了便于工程施工建设和施工管理,可研初步分为3个分区进行工程施工,其中引水河道设1个施工区,出水河道设1个施工区,主库区设1个施工区。各施工分区施工内容见表2-6。

表2-6 各施工分区施工内容

分区	施工项目
I	引水河道开挖及回填、第三濮清南干渠节制闸、进水闸及提水泵站
II	库体开挖及周边回填、防渗工程、护岸工程
III	出水河道开挖及回填、1#出水闸、2#出水闸、顺城河节制闸、穿濮范高速暗渠

2.4.2.2 工程施工营地布置

为了便于施工,在主库区施工区建4个施工营地,其余施工区各建1个施工营地,共

6个施工营地。各营地生产生活区包括用于生产管理的住房、用于施工人员生活及文化福利的用房、仓库、混凝土拌制系统、停车场及施工机械修配场、钢木加工系统及水电供应场所等占地。每个营区按25亩计。

工程施工营地布置见表2-7。

表2-7　工程施工营地布置

序号	相对位置	施工内容
1	杨庄村东南150 m(引水工程施工营地)	引水河道开挖及回填、第三濮清南干渠节制闸、进水闸及提水泵站
2	张仪村南50 m(主库区1#施工营地)	库体开挖及周边回填、防渗工程、护岸工程
3	孟庄村西300 m(主库区2#施工营地)	
4	疙瘩庙村东50 m(主库区3#施工营地)	
5	祁家庄村西北100 m(主库区4#施工营地)	
6	蒋孔村西南150 m(出水河道施工营地)	出水河道开挖及回填、1#出水闸、2#出水闸、顺城河节制闸、穿濮范高速暗渠

2.4.2.3　施工设备配置

1.混凝土系统主设备

引水河道施工区混凝土用量较小,因此引水河道工程在各建筑物附近永久征地范围内布置 0.4 m^3 搅拌机;其余各分区设计确定混凝土拌和系统分别配备1组HZ50拌和站和1台 0.4 m^3 搅拌机(预制混凝土用),每台时 40 m^3,日最大拌和能力约为 1 440 m^3。

各区混凝土拌和系统主要设备除搅拌机外,尚需设置成品骨料堆放场、水泥库、空压站、外加剂加工间等系统。

2.机械修配及综合加工系统

1)机械修配及保养场、停车场

工程区位于濮阳市市内,机械修配原则上在附近机械修配厂进行,施工机械停于工作面上。

2)钢木加工厂

本工程施工期间,共用钢材 5 202 t。钢材加工按高峰月平均强度为 754 t,钢筋加工能力为 50 t/班。各分区布置一个钢筋加工厂和木工厂,加工厂建筑面积为 2 700 m^2,征地面积为 9 000 m^2;木材加工高峰月强度约为 99 m^3,木材生产能力为 10 m^3/班,加工厂建筑面积为 1 800 m^2,征地面积为 4 500 m^2。

3)混凝土预制构件厂

预制混凝土构件在混凝土拌和系统附近设置。

3.风、水、电、通信和照明

1)供风系统

该工程主要是混凝土浇筑和钢筋加工用风。为此,在各工区分别配备1台 9 m^3/min 的空压机和1台 3 m^3/min 的移动式空压机来满足施工强度。

2）供水系统

施工、生活用水采用打井建蓄水池的方法解决。高峰时平均每工区需供水 90 m³/h，各营区布置 100 m³ 的储水池 1 座。供水系统建管理房 180 m²，征地面积为 1 800 m²。

3）供电系统

施工及生活用电的电源来自濮阳市中心区。

引水河道工程及退水工程用电量不大，可就近接至附近民用线路。

主库区各部位用电量差别不大，10 kV 线路接往营区，然后在各营区设 1 000 kVA 变压器降压至 380 V 对外供电。另外，营区分别选用 200 kW 固定式柴油发电机 2 台，85 kW 移动式柴油发电机 2 台，以备停电时使用。

4）通信系统

本工程施工期间的通信可从当地通信部门指定的接口接有线电话至工地，在工地各施工点安装固定电话。同时，为施工期间联系的方便，另外为工程主要技术和管理人员配备移动电话。

5）工地照明

照明分施工照明及道路照明。施工照明分别在各营地装设 HTG135 - 1 500 W 金属卤化物投光灯；不能利用施工照明的路段，按 50 m 一灯（250 W 高压钠灯）装设，夜间无施工要求的道路则不修建道路照明设施。

2.4.2.4 工程施工导流

1. 施工导流

按《水利水电工程施工组织设计规范》（SL 303—2004）中的导流建筑物级别划分，当围堰保护对象为 3 级永久建筑物时，导流建筑物应定为 5 级。根据规范，施工导流标准采用 5 年一遇洪水。导流时段为枯水期 5 ~ 10 月。

引水河道工程需穿第三濮清南干渠，出水河道工程需穿顺城河，工程设计在第三濮清南干渠河道建节制闸。第三濮清南干渠节制闸施工安排在一个非汛期完成。顺城河节制闸施工安排在一个非汛期完成。采用全断面断流围堰，导流明渠方式导流。

围堰设计采用上、下游距离 10 m 左右修筑黏土围堰。围堰最高 4 m、顶宽 3 m，上、下游边坡均为 1∶3，围堰长 20 m。导流明渠过水断面设计为梯形，挖深为 3 ~ 6 m，明渠底宽 3 m，边坡均为 1∶2，明渠长 35 m。

2. 施工排水

引水河道工程施工时会有不同程度的地下水排出，须采取临时排水措施，施工排水主要是结合附近现有的河渠、沟，采取明排方式。

根据调节水库地下水等水位线及埋深，调节水库主库区地下水埋深一般为 21.7 ~ 24 m，施工时开挖面的降低基本不会出现地下水渗出现象。场区地下水主要接受大气降水、侧向径流和灌溉入渗补给。

2.4.2.5 工程弃土场、临时堆料场

1. 工程弃土场

1）工程土石方平衡

本工程共开挖土方 1 882.86 万 m³，土方回填 67.40 万 m³，弃土量为 1 815.46 万 m³，

壤土铺盖 10.19 万 m³,塑性防渗墙浇筑所需黏土 1.06 万 m³。

2)工程临时堆存场布置

根据土方平衡结果,弃土共 1 815.46 万 m³,河道弃土沿两侧外进行堆高堆存,主库区弃土沿库周外进行堆高堆存,平均堆高约 9 m;其余弃土运至库区北面及退水河道右侧集中临时堆存场,平均堆高约 9 m,规划弃土情况见表 2-8。

表 2-8　规划弃土情况

序号	对应弃土场	弃土量 (万 m³)	堆放高度 (m)	弃土面积		说明
				m²	亩	
1	库周弃土堆放	695.18	9	893 780	1 340	临时堆放
2	临时堆存场1	890.33	9	965 816	1 448	临时堆放
3	临时堆存场2	229.95	9	242 788	364	临时堆放
	总计	1 815.46		2 102 384	3 152	

根据表 2-8 中的数据,临时堆存场可以满足工程施工需求。

根据建设单位介绍,弃土临时堆存 2～3 年,该土将用于濮阳市濮北新区的建设,濮阳市濮北新区规划正在编制中。

2. 临时堆料场

土方回填工程中库周回填和护岸回填对填料要求不高,均采用工程开挖出来的沙壤土和粉细砂,开挖料直接运至待回填地点碾压填筑。需要进行临时堆存的土料是主库区铺盖所需要的壤土和塑性混凝土防渗墙所需要的黏土,共计 13.09 万 m³,由于工序限制,需临时堆存,临时堆料场规划见表 2-9。

表 2-9　临时堆料场规划

序号	对应堆料场	位置	堆料量 (m³)	堆料面积	
				万 m²	亩
1	临时堆料场1	库区 1# 施工营地旁边	32 727	0.95	14
2	临时堆料场2	库区 2# 施工营地旁边	45 818	1.13	17
3	临时堆料场3	库区 3# 施工营地旁地	52 363	1.27	19
	总计		130 908	3.35	50

2.4.2.6　施工场内交通布置

1. 场内施工道路布置

引水河道工程及退水工程场内设置右岸临时道路。

主库区场内交通主要为环库区施工路,方便外运物资入场及场内土料外运。采用场内二级道路标准,泥结碎石路面,路基宽 8.5 m,路面宽 7 m。场内道路长度见表 2-10。

表 2-10 场内道路长度

序号	道路	长度(km)
1	引水河道工程施工道路	2.78
2	出水河道工程施工道路	1.12
3	环库区施工道路	11.78
4	场内连接施工道路	3.52
	合计	19.2

2. 场内施工道路占地

根据施工交通布置的长度和道路标准计算,施工道路征地见表 2-11。

表 2-11 施工道路征地

序号	道路	长度 (km)	路面宽 (m)	路基宽 (m)	占地宽 (m)	占地面积 (m²)	征地面积 (亩)
1	引水河道施工道路	2.78	7	8.5	10	27 800	41.68
2	出水河道施工道路	1.12	7	8.5	10	11 200	16.79
3	环库区施工道路	11.78	7	8.5	10	117 800	176.61
4	场内连接施工道路	3.52	7	8.5	10	35 200	52.78
	合计	19.2				192 000	287.86

2.4.3 主体工程施工

2.4.3.1 引水工程施工

引水工程施工内容主要包括引水河道施工和建筑物施工(节制闸、进水闸和泵站)两部分。

1. 引水河道施工

渠道为新挖工程,土方采用 2 m³ 反铲挖掘机挖土,15 t 自卸汽车运输。可利用料直接运至回填部位采用凸块振动碾分层压实,弃料就近弃于弃土场内。

渠道护坡为预制混凝土板,在预制厂内预制后采用 8 t 自卸汽车运输至工作面后用砂浆砌筑。

2. 建筑物施工

水闸、涵管及泵站施工主要为混凝土工程,混凝土搅拌场就近设在建筑物旁,采用 0.4 m³ 拌和机拌和,1 t 翻斗车配合手推车运输至仓面。混凝土工程施工时依次按基础垫层—底板—墙体—上部结构的顺序进行浇筑。施工中,应按设计要求的工作缝分仓,减少不必要的施工缝出现。如有施工缝,要对老混凝土进行冲毛清洗后,铺筑一层 2~3 cm 厚的高强度等级水泥砂浆。

2.4.3.2 主库区施工

水库调蓄池施工活动主要为土方开挖、土方回填、混凝土工程施工和防渗墙施工。

1. 土方开挖

本工程采用干法开挖,结合施工排水。采用 2 m³ 反铲挖掘机配合 15 t 自卸汽车从上到下分层开挖,在每个分区靠近弃土场和堆料场的区域使用部分 2.75 m³ 铲运机挖掘。挖掘机挖土开挖厚度原则上每层 2～3 m。开挖料除用来进行池周回填的部分外都弃至弃土场。

2. 土方回填

主池区共有土方回填 27.98 万 m³,主要是库周回填和水平防渗铺盖,池周回填所需土料采用本工程开挖料,水平防渗铺盖所需土料来源于开挖的黏性土料,不用外借土料。

3. 混凝土工程施工

主池区共用混凝土工程 4.03 万 m³,主要是调节水库主库区护岸。

混凝土工程施工时依次按基础垫层—底板—墙体—上部结构的顺序进行浇筑。本工程有部分预制混凝土,于需要部位就近预制,预制凝结保养后采用手扶拖拉机运至需要部位砌筑。

4. 防渗墙施工

1)防渗墙成槽

本工程防渗墙深 18.84～31.18 m、宽 40 cm。施工方式使用冲击钻配合液压抓斗机,根据工程特点选用 CZ22 冲击钻配合 KH-180 液压抓斗机;槽段成槽采用两钻一抓法,在导向槽上放样标识孔位,采用冲击钻冲击成孔,然后用抓斗将孔中土料挖出。首先施工槽段两端的主孔,主孔完成后再抓中部副孔。主、副孔完工即该施工槽段成槽完工。

2)护壁泥浆

泥浆在造孔成槽过程中起固壁、悬浮、挟渣、冷却钻具和润滑的作用,成墙后还可增加墙体的抗渗性能,本工程泥浆采用膨润土拌制,泥浆配合比为水 400 kg、膨润土 64 m³。固壁泥浆性能指标密度 < 1.1 g/cm³、黏度 > 25 s、含砂量 < 3%。

3)塑性混凝土防渗墙的浇筑

塑性混凝土防渗墙是在泥浆下灌筑混凝土,本工程采用刚性导管法进行墙壁体灌注,混凝土竖向顺导管下落,利用导管隔离泥浆,使其不与混凝土接触,导管内混凝土依靠自重压挤下部管口的混凝土,并在已灌入的混凝土体内流动、扩散上升,最终置换出泥浆,保证混凝土的整体性。

2.4.4 施工进度

根据《水利水电工程施工组织设计规范》(SL 303—2004)的规定,经过分析确定,本工程施工总工期为 14 个月,其中工程准备期 2 个月,主体工程施工期 11 个月,工程完建期 1 个月。各期控制性关键项目及进度安排分述如下。

2.4.4.1 工程准备期

工程准备期主要完成场内外主要交通道路建设、场地平整、施工单位生产生活用房建设、施工工厂建设等工作,建设完成生活区和各生产施工区等处的风、水、电系统,为主体工程顺利进行施工创造条件。

2.4.4.2 主体工程施工期

主体工程施工期内主要完成引水河道工程及出水河道工程、各区防渗墙成槽与浇筑、土方开挖与回填及所有机电安装等施工任务。

2.4.4.3 工程完建期

工程完建期主要完成场地的清理及竣工验收工作等。

2.5 征地与移民安置规划

土地征地范围涉及高新区胡村乡和华龙区中原路街道办事处、孟轲乡。其中涉及胡村乡张仪村、娄店村、蒋孔村、四行村、班家村、后范庄村、顺河村、北豆村、杜家庄村、豆村集、油辛庄村、安庄村、石家庄村、许村、孟村、大庙村、祁家庄村、貌庄村共18个行政村,中原路街道办事处南里商村和孟轲乡北里商村,合计2个区3个乡(办)20个行政村。

2.5.1 工程征地

2.5.1.1 永久征地范围

永久征地范围包括四部分:进、出水口建筑物征地和管理范围内征地,调节水库库岸线范围内征地,库岸管理范围内征地及水库管理局征地。

1. 进、出水口建筑物征地和管理范围内征地

进、出水口建筑物征地和管理范围内征地位于濮清南干渠和顺城河管理范围内,本工程不再计列。

2. 调节水库库岸线范围内征地

调节水库库岸线范围内征地面积包括水域面积和岸坡征地面积,小计征地面积5 678亩。

3. 库岸管理范围内征地

本次库岸管理范围按水库库岸线以外30 m,库岸管理范围0.893 km²,小计征地面积1 340亩。

4. 水库管理局征地

为方便水库运行管理、维护等,在水库建成后,设立水库管理单位,规划位置在水库北侧,孟村附近,规划征地面积为30亩。

合计工程永久征地面积为7 048亩。

2.5.1.2 临时征地范围

1. 施工道路征地

施工道路临时征地位于永久范围内。合计征地面积为287.86亩。

2. 生产生活区

引水河道和出水河道工程施工营地各1个,主库区设施工营地4个。各营地含生产管理住房、仓库、混凝土拌制系统、停车场及施工机械修配场、钢木加工系统及水电供应场所等。每个营区按25亩计。

3. 施工导流

引水河道工程需穿第三濮清南干渠,出水河道工程需穿顺城河,并且在第三濮清南干

渠和顺城河河道各建1座节制闸。施工均安排在一个非汛期完成。小计临时征地面积为10亩。

4. 临时堆存场

根据土方平衡结果,弃土共1 815.46万m³,河道弃土沿两侧外进行堆高堆存,主库区弃土沿库周外进行堆高堆存,征地面积为1 340亩;其余弃土运至库区北面临时堆存场,临时堆存场1征地面积为1 448亩,临时堆存场2征地面积为364亩。弃土场临时征地面积共3 152亩。临时堆存场水土流失防治措施应按永久弃土场设置,以最大限度地减少临时堆存场的水土流失,削弱堆存场水土流失对周围环境的影响。

5. 临时堆料场

库周回填和护岸回填均采用工程开挖出来的沙壤土和粉细砂,开挖料直接运至回填地点碾压填筑。腐殖土回填优先选用本工程开挖的表层土,需临时堆存,临时堆料场征地面积为50亩,位于永久征地范围内。

根据以上施工布置,本工程临时征地面积合计为3 312亩,详见表2-12。

表2-12 临时征地面积汇总

序号	征地项目	征地(亩)
1	生产生活区	150
2	施工导流	10
3	临时堆存场	3 152
合计		3 312

2.5.1.3 征地调查

1. 永久征地

综上所述,本工程永久征地面积为7 048亩。永久征地分类汇总见表2-13。

表2-13 永久征地分类汇总 （单位:亩）

征地性质	征地面积	征地类型及数量						
		耕地	园地	交通用地	水域及水利设施用地	林地	其他土地	居民点及工矿用地
永久征地	7 048	6 020	81	48	24	263	138	474

2. 临时征地

综上所述,本工程临时征地面积为3 312亩。临时征地分类汇总见表2-14。

表2-14 临时征地分类汇总 （单位:亩）

征地性质	征地面积	占地类型及数量						
		耕地	园地	交通用地	水域及水利设施用地	林地	其他土地	居民点及工矿用地
临时征地	3 312	2 948.5	0	82	0	0	231.5	50

2.5.2 移民安置规划

2.5.2.1 移民安置目标

移民安置规划的总目标是：移民生活条件有所改善，生产有出路，劳动力得到合理安置，生活水平有所提高或至少不低于原有水平。根据濮阳市《国民经济和社会发展第十二个五年规划纲要》所确定的经济增长指标，并结合库区移民的生产生活现状综合确定本项目移民安置目标如下：

（1）人均耕地：保证移民安置后人均耕地不少于 1.0 亩，其中对于淹没耕地数量小于原有耕地数量 10%，且淹没后人均耕地仍不少于 1.0 亩的村庄不做定量规划。

（2）人均收入：通过发展第二产业和第三产业，实施生产安置措施，移民安置工作完成后，保证移民人均纯收入不低于安置前水平（考虑动态增长因素）。

（3）生活环境：移民安置区的公共基础设施、上学、就医、社会福利水平、交通条件及自然环境均较安置前有所改善。

2.5.2.2 移民安置人数

根据《濮阳市引黄灌溉调节水库移民安置规划大纲》，水库建设涉及移民为濮阳市胡村乡张仪村和孟村 2 个行政村，基准年搬迁人口为 2 045 人。

2.5.2.3 生产安置标准

（1）移民人均耕地不少于 1.0 亩（原先不足 1.0 亩的除外），保证移民的粮食、蔬菜能够自给，并有一定的富余。实行分散安置的移民，耕地面积应等于或基本与当地人均实际占有水平持平。

（2）通过水库灌溉或者井灌的方式，并采取增加农田水利配套设施等措施，保证灌溉保证率不低于 75%；通过土地整理、土地开发、中低产田改造等措施，增加可耕种土地，提高移民的人均粮食占有量。

（3）对移民劳动力大力开展以实用农业技术、务工技能和第三产业服务技术为主要内容的教育培训，鼓励移民劳动力转移就业，争取每户有 1 个以上劳动力接受劳务输出技能培训或农业实用技术培训。

2.5.2.4 搬迁安置标准

（1）村庄占地标准：根据《镇规划标准》和《河南省社会主义新农村村庄建设规划导则》中的有关规定，移民新村村庄占地按人均 90 m² 标准确定。

（2）宅基地标准：每户宅基地用地面积为 165 m²（地块尺寸为 11 m × 15 m，0.25 亩地）。

（3）移民安置地的基础设施要参照各行业的标准进行分类规划：

①移民饮水安全工程规划：供水方式采取打井抽水，以新村为单位发展联片集中式供水，供水标准按移民人均 70 L/d 进行规划。

②交通设施规划：与河南省"村村通"四级公路的总体规划要求相衔接，对原已修建的村级机耕路扩建为四级砂石公路，对未修建的村级道路应规划为四级公路。四级公路

的标准为路基宽 6.5 m,砂石路面。条件允许时可修建为水泥路面。

③供电项目规划:实现水库库区和移民安置区村(组)通电率达 100%,保证实现移民村群众户户通电。用电负荷标准:农村居民生活用电按 500 W/人、农业生产用电按 25 W/亩计。

④文教卫生、广播电视建设:实现库区和移民安置区行政村有文化活动室。文化活动室按建筑面积为 150 m² 标准规划。校舍建设标准为小学 5 m²/生,初中 10 m²/生。行政村卫生室规划业务用房建筑面积为 60 m²,要求药房、治疗室、诊室、消毒室、医生值班室五室分开,并设卫生间。实现每村通广播电视、电话。使库区和移民安置区电视综合人口覆盖率达 99%,广播综合人口覆盖率达 95%。

⑤其他:其他基础设施按照行业部门的技术标准和规范(绿化、排水、村镇规划等),结合库区和安置区的实际综合确定。

2.5.2.5 专业项目恢复改建规划标准

库区受淹公路、邮电通信、广播电视、水利、电力、输气管道及水文设施等,应按原规模(等级)、原标准、恢复原功能,并结合移民搬迁安置生产力布局调整的需要和限额规划的原则,提出复建规划。对于不需要或者难以恢复的,应根据受征地影响的具体情况,分析确定处理方案。

库区文物古迹是中华民族的历史财富,必须高度重视,应根据《中华人民共和国文物保护法》和《水利水电工程水库淹没处理设计规范》(SD 130—1984),在以往工作的基础上,对淹没区和移民迁建区的文物古迹进行补充调查和必要的测量、勘探及试掘。根据重点保护、重点发掘和限额规划的原则,提出保护规划。

2.5.3 移民安置去向

2.5.3.1 移民安置区范围

移民安置区的选择应遵循以下原则:

(1)安置区选择一般按本组、本村、本乡(镇)、本县(区)的顺序,由近及远,受益区优先,经济合理的原则逐步扩大选择范围。

(2)安置区应优先选择在经济发展和群众收入不低于移民原所在地的乡(镇)、行政村,不得安排在高寒、边远山区。

(3)安置区的交通比较方便,有一定的水利设施;或者经过搬迁安置建设,能够比较容易解决好"水、电、路"等基础设施。

(4)安置区可容纳的移民人数应根据安置规划拟定的安置标准和可利用土地资源的数量及质量确定,并为当地经济社会的可持续发展留有余地。

移民安置区范围:根据胡村乡的剩余耕地情况,确定安置区范围内胡村乡库区涉及的班家村、杜家庄、许村行政村和靠近库区的张田楼、北豆固行政村。

2.5.3.2 移民安置区容量调查分析

水库淹没区主要涉及濮阳市高新区胡村乡,胡村乡现有人口 53 116 人,耕地 73 392

亩,人均耕地约1.4亩,但分布不均。水库淹没胡村乡6 003亩耕地后,胡村乡剩余67 389亩,人均仍达到1.26亩耕地。靠近库区的大村、张田楼、北豆固3个行政村人均耕地大于平均数。水库淹没区的杜家庄、班家村、许村行政村淹没耕地较少,且人均耕地大于平均数。通过调整耕地,可以满足环境容量要求。

由于选定的安置区范围靠近库区,居民的生产生活方式、风俗习惯等和水库移民相同,方便移民安置后的生产生活,为移民的稳定创造了条件。

以耕地资源为主要指标进行环境容量分析,胡村乡可调整耕地2 660亩,大于需要调整耕地数量2 350亩,可见安置区环境容量满足需要的容量。

2.5.4 专项搬迁安置

2.5.4.1 交通工程

淹没影响交通工程主要为省道、县道和村村通公路,以及机耕泥土路,未涉及其他高等级公路和铁路等。库区位于规划的城区范围内,纵横交通已经由濮阳市规划局进行了规划,并准备开工,对库周居民的对外交通是极大的改善,不存在库周居民的交通问题,只需要对过境的省道和县道进行恢复改建。

2.5.4.2 通信工程

库区永久征地范围内涉及通信设施主要包括移动、电信、联通和长线局四个部门。

2.5.4.3 广播电视工程

库区涉及有线电视架空线路5条,长4.6 km,其中一级长1.0 km,二级长1.0 km,三级长2.6 km,规格主要为8芯和12芯。

2.5.4.4 电力工程

库区内涉及电力线路较多,包括10 kV及以下等级(归高新区农电服务中心负责)、10~220 kV等级(归市供电公司负责)、500 kV以上等级(归省电力公司负责)。

2.5.4.5 管道工程

库区永久征地范围内涉及的管道设施主要包括中石化、中原化工、永龙化工、中原大化、龙源水务和中原油田六个部门。

根据濮阳市水利局、濮阳市规划局《关于引黄灌溉调节水库涉及的专项设施处理情况的说明》,水库工程涉及的专项设施较多,各专项设施改建必须服从统一规划,由濮阳市规划局根据规划要求指定搬迁改建位置,各权属单位拿出实施方案并自主实施,濮阳市政府审核后给予相应补贴,专项设施改建内容不纳入水库工程建设范围,不纳入本次环境影响评价范围。

2.6 工程投资估算

本工程总投资为107 064.60万元,其中工程部分投资82 872.17万元,移民投资为24 192.43万元,详见表2-15。

表 2-15　工程总投资估算　　　　　　　　　　　　（单位:万元）

项目名称	工程或费用名称	费用
工程投资	建筑工程	61 671.08
	机电设备及安装工程	814.66
	金属结构及安装工程	755.68
	临时工程	1 671.73
	独立费用	9 094.86
	基本预备费	8 864.16
	合计	82 872.17
移民投资	征地移民投资	22 434.26
	水土保持投资	1 134.66
	环境保护投资	623.51
	合计	24 192.43
总计		107 064.60

2.7　相关专题报告情况介绍

本项目涉及的主要相关专题报告有《濮阳市引黄灌溉调节水库水资源论证报告》、《濮阳市引黄灌溉调节水库工程水土保持方案》、《濮阳市引黄灌溉调节水库移民安置规划大纲》和《濮阳市引黄灌溉调节水库工程建设项目用地预审报告》。

2.7.1　《濮阳市引黄灌溉调节水库水资源论证报告》基本情况

《濮阳市引黄灌溉调节水库水资源论证报告》于 2011 年 1 月编制完成,编制单位是河南省濮阳市水文水资源勘测局;2011 年 2 月 11 日河南省水利厅以豫水行许字[2011]76 号予以审批。

2.7.2　《濮阳市引黄灌溉调节水库工程水土保持方案》基本情况

《濮阳市引黄灌溉调节水库工程水土保持方案》于 2011 年 5 月编制完成,编制单位是河南省水利勘测设计研究有限公司;该报告已通过河南省水利厅主持的专家评审,2011年 6 月 13 日河南省水利厅以豫水行许字[2011]240 号予以审批。

2.7.3　《濮阳市引黄灌溉调节水库移民安置规划大纲》基本情况

《濮阳市引黄灌溉调节水库移民安置规划大纲》于 2011 年 5 月编制完成,编制单位是河南省水利勘测设计研究有限公司和河南省濮阳市水利局;该大纲已通过河南省政府移民工作办公室的专家评审,报批版已报送河南省人民政府。

2.7.4 《濮阳市引黄灌溉调节水库工程建设项目用地预审报告》基本情况

《濮阳市引黄灌溉调节水库工程建设项目用地预审报告》中的濮阳市引黄灌溉调节水库工程场地地震安全性评价工作报告已编制完成,河南省地震局以豫震安评[2011]7号文进行了批复;地质灾害评估报告已通过审查,报送濮阳市国土资源局备案;压覆矿藏报告已经过濮阳市国土资源局和河南省国土资源厅专家的审查,已完成了河南省国土资源厅的备案。《濮阳市引黄灌溉调节水库工程建设项目用地预审报告》已上报,2011年6月13日河南省国土资源厅以豫国土资函[2011]291号同意水库工程用地预审。

第3章　环境现状调查与评价

3.1　自然环境与社会环境

3.1.1　河流水系

工程引水水源为黄河,所在区域为输水总干渠、第一濮清南干渠、黄河水系与海河水系交界以北的海河流域,该区域主要涉及河流有黄河、金堤河、卫河、文岩渠、马颊河、第三濮清南干渠、潴龙河、徒骇河等。

3.1.1.1　黄河

黄河是我国的第二大河,发源于青藏高原巴颜喀拉山北麓海拔 4 500 m 的约古宗列盆地,流经青海、四川、甘肃、宁夏、内蒙古、陕西、山西、河南、山东等 9 个省(区),在山东省垦利县注入渤海。干流河道全长 5 464 km,流域面积为 79.5 万 km^2(包括内流区 4.2 万 km^2)。

黄河干流自新乡市长垣县何寨村东入濮阳市,流经濮阳县、范县、台前县的县南界,由台前县吴坝乡张庄村北出境,境内长约 168 km,流域面积为 2 278 km^2,约占全市总面积的 54%。这段黄河水量比较丰富,是濮阳的主要过境水资源。黄河高村水文站近年平均流量为 663.6 m^3/s,近年平均径流总量为 209.28 亿 m^3。

3.1.1.2　金堤河

金堤河是黄河的一条支流,发源于新乡县司张排水沟,自安阳市滑县五爷庙村入濮阳境,流经濮阳、范县、台前 3 县,于台前县吴坝乡张庄村北入黄河。境内流长 125 km,流域面积为 1 750 km^2,约占全市总面积的 42%。它在境内的主要支流有回木沟、三里店沟、五星沟、房刘庄沟、胡状沟、濮城干沟、孟楼河等。濮阳水文站的资料表明,金堤河年平均流量为 4.70 m^3/s,年平均径流量为 1.48 亿 m^3。

3.1.1.3　卫河

卫河属海河水系,发源于太行山南麓的山西省睦川县,自安阳市内黄县西善村北入濮阳市,流经清丰、南乐两县,于南乐县西崇町村东出境,入河北省,再至山东临清入运河,境内流长 29.4 km,市辖流域面积 281 km^2,约占全市总面积的 6.7%。境内主要支流有硝河、加五支等。卫河年均径流总量为 27.47 亿 m^3,平水年为 23.91 亿 m^3,枯水年为 14.29 亿 m^3。

3.1.1.4　马颊河

马颊河属海河水系,发源于濮阳县澶州坡,自西南向东北流经濮阳县、华龙区、清丰县和南乐县,从南乐县西小楼村南出境,至山东临清穿大运河东北而去,注入渤海。境内流长 61.3 km,流域面积为 1 150 km^2。南乐水文站多年平均径流量为 1.75 m^3/s,年均径流量为 0. 45 亿 m³。境内主要支流为潜龙河。近年来兴建的濮清南引黄补源工程,使黄河水通过渠村总干渠,穿过金堤河倒虹吸工程及金堤涵闸,进入马颊河,使马颊河成为排灌两用河,平时引黄灌溉,汛期行洪排涝。由于马颊河及其支沟接纳濮阳县县城及濮阳市市区的生活废水和工业废水,加上引黄河水泥沙沉淤,马颊河及其支沟淤积比较严重。

3.1.1.5 输水总干渠

输水总干渠从渠村引黄闸至金堤河倒虹吸全长 34.7 km,渠首设计引水流量为 100 m³/s。

3.1.1.6 第一濮清南干渠

20 世纪 70 年代开挖兴建了第一濮清南干渠,从输水总干渠的末端金堤河涵闸处引水向北经濮阳县、华龙区、清丰县,于南乐县折向东,进入河北省境内。从金堤河涵闸至河南省界全长 60.6 km,建有蓄水节制闸,主要有老马颊河、东一、东二、东三等 4 条支渠,承担着蓄灌、除涝双重任务。

3.1.1.7 第三濮清南干渠

濮清南干渠在渠村灌区输水总干渠的Ⅲ#枢纽前向西分水,在岳辛庄东向北穿过金堤河,于王助乡西郭寨北入赵北沟,在黄埔接大公河,向北在清丰县顺河西北入加五支河,在范石村转东北入翟固沟,跨西西沟、元马沟,在张浮丘西北接黄河故道至省界。从Ⅲ#枢纽进水闸至末端全长 105.5 km,设计过水流量 30 m³/s,共设支渠 18 条,全长 140.1 km,主要有火厢、石村、濮水、顺河、焦夫、大屯、古城、霍町、西邵等,承担着蓄灌、除涝双重任务。

3.1.2 地形地貌

调蓄工程所在流域南临黄河,北濒卫漳,东枕岱岳,西揽太行。工程位于内黄隆起和鲁西隆起的东濮地堑带,系我国地势的第三阶梯中后部,是中、新生代的沉积盆地,属黄(河)卫(河)冲积平原,地势平坦,地貌简单,地势起伏变化甚微,地势南高北低,西高东低,自西南向东北沿黄河略有倾斜,自然坡度南北约 1/4 000,东西约 1/8 000,一般海拔 44.5 ~ 61.8 m。

整个区域可分为黄河故道平原区、黄河泛滥低缓平原区和河谷平原区三种类型,其地貌特征为平地、洼地、沙丘、沟河相间,其中平地占 70%、洼地占 20%、沙丘占 7%、沟河占 3%。

3.1.3 气候气象

工程建设区域常年受东南季风环流的控制和影响,属暖温带半湿润大陆性季风气候,特点是四季分明,春季干旱多风沙,夏季炎热雨量大,秋季晴和日照长,冬季干旱少雨雪。光辐射值高,能充分满足农作物一年两熟的需要。年平均气温为 13.3 ℃,年极端最高气温达 43.1 ℃,年极端最低气温为 -21 ℃。无霜期一般为 205 d。年平均日照时数为 2 454.5 h。年平均风速为 2.7 m/s,常年主导风向是南风。夏季多南风,冬季多北风,春秋两季风向、风速多变。

区域内多年平均降水量为 554 mm,降水特点是由北向南递增,降水量年内分配不均,降水最少的是 1 月份,为 5.0 ~ 9.0 mm,最多的是 7 月份,140.0 ~ 160.0 mm。降水主要集中在夏、秋两季,春季降水量占全年降水量的14%;夏季由于受强盛的季风控制,高温、高湿雨量集中,占全年降水量的61%;秋季占21%;而冬季受干冷的大陆性气团控制,空气干燥,雨雪稀少,降水量占全年降水量的4%。降水量不仅年内分布不均,年际变化也较大,最大年降水量为970.5 mm,最小年降水量为303.7 mm。

3.1.4 水文泥沙

调节水库工程所在区域属马颊河流域,调节水库水域面积为3.2 km²,调节水库的多年平均径流量为156万m³。

工程以黄河作为供水水源,黄河是一条高含沙河流,根据渠村引黄闸灌区引水口含沙量情况,多年平均含沙量为25.123 kg/m³,1987~2005年为18.416 kg/m³,泥沙主要来源于汛期(7~10月),占全年来沙量的84%,而7、8月来水量则占全年来水量的56%。近年来,继黄河小浪底水库蓄水以后,黄河下游泥沙含量明显减小。

3.1.5 水资源开发利用

濮阳市地表水资源量为2.43亿m³,地下水资源量为6.68亿m³,扣除地表水与地下水重复量1.71亿m³,水资源总量为7.40亿m³。

按照黄河水利委员会《关于开展黄河取水许可总量控制指标细化工作的通知》(黄水调[2006]19号)要求,河南省耗水指标为55.4亿m³,其中黄河干流为35.67亿m³,黄河支流为19.73亿m³。黄河干流濮阳市取水许可指标为8.42亿m³,耗水指标为6.78亿m³;金堤河濮阳市取水许可指标为0.5亿m³,耗水指标为0.4亿m³。

濮阳黄河河务局2002~2009年全市各引黄口门实际取水量资料统计表明,2002~2009年全市实际平均年引黄水量为67 117万m³,未超濮阳市引黄取水许可指标8.42亿m³。

按照《中华人民共和国取水许可证》(国黄)字[2005]第5600号规定,濮阳市渠村灌区引黄取水指标为31 685万m³/年,其中城市生活和工业取水指标为3 685万m³/年,农业灌溉取水指标为28 000万m³/年。

根据资料分析,渠村引黄闸2002~2009年实际平均年引黄水量为26 617万m³,未超渠村口门引黄取水许可指标31 685亿m³。

工程引水口所在区域为渠村灌区,渠村引黄闸2005年改造,设计引水流量100 m³/s,其中城市引水10 m³/s,灌区引水90 m³/s。本次调节水库引水来自于渠村引黄闸灌区引水口,与灌溉用水结合,适时分流进入调节水库。

3.1.6 地质构造

濮阳的大地构造属华北地台,其辖区位于东濮凹陷之上。东濮凹陷夹在鲁西隆起区、太行山隆起带、秦岭隆起带大构造体系之间。东有兰聊断裂,南接兰考凸起,北接马陵断层,西连内黄隆起。东濮凹陷是一个以结晶变质岩系及其上地台构造层为基底,在新生代地壳水平拉张应力作用下逐渐裂解断陷而成的双断式凹陷,走向北窄南宽,呈琵琶状。该凹陷形成过程中,在古生界基岩上沉积了一套以下第三系为主的中、新生界陆相沙泥岩地层,是油气生成与储存的极有利地区。

工程区位于黄卫冲积平原,场区地层在区域上属华北地层区的豫东北小区,第四系统各地层发育较完整。

场区在区域大地构造分区示意图上属华北准地台(Ⅰ)的黄淮海坳陷区(Ⅰ₂),在区域新构造分区图上属华北断陷－隆起区(Ⅱ)的河北断陷(Ⅱ₅)和鲁西隆起分区(Ⅱ₆)的交界部位附近。场区区域新构造断裂主要有汤东断裂及聊考断裂。汤东、聊考断裂走向为北东向。工程区场地土的类型为中软土,建筑场地类别为Ⅲ类,地基土的卓越周期为0.494 8 ~ 0.495 0 s。

根据《中国地震动参数区划图》(GB 18306—2001),场区地震动峰值加速度为0.15g,相当于地震基本烈度为7度区,地震稳定性较差。

3.1.7 水文地质

场区属黄卫冲积平原,历史上由于黄河多次泛滥改道冲积剥蚀,构成重叠交替的沉积特征。勘探深度范围内存在两个含水层,第①~⑥层组成潜水含水层组,沙壤土、粉砂和粉细砂赋存潜水,因土层分布不均,局部具微承压性。第⑥层重粉质壤土以下为承压含水层组,细砂及沙壤土赋存承压水。第⑥层重粉质壤土局部缺失,故承压水隔水顶板局部存在天窗,使得上部潜水和下部承压水发生水力联系。

场区地下水主要接受大气降水、侧向径流和灌溉入渗补给,消耗于地下水侧向径流排泄和人工开采。场区地下水埋深一般为20.2 ~ 24.0 m,分布于水库周围的马颊河、顺城河和第三濮清南干渠地表河、渠水常年补给地下水。

场区地处黄卫冲积平原,地势较平坦,西部略高,东部稍低。场区内机井众多,水位观测资料显示,地下水自西北向东南流经场区。

3.1.8 灌区情况

濮阳市内有大型灌区3处——渠村灌区、南小堤灌区和彭楼灌区,中型灌区6处。

渠村灌区位于濮阳市西部,南起黄河,北抵卫河及省界,西至滑县境内黄庄河及市界,东抵董楼沟、潴龙河、大屯沟,南北长约90 km,东西宽约29 km。灌区地跨两个流域,金堤以北为海河流域,金堤以南为黄河流域。区域总面积为2 018.7 km²,耕地面积为193.1万亩,其中金堤以南为正常灌区74.47万亩,金堤以北为补水灌区118.33万亩;2020年灌区耕地面积为192.4万亩,其中正常灌区74.32万亩,补水灌区118.08万亩。

南小堤灌区位于濮阳市的东部,南临黄河大堤,北到河北省界,西与渠村灌区毗邻,东至青碱沟,南北长约85 km,东西宽约33 km,总面积为1 060 km²,耕地面积为110.21万亩。

2020水平年渠村灌区顺城河以北补源灌区面积为89万亩,调节水库设计调蓄补源灌区灌溉面积为89万亩。

供水区主要为旱作物地区,种植作物以小麦、玉米、花生为主,其他还有水稻、棉花、大豆等经济作物。根据灌区规划,灌区作物种植比例为:小麦80%,玉米35%,花生35%,棉花及其他经济作物30%。复种指数为1.80。

灌区灌溉设计保证率为50%,渠村灌区作物地面灌溉制度见表3-1。

表 3-1　渠村灌区作物地面灌溉制度

作物	次数	P=50%充分灌溉			作物	次数	P=50%充分灌溉		
		种植比例（%）	生育阶段	灌水定额（m³/亩）			种植比例（%）	生育阶段	灌水定额（m³/亩）
小麦	1	80	越冬	45	棉花及其他经济作物	1	30	蕾期	45
	2		拔节	45		2		花铃	45
	3		抽穗	45		合　计			90
	合　计			135	花生	1	35	花针	35
玉米	1	35	拔节	40		2		结荚	30
	2		抽雄	40		合　计			65
	合　计			80					

3.1.9　社会经济

濮阳市是1983年9月1日经国务院批准建立的省辖市,位于河南省东北部冀鲁豫三省交界处,横跨黄河、海河流域。地处华北大平原,位于东经114°52′0″~116°5′4″,北纬35°20′0″~36°12′23″。濮阳市土地肥沃,资源丰富,有丰富的石油、天然气资源,是我国重要的能源基地和商品粮基地。

濮阳市现辖濮阳县、清丰县、南乐县、范县、台前县、华龙区5县1区及濮阳高新技术产业开发区,总面积达4 188 km²。据2009年统计资料,全市总人口有365.17万人,其中农业人口297.31万人。耕地面积为372万亩。

2008年,濮阳市全年实现生产总值657.3亿元,人均生产总值18 803元,全年地方财政一般预算收入25.3亿元,全年农村居民人均纯收入4 056元,农村居民人均生活消费支出2 335元,城镇居民人均可支配收入12 731元,城镇居民人均消费支出8 699.5元。

3.1.10　相关规划简介

3.1.10.1　《国家粮食战略工程河南核心区建设规划》

建立机制、实施工程、完善政策,集中力量建设粮食核心产区,到2020年使河南省的粮食产量由现在的500亿kg提高到650亿kg,切实保障国家粮食安全。

针对目前河南省水利建设制约粮食生产可持续发展的关键问题,提出以下措施:第一,加强病险水库除险加固,建设重点水库工程,以增强粮食生产核心区防洪安全保障能力;第二,加强骨干防洪河道治理,以增强粮食生产核心区防洪能力;第三,加强淮河流域低洼易涝地治理,以增强粮食生产核心区抗灾减灾能力;第四,强化灌区建设,以增强粮食生产核心区的灌溉保障能力。我省现有万亩以上大中型灌区243处,设计灌溉面积4 438万亩,有效灌溉面积2 451万亩,1998年以来国家对38处中的32处大型灌区进行节水改造续建配套,但由于资金所限,进展较慢,灌溉效益未能得到全面发挥。我省大中型灌区中引黄灌区有 26 处,由于近年来引水条件恶化,灌区工程不配套、老化失修,造成国家分配给我省的引黄水量得不到充分利用。为此,计划至 2020 年年前全面续建配套节水改造纳入国家规划的 38 处大型灌区和 205 处中型灌区,结合进行末级渠系改造,同时新建引黄灌区,充分利用国家分配给我省的引黄水量,扩大灌溉面积,补充灌区地下水,共计新增粮食生产能力 87.12 亿 kg,保障粮食生产可持续发展。

3.1.10.2 《濮阳市城市总体规划(2006～2020 年)》

总体规划拟确定濮阳市的城市性质为:生态园林特色突出的国家级历史文化名城,豫东北地区区域中心城市,以石油化工工业为主导的综合性城市。

城市发展方向:规划濮阳主城区城市建设用地发展方向在现有建成区的基础上集聚发展,尽快连接成片。规划期内,中心城区主要向北、向西发展,有条件的向东南发展。

加强基础设施建设,改善生活环境:增加贫困地区基础设施和社会服务设施资金投入,改善生产和生活条件。加快交通、电力电信和广播电视设施建设,提高设施标准和普及程度;实施安全生活饮用水和引黄灌溉工程,解决缺水和高氟苦水盐碱区生产生活用水困难问题;加强中小学危房改造和卫生院(所)的设施建设,提高教学和服务质量。改善生态环境,开展植树造林、防风固沙工程。

规划将城市绿地与城市外围的生态林地(森林公园、隔离林带、水源涵养地等)有机结合,提出"一环、两带、四廊"的绿色空间结构模式。

河流水系是城市园林绿化建设的宝贵资源,是城市与外部生态圈层联系的重要通道,也是城市景观系统的重要组成部分。规划在现有自然河流的基础上,梳理城市河流水系,结合抗汛防洪的需要,规划沿绿城路(原北环路)北侧设渠将濮清南水渠与马颊河连通,濮水河在隔离林带内向北分支,与北环北渠、顺城河相连。四条绿化生态廊道分别为马颊河绿化生态廊道、老马颊河绿化生态廊道、濮水河绿化生态廊道与北环北渠绿化生态廊道。沿马颊河两岸设置宽度为 50 m 的滨河绿地,在流经中心区部分调整为单侧设置;沿老马颊河与濮水河两岸均设置宽度为 30 m 的滨河绿地;在绿城路(原北环路)两侧设置宽度为 30 m 的防护绿地;在卫都路(原北外环路)北侧设置水渠,从西至东依次连接起濮清南水渠、濮水河与马颊河,水渠两侧设不小于 50 m 的防护绿带。四廊即为四条主要滨河绿带,均为城市公共绿地。

3.1.10.3 《濮阳市土地利用总体规划(2006～2020 年)》

规划原则:严格保护耕地,保障科学发展用地,提高土地利用效率,优化土地利用结构与布局,保护生态环境。

土地利用目标:保护耕地和基本农田,提高土地节约集约利用水平,统筹城乡和区域土地利用,优化土地利用结构,大力推进土地整理复垦开发,改善生态环境。

第三章,优化土地利用结构与布局。第一节,合理调整土地利用结构,其中水利用地规划为:坚持兴利除害结合、开源节流并重、防洪抗旱并举,以水资源保护和合理开发利用为重点,着力构建防洪减灾体系和水资源保障体系。按照水资源可持续利用和节水型社会建设的要求,规划期内建设黄河标准化堤防工程、南水北调中线工程沿线受水城市配套供水工程、金堤河二期治理工程等一批防洪除涝和具有综合效益的骨干水利工程,基本解决城市水源不足和城乡地下水超采问题。促进农村水利设施建设,保障以引黄灌区续建配套为重点的农田水利设施用地,提高水土资源利用效率,改善农业生产和农村生活条件。

第六章,土地利用重大工程。第一节,保障重大工程建设用地中有关水利重大工程的规划为:按照水资源可持续利用和节水型社会建设的要求,开工建设南水北调受水区配套工程和濮阳市南水北调调节水库,加快建设一批防洪防涝和具有综合效益的骨干水利工程,保障以大型灌区续建配套工程为重点的农田水利设施用地,提高水土资源利用效率,改善农业生产和农村生活条件。

3.1.10.4 《濮阳市水利发展"十二五"规划》

水利发展的总体目标是继续加强水利基础设施建设,逐步完善与经济社会发展相适应的水利工程体系,提供较为稳固的防洪安全保障和水资源支撑条件,基本实现水利与经济社会和生态环境的协调发展。

"十二五"期间水利发展的主要建设任务:

水资源开发利用方面:根据经济社会发展需求,增加水资源供给,提高供水能力。完成南水北调中线我市供水配套工程,增加城市水资源供给量;建成濮阳市引黄调节水库,同时利用低洼易涝地、废弃坑塘改造蓄水调节工程,研究雨洪资源利用和废污水处理回用,增加城乡可供水资源量;按规划完成引黄灌区配套工程和引黄补源工程,利用好引黄分配水量;根据全市各地地下水开采状况,合理、有序地开发利用地下水,为经济社会发展提供用水保障。

规划重点工程项目——濮阳市引黄调节水库工程:黄河水资源是濮阳市工农业生产及生活用水的重要水源,是濮阳市经济社会全面协调发展的重要保障。但是随着黄河中上游地区用水量的增加以及水污染的加剧,黄河可利用水资源量呈现逐年下降趋势。近几年,随着黄河逐年调水调沙的进行,黄河河底高程逐年降低,黄河行洪安全逐渐得到改善,但引黄灌区取水条件愈来愈差,实际引用水量愈来愈少,农业灌溉保证率越来越低,农业的稳产高产、农业的增产增效,面临水资源条件的约束越来越大。为改善濮阳市引黄灌溉条件,弥补黄河调水调沙河底下切带来的不利影响,建设引黄调节水库十分必要,在黄河水位高引水条件好的时候或非农业灌溉期,引黄河水进入调节水库进行调蓄,在农业灌溉期利用水库补充引黄水量的不足,确保农业灌溉期间用水的需要。

3.2 水环境质量现状监测与评价

3.2.1 地表水环境质量现状监测

为了解和掌握项目区水质现状,濮阳市环境监测站于 2011 年 3 月 15～17 日,对项目区域地表水环境进行了现状监测。

3.2.1.1 监测断面设置

本次监测选取黄河濮清南引水总干渠、第三濮清南干渠、顺城河和马颊河 4 条河流,共设 6 个断面。监测断面布设情况见表 3-2。

表 3-2 监测断面布设情况

序号	河流	断面位置	功能	水功能区划
1#断面	黄河濮清南引水总干渠	黄河引水口上游 100 m	背景	Ⅲ类
2#断面	第三濮清南干渠	杨庄桥,拟建引水渠上游 100 m	背景	Ⅳ类
3#断面		与顺城河交汇处下游 100 m	控制	
4#断面	顺城河	许村正北,拟建尾水渠下游 100 m	控制	
5#断面	马颊河	娄店村东,拟建尾水渠下游 100 m	背景	
6#断面		与顺城河交汇处下游 100 m	控制	

3.2.1.2 监测因子、监测方法及监测频率

根据项目区所涉河流的水污染特性、水域功能,结合本项目的性质和要求,确定地表水水质监测的主要项目为 pH 值、SS、COD、氨氮、挥发酚、水温和高锰酸盐指数,共 7 项。各因子监测分析方法按《水和废水监测分析方法》(第三版)和《环境监测分析方法》进行,具体分析方法见表 3-3。

表 3-3 监测项目及分析方法一览

序号	项目	分析方法	最低检出限(mg/L)	检测依据	监测频率
1	pH 值	玻璃电极法		GB 6920—1986	
2	SS	重量法		GB 50159—1992	
3	COD	重铬酸盐法	10	GB 11914—1989	
4	氨氮	纳氏试剂光度法	0.05	GB 7479—1987	连续监测 3 d,每天采样 1 次
5	挥发酚	4 - 氨基安替比林光度法			
6	水温	温度计法		GB 13195—1991	
7	高锰酸盐指数	酸性法	0.5	GB 11892—1989	

3.2.2 地表水环境质量现状评价

3.2.2.1 评价标准

根据濮阳市环保局对本项目评价标准执行意见文件,地表水黄河评价标准执行《地表水环境质量标准》(GB 3838—2002)Ⅲ类,其余河流执行Ⅳ类,SS 执行《农田灌溉水质标准》(GB 5084—92)旱作类标准。

3.2.2.2 评价方法

单项水质参数 i 在第 j 点的标准指数为

$$S_{i,j} = C_{i,j}/C_{si}$$

pH 值的标准指数为

$$S_{\text{pH},j} = \frac{7.0 - \text{pH}_j}{7.0 - \text{pH}_{\text{sd}}} \qquad \text{pH}_j \leqslant 7.0$$

$$S_{\mathrm{pH},j} = \frac{\mathrm{pH}_j - 7.0}{\mathrm{pH}_{\mathrm{su}} - 7.0} \qquad \mathrm{pH}_j > 7.0$$

式中 $S_{i,j}$——污染物 i 在第 j 点的标准指数;

$C_{i,j}$——污染物 i 在第 j 点的浓度,mg/L;

C_{si}——污染物 i 的地表水水质标准,mg/L;

$S_{\mathrm{pH},j}$——pH 值在第 j 点的标准指数;

pH_j——j 点的 pH 值;

pH_{sd}——地表水水质标准中规定的 pH 值下限;

pH_{su}——地表水水质标准中规定的 pH 值上限。

水质参数的标准指数 >1,表明该水质参数超过了规定的水质标准,已经不能满足功能要求。

环境质量现状监测点位布置示意图见图 3-1。

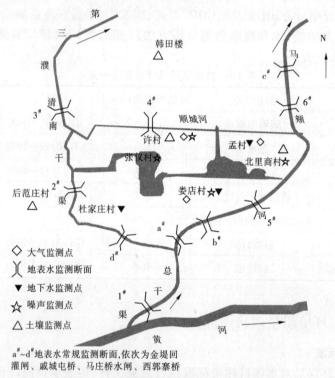

$a^\#\sim d^\#$ 地表水常规监测断面,依次为金堤回灌闸、戚城屯桥、马庄桥水闸、西郭寨桥

图 3-1　环境质量现状监测点位布置示意图

3.2.2.3　监测结果与评价

$1^\#$ 断面(黄河,渠村引黄水口上游 100 m):以地表水Ⅲ类标准进行评价,5 项监测因子均能满足地表水Ⅲ类标准要求。该断面水质现状为地表水Ⅲ类,更能满足农田灌溉水质标准(旱作类)要求,水环境质量较好。

$2^\#$ 断面(第三濮清南干渠,引水渠上游 100 m):5 项监测因子中,除 pH 值满足地表水Ⅳ类标准要求外,COD、高锰酸盐指数、挥发酚、氨氮均超标,超标率均为 100%,均值超标倍数依次为 6.2、6.7、2、53,标准指数依次为 7.2、7.7、3、54,超标原因与第三濮清南干渠接纳大量工业废水及生活污水有关。

以农田灌溉水质标准进行评价,该断面 COD 和氨氮出现超标现象,超标率均为100%,超标倍数分别为0.45和1.7。该断面水质也不能满足农田灌溉功能要求。

3#断面(第三濮清南输水干渠,与顺城河交汇处下游100 m):5 项监测因子中,除 pH 值和挥发酚满足地表水Ⅳ类标准要求外,COD、高锰酸盐指数、氨氮均出现超标现象,超标率均为100%,超标倍数依次为0.6、0.2、10.9,标准指数依次为1.6、1.2、11.9。受工业废水及生活污水排污影响,该断面水质现状较差,不能满足地表水Ⅳ类标准要求,但可以满足农田灌溉水质标准要求。

4#断面(顺城河,与1#尾水渠交汇处下游100 m):5 项监测指标中,除 pH 值和挥发酚满足地表水Ⅳ类标准要求外,COD、高锰酸盐指数、氨氮均超标,超标率均为100%,超标倍数依次为0.1、0.07、4.8,标准指数依次为1.1、1.07、5.8。受工业废水及生活污水排污影响,该断面水质现状较差,不能满足地表水Ⅳ类标准要求,但可以满足农田灌溉水质标准要求。

5#断面(马颊河,与2#尾水渠交汇处上游100 m):5 项监测因子中,仍然是除 pH 值和挥发酚满足地表水Ⅳ类标准要求外,COD、高锰酸盐指数、氨氮均超标,超标率均为100%,超标倍数依次为1.1、0.4、8.1,标准指数依次为2.1、1.4、9.1。受工业废水及生活污水排污影响,该断面水质仍然不能满足地表水Ⅳ类标准要求,但可以满足农田灌溉水质要求。

6#断面(马颊河,与顺城河交汇处下游100 m):5 项监测因子中,仍然是 COD、高锰酸盐指数、氨氮不能满足地表水Ⅳ类标准要求,超标率均为100%,超标倍数依次为0.8、0.4、13.6,标准指数依次为1.8、1.4、14.6,但可以满足农田灌溉水质标准要求。

地表水现状评价结论如下:

黄河渠村断面水质较好,水质指标都能满足地表水Ⅲ类标准要求;由于受西部工业区大量工业废水及生活污水排污影响,第三濮清南干渠本工程引水段水质污染严重,既不能满足地表水Ⅳ类标准要求,也不能满足农田灌溉水质标准要求。受工业废水及生活污水排污影响,顺城河和马颊河水质也不能满足地表水Ⅳ类标准要求,但可以满足农田灌溉水质标准要求。

针对第三濮清南干渠目前的污染现状,濮阳市计划在西部工业区东北部建设濮阳市第二污水处理厂,预计 2012 年上半年建成投产,可收纳排入第三濮清南干渠的全部生产废水和生活污水,废水经进一步处理后改排至马颊河,第三濮清南干渠将不再有废水排放口,届时,第三濮清南干渠水质将会有很大改善。

3.2.2.4 地表水常规监测评价

常规监测资料监测时间为 2010 年 12 月 2 日和 7 日,监测断面包括马颊河 3 个监测断面(金堤回灌闸、戚城屯桥、马庄桥水闸)和第三濮清南干渠 1 个监测断面(西郭寨桥),统计分析结果见表3-4。

表 3-4　地表水常规监测统计分析结果

河流名称	断面名称	因子	流量（m³/s）	pH 值（无量纲）	COD（mg/L）	高锰酸盐指数	挥发酚（mg/L）	氨氮（mg/L）	总磷（mg/L）
马颊河	金堤回灌闸	浓度	0	8.5	36.5	10.2	0.006 1	5.93	1.24
		超标倍数		未超标	0.22	0.02	未超标	3.0	3.1
	戚城屯桥	浓度	0	7.91	28.2	7.22	0.006 5	12.6	1.82
		超标倍数		未超标	未超标	未超标	未超标	7.4	5.1
	马庄桥水闸	浓度	0	7.32	21.5	6.74	0.006 1	9.31	1.76
		超标倍数		未超标	未超标	未超标	未超标	5.2	4.87
第三濮清南干渠	西郭寨桥	浓度	0.125	8.3	22.8	7.09	0.005 9	0.453	0.05
		超标倍数		未超标	未超标	未超标	未超标	未超标	未超标
标准值				6 ~ 9	30	10	0.01	1.5	0.3

金堤回灌闸断面:5 项监测因子中,pH 值和挥发酚可以满足地表水Ⅳ类标准要求,COD、高锰酸盐指数、氨氮、总磷均超过地表水Ⅳ类标准要求,超标倍数分别为 0.22、0.02、3.0、3.1。

戚城屯桥断面:5 项监测指标中,pH 值、挥发酚、高锰酸盐指数和 COD 满足地表水Ⅳ类标准要求,氨氮、总磷均超标,超标倍数分别为 7.4 和 5.1。

马庄桥水闸断面:与戚城屯桥断面相同,出现超标的仍然是氨氮、总磷,超标倍数分别为 5.2 和 4.87。

西郭寨桥断面:5 项监测因子全部满足地表水Ⅳ类标准要求,该断面水质现状较好。

由以上分析评价认为,马颊河水质与本次现状监测情况基本相同,水质较差,不能满足地表水Ⅳ类标准要求。而第三濮清南干渠常规监测水质较好,可以满足地表水Ⅳ类标准要求,其原因是常规监测期间由于引水灌溉,河水流量相对较大,稀释了受污染的河流水质。

3.2.3 地下水环境质量现状监测与评价

3.2.3.1 监测布点

根据工程所在区域的地下水流向,本次评价共布设了 4 个地下水监测点,各监测点具体位置及功能详见表 3-5。

表 3-5　地下水各监测点具体位置及功能一览

编号	监测点名称	与工程相对位置	功能
1	杜家庄村北	引水河道南,1 200 m	背景
2	孟村	2#弃土场东南,300 m	控制
3	韩田楼	库内河道以北,3 270 m,灌区	控制
4	娄店村	库内河道以南,380 m	控制

3.2.3.2 监测因子

选取 pH 值、总硬度、溶解性总固体、高锰酸盐指数、亚硝酸盐和氨氮共 6 项监测因子,同时记录井深、水温。

3.2.3.3 监测时间、频次及方法

濮阳市环境监测站于 2011 年 3 月 15～17 日对地下水现状进行了监测,连续监测 3 d,每天采样一次。监测方法采用《生活饮用水标准检验方法》(GB/T 5750—2006)进行,具体情况见表 3-6。

表 3-6 地下水监测方案一览

监测因子	分析方法	检出限 (mg/L)	监测频率	检测时间
pH 值	玻璃电极法	—		
总硬度	EDTA 滴定法	1.0		
溶解性总固体	重量法	—	连续监测 3 d, 每天一次	2011 年 3 月 15～17 日
高锰酸盐指数	酸性法	0.01		
亚硝酸盐	离子色谱法	0.003		
氨氮	纳氏试剂光度法	0.025		

3.2.3.4 评价标准和评价方法

评价标准执行《地下水质量标准》(GB/T 14848—93)Ⅲ类标准。

评价方法采用标准指数法对各评价因子进行评价,计算方法同地表水部分。

3.2.3.5 评价结果分析

地下水现状监测及评价统计结果见表 3-7。

表 3-7 地下水现状监测及评价统计结果

点位	项目	井深 (m)	pH 值 (无量纲)	总硬度 (mg/L)	溶解性 总固体 (mg/L)	高锰酸 盐指数 (mg/L)	亚硝 酸盐 (mg/L)	氨氮 (mg/L)
杜家庄村北	测值范围	76	7.20～7.25	462～470	708～748	0.92～0.97	未检出	0.125～0.138
	均值		7.223	467	728	0.95	0.001 5	0.132
	超标率(%)		0	100	0	0	0	0
	均值超标倍数		未超标	0.038	未超标	未超标	未超标	未超标
	标准指数		0.149	1.038	0.728	0.317	0.075	0.66
孟村	测值范围	70	7.36～7.40	617～966	916～1 130	0.90～0.94	未检出	0.171～0.190
	均值		7.38	744	1 042	0.917	0.001 5	0.18
	超标率(%)		0	100	66.7	0	0	0
	均值超标倍数		未超标	0.653	0.042	未超标	未超标	未超标
	标准指数		0.253	1.653	1.042	0.306	0.075	0.9

点位	项目	井深(m)	pH 值	总硬度	溶解性总固体	高锰酸盐指数	亚硝酸盐	氨氮
韩田楼	测值范围	78	7.32~7.40	721~964	616~784	0.74~0.87	未检出	0.106~0.236
	均值		7.356	817	689	0.803	0.0015	0.152
	超标率(%)		0	100	0	0	0	33.3
	均值超标倍数		未超标	0.816	未超标	未超标	未超标	未超标
	标准指数		0.237	1.816	0.689	0.268	0.075	0.76
娄店村	测值范围	75	7.12~7.20	451~478	688~792	0.78~0.90	未检出	0.104~0.138
	均值		7.16	461	735	0.83	0.0015	0.12
	超标率(%)		0	100	0	0	0	0
	均值超标倍数		未超标	0.024	未超标	未超标	未超标	未超标
	标准指数		0.107	1.024	0.735	0.277	0.075	0.6
标准限值			6.5~8.5	≤450	≤1000	≤3.0	≤0.02	≤0.2

杜家庄村北监测水井:六项监测指标中,pH 值、溶解性总固体、高锰酸盐指数、氨氮、亚硝酸盐满足地下水Ⅲ类标准要求;总硬度超标,超标率为100%,均值超标倍数为0.038,标准指数为1.038。

孟村监测水井:六项监测指标中,pH 值、高锰酸盐指数、氨氮、亚硝酸盐满足地下水Ⅲ类标准要求;总硬度和溶解性总固体超标,超标率为100%、66.7%,均值超标倍数分别为0.653、0.042,标准指数分别为1.653、1.042。

韩田楼监测水井:六项监测指标中,只有总硬度不满足地下水Ⅲ类标准要求,超标率为100%,均值超标倍数为0.816,标准指数为1.816。

娄店村监测水井:六项监测指标中,只有总硬度不满足地下水Ⅲ类标准要求,超标率为100%,均值超标倍数为0.024,标准指数为1.024。

由表3-7可知,除杜家庄村北、韩田楼和娄店村地下水总硬度超标,孟村地下水总硬度和溶解性总固体超标外,其他水质指标都能满足地下水Ⅲ类标准要求。总体分析评价区地下水水质较好,总硬度和溶解性总固体超标与当地地质有关。

3.3 生态环境现状评价

3.3.1 区域生态环境概况

3.3.1.1 濮阳市生态环境概况

濮阳市位于黄河下游冲积平原,地势较平坦,变化小,地势西高东低,南高北低,属暖温带大陆性气候,境内有平地、岗洼、沙丘、沟河地貌;濮阳市天然林木甚少,基本为人造林,主要分布在黄河故道及背河洼地;全市有森林公园和风景区 6 处,总面积 3 252 hm^2,占全市国土面积的 0.77%。濮阳县黄河湿地省级自然保护区为区域主要的自然保护区,位于濮阳市南部,保护区全长 12.5 km,南北跨度为 3~4 km,总面积 3 300 hm^2,该区分布有典型的黄河湿地生态类型,蕴藏有丰富的野生动植物资源,特别是湿地鸟类资源。

濮阳市土壤土层深厚,垦殖率高,后备资源十分贫乏。土壤主要类型有潮土、风沙土和碱土 3 个土类 9 个亚类 15 个土属 62 个土种。潮土为主要土壤,占全市土地面积的 97.2%,分布在除西北部黄河故道区外的大部分地区。风沙土有半固定风沙土和固定风沙土两个亚类,共占全市土地总面积的 2.6%,主要分布在西北部黄河故道,华龙区、清丰县和南乐县的西部。碱土只有草甸碱土一个亚类,占全市土地面积的 0.2%,主要分布在黄河背河洼地。碱土因碱性太强,一般农作物难以生长,改良后可种植水稻。濮阳市市区绿化率为 60%,主要树种有速生杨、槐树、梧桐等。

3.3.1.2 濮阳市土地利用现状评价

濮阳市土地总面积约为 41.79 万 hm^2,其中耕地占土地总面积的 64.34%。土地利用现状详见表 3-8。

表 3-8 濮阳市土地利用现状

土地类型		面积(hm^2)	比例(%)
农用地	耕地	268 880.46	64.34
	园地	6 100	1.46
	林地	19 200	4.59
	其他农用地	21 152	5.06
	小计	315 332.46	75.45
建设用地	居民点	64 800.88	15.51
	工矿用地	6 999.12	1.68
	交通水利用地	7 661.79	1.83
	其他建设用地	938.21	0.22
	小计	80 400	19.24
未利用地	水域	9 370.74	2.24
	其他未利用地	12 817.21	3.07
	小计	22 187.95	5.31
合计		417 920.41	100%

从表 3-8 可以看出:

(1)濮阳市耕地占有的比例最大,高达 64.34%,说明土地垦殖程度较高,主要以农田生态系统为主。

(2)居民点征地为 15.51%,说明濮阳市城镇化程度较高。

（3）除水域外，未利用地也占有一定的比例，为 3.07%，主要为荒地、沙地等，说明濮阳市耕地后备资源不足。

3.3.2 项目区生态环境现状调查与评价

本工程项目位于濮阳市高新技术产业开发区，属于城乡结合部，影响对象包括农业生态系统和城市生态系统。根据项目区特点，本次评价以当地文献为主，采用现状调查、收集资料和类比调研的工作方法对项目区生态环境进行综合调查与评价。

3.3.2.1 生态环境现状调查范围

本次生态环境现状调查范围为本工程所涉及的范围，调查面积为 8 880 hm²。工程涉及高新技术产业开发区和华龙区 2 个区，高新技术产业开发区涉及胡村乡 1 个乡，华龙区涉及中原路街道办事处和孟轲乡 2 个乡（办）。其中，胡村乡涉及的村庄有张仪村、娄店村、蒋孔村、四行村、班家村、范庄村、顺河村、北豆村、杜家庄村、豆村集、油辛庄村、安庄村、石家庄村、许村、孟、大庙村、祁家庄村、貌庄村 18 个行政村，中原路街道办事处涉及的村庄为南里商村，孟轲乡涉及的村庄为北里商村，共 20 个行政村。周边地区包括张田娄、孟旧寨、张旧寨、孙旧寨、贾田娄、豆固、东王什、西王什、马庄桥镇，南到市区胜利路。

3.3.2.2 土地利用现状评价

本次调查范围为引水河道两侧 200 m，水库周围 3 km 区域，项目区土地总面积为 8 880 hm²。通过实地走访调查了解到，本次调查范围内土地利用类型主要有耕地、园地、林地、居民点及工矿用地、交通用地、水域及水利设施用地、未利用地 7 种。其中，耕地面积为 4 135.1 hm²，占土地总面积的 46.57%；园地面积为 408.5 hm²，占土地总面积的 4.60%；林地面积为 129.6 hm²，占土地总面积的 1.46%；居民点及工矿用地面积为 3 642.8 hm²，占土地总面积的 41.02%；交通用地面积为 95.0 hm²，占土地总面积的 1.07%；水域及水利设施用地面积 140.4 hm²，占土地总面积的 1.58%；未利用地面积为 328.6 hm²，占土地总面积的 3.7%。具体情况见表 3-9。

表 3-9 调节水库项目区土地利用现状

土地类型	面积（hm²）	比例（%）
耕地	4 135.1	46.57
园地	408.5	4.60
林地	129.6	1.46
居民点及工矿用地	3 642.8	41.02
交通用地	95.0	1.07
水域及水利设施用地	140.4	1.58
未利用地	328.6	3.70
合计	8 880	100

从表 3-9 可以看出，项目区土地利用具有以下特点：

（1）项目区耕地面积最大，占总面积的46.57%，说明该区域土地垦殖程度较高，以农田生态系统为主。

（2）水域及水利设施用地面积也占有相当比例，占总面积的1.58%，主要是河道及池塘。

（3）居民点及工矿用地占有一定的比例，占总面积的41.02%，说明项目区城镇化程度较高。

（4）林地面积占总面积的1.58%，主要是人工林地。

综合以上特点，项目区主要有农田生态系统和城市生态系统，农田生态系统稍占优势，呈现典型的城郊生态系统特征。

3.3.2.3 生态系统现状

1.农田生态系统

评价区是我国重要的农业区，大部分地区土地肥沃、灌溉便利，农作物长势较好。栽培的农作物基本上为一年两熟或两年三熟。主要农作物有小麦、玉米、棉花、豆类、红薯、花生、芝麻等，其他作物还有高粱、谷子。耕作制度以一年两熟为主，主要以小麦－玉米轮作为主，其次是玉米－花生轮作。

评价区自20世纪70年代以来基本构建了比较完善的农田林网体系。农田林网树种主要有杨树类、泡桐、槐树等，一般沿路、沟渠、堤岸种植，呈网格状分布，树木高大。在本区农林间作，农枣、农果、农条间作比较普遍。除农田林网外，本区还有少量的防风固沙林、堤岸林，树木种植密度较大，树木胸径较小，且多不成材。固沙林主要有刺槐，河滩及堤岸林常见的有杨树林、旱柳林，还有白蜡条、紫穗槐等形成的条子林。但由于耕地紧张，人均耕地较少，单纯的高密度林木与农作物间作形式已经很少了，主要在村庄的周围零星有小片的树林。林业主要是由道路林、河渠林、村周围和沙荒地的片林等形成了较大的网络体系。

1）以小麦、玉米为主的农作物群落

本项目区大部分地区土地肥沃，灌溉条件较好，一般是玉米和小麦轮作。冬播作物主要是小麦，少有油菜；夏播作物玉米、花生、棉花占大部分，其余为五谷杂粮，如红薯、绿豆、芝麻、谷子等。秋播作物的杂草有王不留行、雀麦、野油菜、米瓦罐、灰灰菜、播娘蒿等；夏播作物杂草有反枝苋、野苋、猪毛菜、牛筋草、狗尾草、马唐、虎尾草、蒺藜、马齿苋、莎草等。其中，莎草、马唐、狗尾草属于恶性杂草，给当地的农业生产带来较大的危害。

2）蔬菜作物群落

蔬菜园一般都水肥充足、管理精细、长势较好、生物量较大，但由于面积有限，主要用于生活自给。在公路沿线并没有大面积的蔬菜基地，只有小片的菜田在村落四周呈点状或条块状分布。该群落主要由以下蔬菜组成：叶菜类有白菜、卷心菜、雪里红等，根茎类有萝卜、胡萝卜、马铃薯等，鳞茎类有葱、蒜、洋葱等，茎叶类有韭菜、苋菜、芹菜、茴香、茼蒿等。瓜果类有冬瓜、丝瓜、葫芦、豇豆、西红柿、茄子等。

3）杨树群落

杨树适应性强，生长迅速，是本区分布最广的群落，常见于本区的农田防护林带、公路旁、村边、河滩、沟渠、护岸、护堤上，还有田间防风林，均是单排、双排或带状种植。杨树由

于生长快、易管理和具有经济价值等特点成为濮阳市大力发展的树种。近几年来,杨树的数量发展很快,据现场调查,杨树 5 年生平均树高 9.5 m,平均胸径 14 ~ 18 cm,郁闭度为 0.4 ~ 0.5。目前杨树品种主要是白杨类多倍体杨和黑杨系列类(如加拿大黑杨,中林 46、107、108 等)。

4)泡桐群落

泡桐既是经济树种,又是本区群众喜欢种植的树种之一,也是农田林网的主要组成树种之一。该类型在本区也有少量分布,但在村庄周围和农民院内外分布较集中,是该区村落林的主要组成树种。泡桐前期生长迅速,6 ~ 8 年即可成材。一般 5 年生树木高 7 ~ 8 m,胸径 13 ~ 15 cm。泡桐常与小麦、大豆等作物间作,既为作物苗期生长提供了荫蔽的环境,又不影响作物的正常生长,充分利用了单位面积上的光、温、水、热资源,增加了农民的实际收入。

5)主要群落生物量

群落生物量是反映一个地区植被生产能力的重要指标,经实地调查与类比分析,杨树群落由于处在村落周围,立地条件较好,分布面积较大,树木生长较好,同时其密度一般较大,因此单位面积及总的生物量均较高。

果园由于土壤条件较好,加上人工投入较多,经营管理水平较高,一般其生物量及产量也较高。

农作物群落因立地条件的不同以及人工投入、管理水平等的不同而差异较大,这种变化同时与种植制度有关。与其他群落相比,农作物生物量相对较高。但由于种植作物的不同,其生物量水平也不尽一致,其中以小麦、玉米等的生物量水平较高,而其他作物的水平相对较低。

2.城市生态系统

项目区的城镇区域分两部分:一部分是位于水库东北方向的马庄桥镇大部分地区,面积大约为 154.6 hm²;另一部分位于水库南面,主要范围为北到绿城路,南到胜利路,东到大庆路,西到第三濮清南干渠,面积大约为 3 148.5 hm²。该区域已经构成城市生态系统,显示出城市生态系统的特征、人工建筑占据了大部分的土地,企业的生产者成为生态系统的主要生产者。自然植被现存量很少且分散,动物主要以小型啮齿类和家养动物为主。

3.3.2.4　项目区农业生产力现状及评价

1.农业基本生产结构及生产力

评价区内经济上主要依靠农作物种植,在土地的利用上仍然是传统的农业利用方式。农作物产品仍占绝对优势,而蔬菜等经济作物种植较少,且多集中于城镇人口集中居住区的周围。主要农作物为小麦、玉米、大豆、花生、油菜、棉花等。

近年来,通过农业种植结构的调整与市场经济的影响,各业发展渐趋协调,农业生产持续、稳定增长,经济效益明显提高,农民温饱问题已基本解决。从作物产量分布情况分析,评价范围内的耕地亩产量多数为 400 ~ 800 kg,平均产量为 600 kg 左右,项目区共产粮食约 37 215.9 t/年。

2.农作物的光能利用率

根据当地的农业生产现状和光能辐射量,计算了评价区主要农作物的光能利用率,结果见表 3-10。

表 3-10 评价区主要农作物光能利用率

作物种类	光能($\times 10^7$ MJ/hm^2)	产量(kg/hm^2)	食物能(万 MJ/hm^2)	光能利用率(％)
小麦	1.113 4	7 500	11.02	0.98
玉米	1.167 5	8 250	10.77	0.92
花生	1.476 3	2 625	7.92	0.54
大豆	1.167 5	1 500	5.30	0.45

评价区农作物光能利用率不足 1％ ,表明光能利用率还不高,从自然资源的角度分析,该区的农业生产尚有发展潜力。

3.制约农业生产发展的因素

经调查和走访,评价区农田水利设施较为完备,有一定的抗灾能力,对保证农业生产的稳定具有重要的意义。但由于工程配套性较差,管理不善,经营粗放,致使其利用效率不高,同时农业灌溉用水浪费现象较为严重,致使水利设施的经济效果不能充分体现。

制约本区农业发展的主要因素有以下几方面:

(1)自然灾害发生频繁。评价区主要存在着旱、涝、干热风等灾害。其中,旱灾发生频率较高,通常发生的是初夏旱。干热风的发生概率为 59％ ,即五年三遇,在部分地区,甚至 80％ 的年份可出现干热风天气,常造成小麦减产 10％ ~ 20％ 。涝灾平均 2 ~ 3 年一遇。

(2)土壤肥力不足。评价区普遍土壤肥力较低,土壤普遍缺磷少氮,属于中产土壤。尤其是沙土类土壤,土壤养分明显不足,表现为在部分地段上较为瘠薄。

(3)水资源缺乏。评价区农田灌溉水源为地下水和引黄水。连年过量开采造成地下水位严重下降,形成地下漏斗。由于骨干水利工程配套差,有限的水资源利用率较低,导致农业生产不稳。科学管理水平不高,扩大再生产的能力较差,生产后劲明显不足。

3.3.2.5 项目区林业生产现状

1.林业生产状况

项目区林木主要是农田防护林,主要分布于渠道、河道、道路两侧,以及村庄周围。项目区现有林业面积约 129.6 hm^2 ,即 1 944 亩。其中,主要树种为速生杨树,其他树种包括零星分布于村庄周围的刺槐、柳树、泡桐等。活立木总蓄积量约为 54 835 m^3 。项目区林木覆盖率为 1.5％ 。

项目区杨树资源中,不论林分和四旁树,均以 7 年生以下的幼、中龄林为主,占全部杨树资源的 85％ 以上。由于现有杨树资源以幼、中龄林为主,生长速度较快,特别是幼林的生长率很高,可达 40％ 或更高,按年平均生长率 20％ 计算,则每年蓄积生长量可达 10 967 m^3 以上。因为近年来杨木加工业发展迅猛,主要用于胶合板和大芯板的生产,成熟的大径级杨树消耗很大,价格也随之升高。

2.主要树木生产力现状

根据当地林业部门对种植的主要林木的标准木测算,评价区主要树木生产力调查结果见表3-11。

表3-11 评价区主要树木生产力调查结果

树种	蓄积(m^3/hm^2)	平均生产力($m^3/(hm^2 \cdot 年)$)
杨树	126	8.5
泡桐	122	8.2
刺槐	72	4.4
榆树	112	6.4

从上述调查与测算结果分析,评价区泡桐、杨树等乡土树种生长良好,具有较高的生产力。

3.3.2.6 景观结构现状

区域景观结构现状调查方法主要采用遥感卫片影像识别和现场调查相结合的方法。结合传统生态学和现代生态学理论,根据评价区域景观特点及评价的实际情况和需要,单元特征选取斑块数(N)、平均斑块面积(MPS)、斑块密度(PD)等指数进行分析,景观格局选取多样性指数(H)、优势度指数(D)、均匀度指数(E)、破碎度指数(FN_2)等进行分析。各指数的计算方法和具体的生态意义见表3-12,计算结果见表3-13。

表3-12 景观格局指数的计算方法和具体的生态意义

名称	计算方法	生态意义
多样性指数	$H = -\sum_{i=1}^{m}\left[(P_i) \times \ln P_i\right]$	反映要素的多少和各景观要素所占比例的变化
优势度指数	$D = H_{max} - H$	用于测量景观多样性对最大多样性偏离程度
均匀度指数	$E = (H/H_{max}) \times 100\%$	反映景观中各斑块在面积上分布的不均匀程度
破碎度指数	$FN_2 = MPS(NF-1)/NC$	反映人类活动对某一类型景观干扰的强度

注:NF 代表景观中某一景观类型的总数,NC 代表景观数据矩阵的方格网中格子的总数。

表3-13 项目区景观评价指数计算结果

景观类型	面积(hm^2)	多样性指数	优势度指数	均匀度指数(%)	破碎化指数
耕地	4 135.1				
园地	408.5				
林地	129.6				
居民点及工矿用地	3 642.8	1.16	0.79	59.48	0.018
交通用地	95.0				
水域及水利设施用地	140.4				
未利用地	328.6				

从表3-12 表和3-13 可以看出:

（1）农田生态系统所占比例最大,斑块数最多,居民点及工矿生态系统次之,农田生态系统的斑块面积较大,居民点及工矿生态系统所占比例相对较小,说明相对其他生态单元,农田地生态系统的景观空间结构较为复杂,且相对完整。

（2）均匀度指数为59.48%,相对较高;破碎度指数为0.018,相对较低。这说明评价区景观整体上斑块大小比较均匀,破碎化程度较小。

（3）从景观多样性指数和优势度指数来看,区域景观结构组成较复杂,优势度偏离程度较大,说明评价区景观主要由农田生态系统所支配。

综合分析,该评价区景观异质性不高。

3.3.2.7 主要陆生植物资源

濮阳市位于黄淮海平原,区域地势平坦,交通便利,环境经充分的人为开发,已形成了以农业生产为主的生态类型,评价区内优势植物资源以农作物为主,主要农作物有小麦、玉米、棉花、豆类、红薯、花生、芝麻等,其他作物还有高粱、谷子;蔬菜种植较多的有白菜、西红柿、葱、蒜、韭菜、辣椒、萝卜、黄瓜、茄子、马铃薯、豆角、姜、藕、菠菜、芥菜、冬瓜、南瓜等。近年引进蔬菜新品种20多个,如芥兰、西兰花、木耳菜、佛手瓜、雪莲果、蒜葱、五彩椒等。

村庄周边树种主要为杨树、泡桐、刺槐、旱柳、白榆、臭椿、楝树、槐树、桑树、构树等。经济树种有苹果、大枣、梨、桃、杏等。灌木主要有紫穗槐、白蜡条等。

野生杂草以禾本科、莎草科、菊科为主,如狗尾草、马唐、鹅观草、雀麦、莎草、早熟禾、画眉草、碱蓬、刺儿菜、打碗花、野苜蓿等。

经调查与资料查询,评价区内没有发现需要重点保护的珍稀、濒危植物。

3.3.2.8 主要陆生动物资源调查

项目评价区的动物属华北动物区系,由于历史上农业开发较早,人口居住密度较大,人为活动频繁,野生动物较少。

爬行类常见的有蜥蜴科的丽斑麻蜥、北草蜥,壁虎科的无蹼壁虎,石龙子科的蝘蜓蜥,游蛇科的虎斑游蛇、赤练蛇等。

本区夏候鸟主要由雀形目、鹃形目等组成。常见的种类有四声杜鹃、家燕、黑卷尾等,主要栖息在河边、池塘附近荒滩及农田中。

留鸟是本区最稳定的鸟类组成成分,常见的种类有麻雀、灰喜鹊、乌鸦、喜鹊、黑啄木鸟等,广布本区各地。

本区还有一些小型兽类,并以啮齿类动物为主,如大仓鼠、中华仓鼠、黑线姬鼠、黑线仓鼠、黄胸鼠等。其他兽类还有蝙蝠、夜蝠、鼬等。

饲养动物主要有30多种,其中家畜主要有牛、驴、马、骡、猪、羊、兔,家禽主要有鸡、鸭、鹅、鸽、鹌鹑等。

通过现场调查和走访,评价区没有发现珍稀、濒危的或受特殊保护的国家和省级重点保护的动物及大型兽类,仅有一些过境的鸟类,均不在这些地段筑巢育雏。

3.3.2.9 水生生物调查

1. 黄河渠村河段

水生植物资源主要有浮游植物和水生维管束植物。其中,浮游植物有65种,分属7

门 45 属,主要有绿藻门的 23 属 36 种、蓝藻门的 10 属 18 种、隐藻门的 1 属 1 种、黄藻门的 2 属 2 种、硅藻门的 8 属 8 种、裸藻门的 3 属 5 种等;水生维管束植物 18 种,主要有挺水植物、浮叶植物、漂浮植物和沉水植物四种生态种群。在河滩生长有大量的野生杂草,每年汛期河水上涨被淹没在河水之中。

濮阳黄河段面浮游植物生物量平均约为 0.672 mg/L,主要种(属)为双胞藻、栅藻、绿梭藻、衣藻、球囊藻、空星藻、小球藻、四角藻、卵囊藻、十字藻、鼓藻、盘星藻等。

浮游动物生物量平均约为 0.682 mg/L,主要种(属)有钟形虫、变形虫、龟甲轮虫、臂尾轮虫等轮虫,僧帽溞、裸腹溞、秀体溞及剑水溞类等。

本河段底栖动物生物量平均约为 4.83 g/m²,主要为线形动物、环节动物(寡毛类)、软体动物。具体主要有线虫、水丝蚓、尾鳃蚓、带丝蚓、耳萝卜螺、扁卷螺、环棱螺等。

本区主要的鱼类资源有 33 种,隶属 5 目 8 科,其中鲤形目鲤科 25 种、鳅科 1 种、鲇形目 3 种,合鳃目 1 种,鳢形目 1 种,鲈形目 2 种;主要经济鱼类有黄河鲤、北方铜鱼、鲇、鲫、赤眼鳟、翘嘴红鲌、红鳍鲌、黄颡鱼、开封鮠、泥鳅、鳊、逆鱼、花鱼骨、蛇鮈、乌鳢、黄鳝等。其中,尤以黄河鲤、北方铜鱼最为著名。

2. 马颊河、第三濮清南干渠和顺城河

经调查,马颊河、第三濮清南干渠和顺城河均有少量鱼类,河中水生生物种类与黄河类似,主要有草鱼、黄河鲤鱼、鲫鱼、鲢鱼、鲇鱼等,因为水质较差,鱼类资源数量较少。

经现场调查和走访,评价区没有发现国家和省级重点保护水生生物。

3.4 大气环境现状监测与评价

3.4.1 环境空气质量现状监测

3.4.1.1 监测布点

考虑工程建设需保护的主要目标及主导风向等因素,本次环境空气质量现状监测共布设了 3 个监测点,具体情况见表 3-14。

表 3-14 环境空气监测布点及监测因子一览

编号	监测点名称	监测因子	相对于方位	说明
1	娄店村		库内河道以南,380 m	主导风向上风向,村庄
2	许村	NO_2、TSP	西库东北,290 m	主导风向下风向,村庄
3	孟村		拟选弃土场东南,300 m	主导风向下风向,村庄

3.4.1.2 监测项目

根据工程特点,确定本次监测项目为 NO_2 和 TSP,共两项。

3.4.1.3 监测时间及频率

具体监测频率及监测时间见表 3-15。

表 3-15　监测频率及监测时间一览

监测因子	监测项目	监测频率	监测时间
TSP	日平均	连续监测 7 d,每日连续采样 12 h	
NO₂	日平均	连续监测 7 d,每日连续采样 18 h	2011 年 3 月 15～21 日
	1 h 平均	连续监测 7 d,每日 4 次,02、08、14、20 时, 每次采样 45 min	

3.4.1.4　监测分析方法

环境空气质量现状监测中采样点、采样环境、采样高度及采样频率的要求按《环境监测技术规范》(大气部分)执行。各项监测因子分析方法见表 3-16。

表 3-16　环境空气监测因子分析方法一览

监测因子	采样方法	分析方法	分析仪器	方法来源	检出限
NO₂	吸收法	盐酸萘乙二胺 分光光度法	分光光度计	HJ 479—2009	小时:0.003 mg/m³ 日均:0.001 mg/m³
TSP	滤膜捕集	重量法	AE200 电子天平	GB/T 15432—95	—

3.4.2　环境空气质量现状评价

3.4.2.1　评价方法

根据监测数据的统计分析结果,采用与评价标准直接比较的方法(单因子法)进行评价。

3.4.2.2　评价标准

根据濮阳市环保部门批复意见,环境空气评价标准执行《环境空气质量标准》(GB 3095—1996)二级标准,见表 3-17。

表 3-17　评价标准限值　　　　　　　　　　　　　　(单位:mg/m³)

污染物	小时平均浓度	日平均浓度	执行标准名称
NO₂	0.24	0.12	《环境空气质量标准》 (GB 3095—1996)二级
TSP	—	0.30	

3.4.2.3　监测及评价统计结果

对监测结果进行统计整理,低于检出限的监测值按检出限的一半进行统计,环境空气现状监测及评价统计结果见表 3-18～表 3-20。

表 3-18　NO₂ 环境质量现状监测日平均浓度统计结果

点号	监测点名称	浓度范围 (mg/m³)	标准限值 (mg/m³)	标准指数范围	超标率 (%)	最大超标倍数
1	娄店村	0.010 ~ 0.026	0.12	0.083 ~ 0.217	0	未超标
2	许村	0.012 ~ 0.031	0.12	0.100 ~ 0.258	0	未超标
3	孟村	0.013 ~ 0.027	0.12	0.108 ~ 0.225	0	未超标

表 3-19　NO₂ 环境质量现状监测 1 h 平均浓度统计结果

点号	监测点名称	浓度范围 (mg/m³)	标准限值 (mg/m³)	标准指数范围	超标率 (%)	最大超标倍数
1	娄店村	0.063 ~ 0.079	0.24	0.263 ~ 0.329	0	未超标
2	许村	0.062 ~ 0.079	0.24	0.258 ~ 0.329	0	未超标
3	孟村	0.063 ~ 0.082	0.24	0.263 ~ 0.342	0	未超标

表 3-20　TSP 环境质量现状监测日平均浓度统计结果

点号	监测点名称	浓度范围 (mg/m³)	标准限值 (mg/m³)	标准指数范围	超标率 (%)	最大超标倍数
1	娄店村	0.234 ~ 0.727	0.30	0.78 ~ 2.423	0.857	1.423
2	许村	0.208 ~ 0.946	0.30	0.693 ~ 3.153	0.857	2.153
3	孟村	0.187 ~ 0.833	0.30	0.623 ~ 2.777	0.571	1.777

3.4.2.4　评价结果分析

根据表 3-18 ~ 表 3-20,对各评价因子在目前环境空气的污染现状分述如下:

(1)NO₂:全评价区 NO₂ 日平均浓度范围为 0.010 ~ 0.031 mg/m³,占国标的 8.3% ~ 25.8%;1 h 平均浓度范围为 0.062 ~ 0.082 mg/m³,占国标的 25.8% ~ 34.2%,即 NO₂ 日平均浓度和 1 h 平均浓度均能满足《环境空气质量标准》(GB 3095—1996)中二级标准要求。

(2)TSP:全评价区 TSP 日平均浓度范围为 0.187 ~ 0.946 mg/m³,占国标的 62.3% ~ 315.3%,3 个监测点现状均超标,最大超标倍数为 2.153。

由以上分析可知:评价区域 NO₂ 1 h 平均浓度和日均浓度均能满足《环境空气质量标准》(GB 3095—1996)中二级标准要求,污染较轻。TSP 因子日均最高浓度均已超过环境质量标准上限,最大超标倍数为 2.153。这是监测时间为春季,地表干旱,风沙大等造成的。

3.5 声环境现状监测与评价

3.5.1 声污染源调查

调节水库工程位于濮阳市北部,行政区划上主要属胡村乡和孟轲乡,该地区以农业为主,只有少部分副业,有煤球加工、粉皮加工、养猪、养鸡等,区域声环境现状较好。

3.5.2 声环境质量现状监测

本次评价在工程施工区边界周围共设置4个噪声监测点,声环境现状监测方案见表3-21。

表3-21 声环境现状监测方案

序号	监测点位置	监测因子	监测频率	监测方法	监测时间
1	张仪村	等效连续A声级	连续监测2 d,每天在08时至12时和22时至02时各监测1次	《声环境质量标准》(GB 3096—2008)附录B、《声环境功能区监测方法》	2011年3月15~16日
2	许村				
3	北里商村				
4	娄店村				

3.5.3 声环境质量现状评价

3.5.3.1 评价标准

按《声环境质量标准》(GB 3096—2008)中2类标准执行。

3.5.3.2 评价方法

根据现状监测结果,采用等效声级法,对声环境质量进行评价。

3.5.3.3 监测及评价结果

监测结果见表3-22。

声环境现状监测统计结果表明,张仪村、许村、北里商村和娄店村昼间、夜间噪声值均能满足《声环境质量标准》(GB 3096—2008)中2类标准的要求,表明工程区域周围声环境质量较好。

表3-22 噪声监测结果　　　　　　　　　　(单位:dB(A))

监测点位置及标准限值	昼间		超标率(%)	均值达标情况	夜间		超标率(%)	均值达标情况
	测值范围(dB(A))	平均值(dB(A))			测值范围(dB(A))	平均值(dB(A))		
张仪村	41.7~42.2	41.95	0	达标	38.6~38.9	38.75	0	达标
许村	40.7~41.4	41.05	0	达标	38.1~38.2	38.15	0	达标
北里商村	47.5~48.6	48.05	0	达标	40.5~40.7	40.60	0	达标
娄店村	41.0~41.2	41.10	0	达标	37.9~38.3	38.10	0	达标
标准限值	60		—	—	50		—	—

3.6 土壤环境质量现状监测与评价

3.6.1 土壤类型

评价区土壤为风沙土,风沙土养分含量少,理化性状差,漏水漏肥,不利耕作,但适宜植树造林,发展园艺业。

3.6.2 土壤现状监测

3.6.2.1 监测点布设

本次评价为了了解评价区域的土壤质量,根据工程性质,共设 4 个监测点,其具体位置见表 3-23。

表 3-23　土壤现状监测布点一览

编号	采样地点	与工程相对位置	说明
1	后范庄村	引水河道南,650 m	
2	许村	西库区东北,290 m	
3	北里商村	东库区以东,紧邻	
4	韩田楼	库内河道以北,3 270 m,灌区	

3.6.2.2 监测因子与监测方法

监测因子选取 pH 值、砷、铅、铜、锌、铬、镉共 7 项。具体监测情况见表 3-24。

表 3-24　土壤监测情况一览

监测因子	采样方法	分析方法	方法来源	监测时间
pH 值	取表层（0 ~ 20 cm）土样,每个采样点按梅花形采样后等量混合,经风干、研碎、过筛,以四分法减少样品到 200 g,装具塞玻璃瓶中备用	酸度计法	按《环境监测分析方法》《土壤元素的近代分析方法》进行	2011 年 3 月 16 日
砷		分光光度法		
铅		萃取 – 火焰原子吸收法		
铜		萃取 – 火焰原子吸收法		
锌		萃取 – 火焰原子吸收法		
铬		高锰酸钾氧化,二苯碳酰二肼分光光度法		
镉		萃取 – 火焰原子吸收法		

3.6.2.3 监测结果统计

土壤监测因子统计结果见表 3-25。

表 3-25   土壤环境现状监测结果 　　　　　　　　　　　　　（单位:mg/kg）

采样点	项目	评价因子						
		pH 值 （无量纲）	铬	砷	镉	锌	铜	铅
后范村	测值	8.40	20.0	3.54	0.25	37.6	9.08	9.33
	标准指数	—	0.08	0.142	0.417	0.125	0.091	0.027
	达标情况	达标	达标	达标	达标	达标	达标	达标
许村	测值	7.97	20.0	2.67	0.25	37.0	9.21	9.79
	标准指数	—	0.08	0.107	0.417	0.123	0.092	0.028
	达标情况	达标	达标	达标	达标	达标	达标	达标
北里商村	测值	7.64	17.6	1.91	0.21	34.2	7.75	8.33
	标准指数	—	0.07	0.076	0.35	0.114	0.078	0.024
	达标情况	达标	达标	达标	达标	达标	达标	达标
韩田楼	测值	8.36	25.7	4.13	0.29	56.3	13.5	11.8
	标准指数	—	0.103	0.165	0.483	0.188	0.135	0.034
	达标情况	达标	达标	达标	达标	达标	达标	达标
标准限值		>7.5	≤250	≤25	≤0.60	≤300	≤100	≤350

3.6.3   土壤质量现状评价

3.6.3.1   评价方法

根据监测结果,采用标准指数法对各评价因子进行评价,计算方法同地表水部分。

3.6.3.2   评价标准

执行《土壤环境质量标准》(GB 15618—95)二级标准中 pH 值大于 7.5 的标准值,标准限值见表 3-25。

3.6.3.3   评价结果

由表 3-25 可以看出,土壤的 pH 值 >7.5,呈碱性,符合标准,砷、铅、铜、锌、铬、镉等各监测因子在 4 个测点均能满足《土壤环境质量标准》(GB 15618—95)二级标准要求。评价认为该区域土壤质量状况良好。

3.7   水土流失

3.7.1   水土流失类型

根据《河南省人民政府关于划分水土流失重点防治区的通告》(1999 年),该项目区不属于该通告划分的三区。根据《土壤侵蚀分类分级标准》(SL 190—2007),项目区容许土壤流失量为 200 t/（km²·年）。

项目区地貌上表现为黄卫冲积平原,地形平坦开阔,西部略高,东部稍低,局部有残留沙丘。区域内主要为农田和村庄。水土流失类型划分属于北方土石山区,以水力侵蚀为主,主要表现形式为面蚀和沟蚀。根据实地调查和《土壤侵蚀分类分级标准》(SL 190—2007)中全国土壤侵蚀类型的区划,项目区属轻度水力侵蚀区,水土流失相对较轻,侵蚀模数为 500 t/（km²·年）。

3.7.2　水土流失现状

工程项目区地处黄河冲积平原,地貌以平原为主,地势平坦,气候温和,水土流失较轻。工程区主要为城郊农村地貌,土地利用主要为农田、村庄和城镇。植被覆盖稍差,主要为农作物。区域内土壤侵蚀类型主要是水力侵蚀,其中以面蚀、细沟侵蚀为主,水土流失面积占土地总面积的 30%～50%。根据《濮阳市引黄灌溉调节水库工程水土保持方案报告书》,项目区不在水土流失"三防区"内。

项目区水土流失已稳定,土壤侵蚀超过容许值。

3.7.3　水土保持现状

自 20 世纪 70 年代以来开展了大规模的水土保持工作,水土保持设施和林草建设不断完善,主要采取建设基本农田、修筑堤埂、修建排水渠道、人工造林、人工种草等工程措施与生物措施,在一定程度上减少了水土流失的发生。

3.8　人群健康

3.8.1　地方病调查

根据濮阳市卫生局资料,濮阳市地方病主要有碘缺乏病、地方性氟中毒、布鲁菌病和鼠疫共四种。

碘缺乏病:是由于自然环境碘缺乏造成机体碘营养不良所表现的一组有关联疾病的总称。它包括地方性甲状腺肿、克汀病和亚克汀病、单纯性聋哑、胎儿流产、早产、死产和先天性畸形等。

地方性氟中毒:氟是人体所必需的微量元素之一。地方性氟中毒是当地岩石、土壤中含氟量过高,造成饮用水和食物中含氟量高而引起的地方性病,其基本病征是氟斑牙和氟骨症。

布鲁菌病(brucellosis,布病):也称波状热,是由布鲁菌引起的急性或慢性传染病,属自然疫源性疾病,临床上主要表现为病情轻重不一的发热、多汗、关节痛等。

鼠疫:是由鼠疫杆菌通过以跳蚤为主要传播媒介进行传播的自然疫源性烈性传染病(也叫做黑死病),是《中华人民共和国传染病防治法》规定的甲类 1 号传染病。鼠疫的主要特征为发病急、传播快、病死率高、传染性强,其临床主要表现为高热、淋巴结肿痛、出血倾向、肺部特殊炎症等。鼠疫在人间流行前,一般先在鼠间流行。鼠间鼠疫传染源(储存宿主)有野鼠、地鼠、狐、狼、猫、豹等。虽然鼠疫是人畜共通的传染疾病,然而主要的病菌媒介并非是老鼠本身,而是跳蚤。

3.8.2 地方病防治工作

碘缺乏病防治:①推行碘盐供应分配制,确保合格碘盐的有效供应;②依法加强碘盐监督监测,保证食用合格碘盐;③按照《河南省碘缺乏病监测方案》(试行)和《河南省碘盐监测质量控制方案》(试行)要求,切实加强碘盐监测工作;④卫生、盐业、教育、工商、技术监督等有关部门要密切配合,各司其责;⑤加强育龄妇女和中小学生的科普知识普及教育。

地方性氟中毒防治:①各级卫生行政部门要与水利部门密切配合,共同做好降氟改水工作;②认真搞好调查研究,积极探索适合濮阳市实际的降氟改水工程"建、管"新模式;③市、县要加强对已建工程的水氟、水砷等的监测工作。

布鲁菌病防治:布鲁菌病防治以人、畜间疫情管理为重点,特别是与外省毗邻交界地区,要加强区域联防和疫情监测,防止疫情回升,巩固防治成果。

鼠疫防治:根据《濮阳市鼠疫控制应急预案》和《河南省鼠疫监测方案》要求,开展疫情监测,密切注视疫情动态。切实加强重点人群和重点区域的监测及防范工作,采取切实有效措施,预防和控制人间鼠疫的传入、发生和流行。

3.9 文物古迹

濮阳市历史悠久,具有丰富的文物资源。经调查,项目区周围分布的文物古迹有 19处,其中属于文物保护单位的有 8 处,未定级单位 11 处。除张仪烈士墓群位于本项目开挖区内,其他各项保护目标均在项目区域 1 km 之外。

第4章　水资源论证研究

4.1　水资源开发利用存在的主要问题

4.1.1　地表水资源开发利用程度较低

濮阳市降水量年内、年际分配不均,径流多以洪水形式出现,这种自然条件不利于地表水的有效利用。为提高地表水利用率,濮阳市修建了一些蓄水、提水工程,但骨干蓄水工程少,致使蓄提水等工程供水量与该区地表水资源量相比仍存在较大差距。濮阳市近几年平均地表水资源量为 25 119 万 m³,蓄提水等工程供水量为 3 672 万 m³,占当地地表水资源量的 14.6%;另外,蓄供水工程质量问题导致蓄供水工程没有发挥应有的作用。

4.1.2　地下水资源开发利用不均衡

濮阳市近几年地下水平均开采率为 77.4%,属于地下水开发利用弱潜力区。但由于区域开发利用不均衡,海河流域地下水开发利用率较高,开采系数 $K = 1.42$,金堤河以北地区形成了大面积地下水漏斗区,2009 年漏斗区面积达 1 813 km²,属于严重超采区;黄河流域地下水开发利用率较低,开采系数 $K = 0.15$,属于地下水开发较大潜力区。

4.1.3　农业用水指标偏高

农业灌溉是用水大户,但由于不少灌溉工程设计标准低、工程配套差和灌溉方式比较落后等问题,再加上经过多年运行,大部分工程老化失修,田间灌溉技术落后,大水漫灌、串灌现象严重,造成亩均灌溉用水量偏大,灌溉水利用效率低,水资源浪费现象比较严重。

4.2　建设项目取用水量合理性分析

根据对濮阳市水资源状况和开发利用程度的分析,确定本工程项目取水方案为:本水库工程主要功能是充分利用黄河水资源,提高灌区的灌溉保证率,保障粮食稳产高产。依据国家产业政策、水资源管理要求、水资源规划及配置原则,对本项目进行取水合理性分析。根据濮阳市引黄灌溉调节水库设计用水方案,依据《灌溉与排水工程设计规范》(GB 50288—99)等进行用水量合理性分析。

4.2.1 取水合理性分析

4.2.1.1 国家产业政策分析

水利是农业的命脉,水利设施是保障粮食生产安全的基础,围绕到2020年河南省粮食产量达到650亿kg的总体目标,《国家粮食战略工程河南核心区建设规划》针对目前河南省水利建设制约粮食生产可持续发展的关键问题,明确提出以下措施:第一,加强病险水库除险加固,建设重点水库工程,以增强粮食生产核心区防洪安全保障能力;第二,加强骨干防洪河道治理,以增强粮食生产核心区防洪能力;第三,加强淮河流域低洼易涝地治理,以增强粮食生产核心区抗灾减灾能力;第四,强化灌区建设,以增强粮食生产核心区的灌溉保障能力。其中,关于第四条灌区建设方面指出:我省现有万亩以上大中型灌区243处,设计灌溉面积4 438万亩,有效灌溉面积2 451万亩,1998年以来国家对38处中的32处大型灌区进行节水改造续建配套,但由于受资金所限,进展较慢,灌溉效益未能得到全面发挥。我省大中型灌区中引黄灌区有26处,由于近年来引水条件恶化,灌区工程不配套、老化失修,造成国家分配我省的引黄水量得不到充分利用。为此,计划2020年年前全面续建配套节水改造纳入国家规划的38处大型灌区和205处中型灌区,结合进行末级渠系改造,同时新建引黄灌区,充分利用国家分配我省的引黄水量,扩大灌溉面积,补充灌区地下水,共计新增粮食生产能力达87.12亿kg,保障粮食生产的可持续发展。

粮食始终是关系国计民生、经济发展与社会和谐的重要基础。河南省是农业大省和粮食大省,对国家粮食安全负有重要的政治责任和历史责任。河南省委、省政府按照党中央、国务院的总体部署,为进一步破解确保我国粮食总量平衡、结构平衡和质量安全的难题,充分发挥粮食主产区的优势,尽力分担国家粮食供给的近忧远虑,为保障国家粮食安全作出更大的贡献,编制了《国家粮食战略工程河南核心区建设规划》并上报了国家发改委,规划建立机制、实施工程、完善政策,集中力量建设粮食核心产区,到2020年使河南的粮食产量由现在的500亿kg提高到650亿kg,切实保障国家粮食安全。2008年7月国家水利调研组领导和专家来我省对《国家粮食战略工程河南核心区建设规划》中涉及的重大问题进行了实地调研,2009年《国家粮食战略工程河南核心区建设规划》已经国务院批准。

按照党中央、国务院及省委、省政府的部署,为保证国家粮食安全分忧,为2020年河南粮食产量由现在的500亿kg提高到650亿kg作贡献,濮阳市政府决定实施濮阳市引黄灌溉调节水库工程,以充分利用黄河水资源,提高灌区的灌溉保证率,保证灌区农业增产增收。因此,调节水库取水符合国家产业政策。

4.2.1.2 区域水资源管理、规划及配置分析

濮阳市从20世纪50年代开始引黄灌溉,境内引黄自流口门主要有9处,设计灌溉面积409万亩,其中濮阳市境内设计灌溉面积372.56万亩,现状有效灌溉面积326.79万亩。2007～2009年引黄水量为18.992 2亿m^3。2009年粮食总产量为24.896亿kg,棉花总产量为0.1亿kg。引黄灌溉对当地农业生产和发展发挥了重要作用,取得了较为显著的经济效益和社会效益。

由于缺乏统一的水源调度规划,水资源开发利用存在不合理问题。全市金堤以南地

区水源比较充沛,地下水埋深较浅,可开采量较大,现状开采量较少;拦蓄沟渠工程较多,当地地表水可利用量较多;引黄灌区骨干工程老化,干、支渠道防渗率低,加之配套不完善,田间灌溉技术落后,大水漫灌、串灌现象严重,导致干渠下游部分灌区很难得到有效的灌溉。全市金堤以北地区水源不足,地下水埋深较深,可开采量有限,现状大量超采地下水;缺少拦蓄沟渠工程,当地地表水可利用量很小;引黄工程配套设施不完善,灌溉引黄水量少。地表水资源的不足,造成对地下水的过度开发。长期的超采引起地下水位下降,全市地下水漏斗区面积达 1 813 km²,导致机井抽不出水,更加剧了水资源短缺的危机,水资源供需矛盾十分突出。部分引黄工程难以发挥效益,灌区有效灌溉面积与规划还有差距,灌溉保证率较低,严重影响了干渠下游灌区农业的发展。

渠村灌区是河南省 13 个设计灌溉面积大于 30 万亩以上的大型引黄灌区之一。渠村引黄灌区始建于 1958 年,改建于 1979 年,位于濮阳市西部,南起黄河,北抵卫河及省界,西至安阳市滑县金堤河南部,东抵董楼沟、潴龙河、大屯沟,设计灌溉面积 193.1 万亩。其中:濮阳市境内设计灌溉面积 168.14 万亩,由华龙区全部及濮阳县、清丰县、南乐县等三县大部组成,且市区和濮阳县、清丰县、南乐县等三县均位于该灌区内。

渠村灌区水资源开发利用不均衡:金堤以南水资源条件好,地下水埋藏浅且开发利用少;金堤以北水资源条件差,地下水埋藏深,超采形成漏斗区。根据濮阳市渠村引黄闸 2002 ~ 2009 年实际引黄水量统计分析,平均年引黄水量 26 617 万 m³,与该口门取水许可指标水量 31 685 万 m³/年(取水(国黄)字[2005]第 5600 号)相比,仍有 5 068 万 m³/年的引黄指标水量未利用。因此,濮阳市规划兴建的引黄调节水库拟建于渠村灌区引黄补源区内。

建设引黄灌溉调节水库工程,供给该工程以北 89 万亩农业灌溉用水。一是解决引黄过程与农业需水过程不匹配以及黄河调水调沙期间引水受到限制等问题,利用非灌溉时间引黄河水,供灌溉时引用,改善渠村灌区补源区灌溉条件,提高灌溉保证率,保障粮食稳产高产,缓解灌区金堤以北地区水资源供需紧张的局面;二是遏制补源灌区地下水位持续下降问题,通过扩大引黄灌溉面积,增加引黄水量补给地下水,修复地下水生态环境。

综上所述,濮阳市引黄灌溉调节水库工程取水和退水符合国家产业政策和水资源管理、规划及配置要求。

4.2.2 用水合理性分析

4.2.2.1 指导思想与基本原则

1. 指导思想

认真贯彻落实国民经济和社会发展"十一五"规划纲要。坚持开源节流并重,节约保护并举,加强水资源的管理与保护,以水资源的可持续利用支撑经济社会的可持续发展。坚持人与自然的和谐相处,注重不同水质类别与下游用水单元之间的匹配,减少污染物的排放量。既要满足生产过程中的合理用水要求,又要充分考虑当地水资源的承载能力,实现工程的整体节水效果,从而达到全过程节能、降耗、清洁生产的目的,实现水资源的可持续利用和合理配置。

2. 基本原则

遵循合理开发、节约使用、有效保护的原则，坚持以整体预防的环境战略持续地应用于产品全周期的清洁生产，并注重经济活动与本区域生态环境的协调发展。坚持整体最优原则；经济合理、技术可行；实事求是，客观公正原则。

4.2.2.2 分析依据和评价标准

1. 分析依据

(1)《灌溉与排水工程设计规范》(GB 50288—99)；

(2)《节水灌溉技术规范》(SL 207—1998)；

(3)《用水定额》(DB41/T 385—2009)。

2. 评价标准

根据河南省地方标准《用水定额》(DB41/T 385—2009)条款6，河南省谷物及其他作物灌溉用水定额和修订说明7等有关条文对濮阳市引黄灌溉调节水库设计用水指标等进行评价。

1)灌溉用水定额

《用水定额》(DB41/T 385—2009)条款6，河南省谷物及其他作物灌溉用水定额见表4-1。

表4-1　河南省谷物及其他作物灌溉用水定额

作物名称	灌溉保证率	定额(m³/hm²)		定额(m³/亩)		说明
		灌溉定额	灌水定额	灌溉定额	灌水定额	
小麦	75%	2 625	600～675	175	40～45	冬灌、拔节、抽穗、灌浆
	50%	2 025	600～675	135	40～45	冬灌、拔节、抽穗、灌浆
玉米	75%	1 425	450～525	95	30～35	拔节、抽雄、灌浆
	50%	900	450～525	60	30～35	抽雄、拔节或灌浆
水稻	75%	11 400	300～450	760	20～30	水稻泡田1 200 m³/hm²
	50%	10 500	300～450	700	20～30	水稻泡田1 200 m³/hm²
花生	75%	1 350	375～450	90	25～30	开花下针期、结荚
大豆	75%	1 275	375～450	85	25～30	
棉花	75%	1 500	375～450	100	25～30	苗期、蕾期、花铃
其他	75%	2 550	375～450	170	25～30	其他农作物

2)灌溉系数

《用水定额》(DB41/T 385—2009)修订说明条文7，根据调查，河南省现有灌溉工程灌溉水利用系数为：非节水灌溉工程，渠灌区0.40～0.48、井灌区0.60～0.67；节水灌溉工程，渠灌区0.60～0.65、井灌区0.85。

3)灌溉制度

根据《河南省渠村引黄灌区续建配套与节水改造规划》(提要)，规划代表作物为小麦

80%、玉米35%、花生35%、棉花及其他经济作物30%,复种指数为1.80。

4.2.2.3　建设项目用水量基本情况

根据《濮阳市引黄灌溉调节水库工程项目建议书》:2020水平年顺城河以北补源灌区面积为89.0万亩,确定调节水库的设计调蓄补源区灌溉面积为89.0万亩。

调蓄补源区灌溉水源主要由引黄水、浅层地下水组成,有少量当地地表水可利用量参与灌溉。因此,需要分析净灌需水过程、水源构成、不同水源利用系数、毛灌用水过程。

1. 设计净灌溉需水过程分析

根据《河南省小麦、玉米、棉花等作物多年平均需水量等值线图》和河南省地方标准《用水定额》(DB41/T 385—2009)中豫北平原的主要作物灌溉用水定额,结合蒸发量等资料,根据公式 $P_0 = \alpha P$ 计算旬有效降水量,考虑调灌区节水模式、灌水技术等采用充分节水灌溉,计算得灌区保证率 $P = 50\%$ 年的作物地面灌溉定额,见表3-1。

根据调蓄补源区面积、农业种植结构、设计灌溉保证率及主要作物灌溉制度等,分析计算得补源灌区保证率 $P = 50\%$ 充分灌溉条件下净灌需水量为16 533万 m^3。调蓄补源区净灌需水过程详见表4-2。

表4-2　调蓄补源区净灌需水过程　　　　　　　　（单位:万 m^3）

月	10月			11月			12月			1月		
旬	上	中	下	上	中	下	上	中	下	上	中	下
净灌需水量					3 204							
月	2月			3月			4月			5月		
旬	上	中	下	上	中	下	上	中	下	上	中	下
净灌需水量					3 204				3 204			
月	6月			7月			8月			9月		
旬	上	中	下	上	中	下	上	中	下	上	中	下
净灌需水量	1 202						3 538		2 181			

2. 设计水源构成分析

(1)引黄水量:渠村灌区濮阳市境内灌溉多年平均许可引黄指标水量为28 000万 m^3/年。

(2)当地地表水可利用量:渠村灌区当地地表水可利用量为1 230万 m^3/年,结合金堤以北地区水利工程状况,估算调蓄补源区当地地表水可利用量为200万 m^3/年。

(3)浅层地下水可利用量:渠村灌区浅层地下水可利用量为22 500万 m^3/年,其中正常灌区可利用量为12 500万 m^3/年,补源灌区可利用量为10 000万 m^3/年。

3. 不同水源利用系数分析

根据渠村灌区规划,2020水平年调蓄补源区引黄灌溉水利用系数达到0.55;当地地表水由水泵提灌,其利用系数为0.90;井灌区地下水利用系数为0.90。

4. 毛灌用水过程

根据补源灌区水源条件差等因素,补源灌区灌溉按 $P = 50\%$ 充分灌溉条件分析其毛灌需水量为22 049万 m^3,见表4-3。

表 4-3　补源灌区毛灌需水过程结果　　　　　　　　　　　　（单位:万 m³）

月	10 月			11 月			12 月			1 月		
旬	上	中	下	上	中	下	上	中	下	上	中	下
毛灌需水量					4 666							
月	2 月			3 月			4 月			5 月		
旬	上	中	下	上	中	下	上	中	下	上	中	下
毛灌需水量					3 987				3 987			
月	6 月			7 月			8 月			9 月		
旬	上	中	下	上	中	下	上	中	下	上	中	下
毛灌需水量	1 376				5 252				2 781			

1)引黄水源供水量

调蓄补源区引黄水源供水量为 13 326 万 m³/年,其中调节水库调节供水量为 2 826 万 m³/年;通过第一、第三濮清南等两条干渠直接引黄供给水量为 10 500 万 m³/年。

2)当地地表水源供水量

调蓄补源区灌溉利用当地地表水量为 200 万 m³/年。

3)浅层地下水源供水量

调蓄补源区灌溉需开采地下水量为 8 523 万 m³/年。

4.2.2.4　建设项目用水指标合理性分析

1.灌水定额分析

根据渠村灌区规划,小麦、玉米、花生、棉花及其他经济作物灌水定额分别为 45 m³/(亩·次)、40 m³/(亩·次)、35 m³/(亩·次)、45 m³/(亩·次),符合河南省地方标准《用水定额》(DB41/T 385—2009)中豫北平原区灌溉用水定额要求,因此灌区设计灌水定额是符合《用水定额》(DB41/T 385—2009)要求的。

2.灌溉利用系数分析

根据渠村灌区规划,2020 水平年调蓄补源区引黄灌溉水利用系数达到 0.55;当地地表水由水泵提灌,其利用系数采用 0.90;井灌区地下水利用系数采用 0.90。

经与《用水定额》(DB41/T 385—2009)修订说明条文 7 对比分析可知:渠村灌区各水源灌溉设计利用指标优于要求指标的上限值,因此灌区设计灌溉利用系数是合理的。

4.2.3　节水措施与节水潜力分析

4.2.3.1　节水措施

本次分析采用的灌溉制度、灌溉定额及用水过程是根据 1996 年河南省水利科学研究所等单位针对河南省节水灌溉综合技术分析确定的,已考虑了节水因素。在工程实施和农业灌溉用水过程中共做到了以下几点:

(1)引水工程,包括从黄河提水及第一、第三濮清南干渠等引水渠道大部分经过硬化防渗处理,水量损失较少。

(2)针对调节水库工程的防渗处理,经技术、经济比较,采用垂直防渗与水平防渗相结合的综合防渗方案。

（3）渠村灌区 2009 年田间节水灌溉面积为 153.21 万亩,采取的节水措施包括喷灌、微灌、低压管灌等。

4.2.3.2 节水潜力分析

（1）部分引水工程虽经防渗处理,但由于年久失修,工程老化,防渗设施遭到破坏,干、支渠道防渗率低,水量损失较大,影响下游灌区的有效灌溉。应对被破坏部分进行修整,提高引黄灌溉水利用系数,减少输水损失。

（2）针对灌区配套不完善,田间灌溉技术落后,大水漫灌、串灌现象严重等问题,应推进灌区改造、工程配套,加强灌溉管理措施,降低用水指标,减少水源浪费,提高灌溉用水利用水平,节约用水,合理配置水资源。

4.2.4 建设项目合理取用水量

4.2.4.1 合理取水量分析

2020 水平年渠村灌区灌溉引黄水量为 25 460 万 m^3/年,其中正常灌区灌溉引黄取水量为 11 400 万 m^3/年;补源灌区引黄取水量为 14 060 万 m^3/年,包括第一、第三濮清南干渠直接引黄供水量 10 500 万 m^3/年,调节水库需引黄水量为 3 560 万 m^3/年。渠村灌区灌溉引黄水量未超该口门取水许可指标水量。该水库功能是对补源灌区灌溉进行调节供水,未增加灌区引黄水量,因此调节水库取水量是合理的。

4.2.4.2 合理用水量分析

根据濮阳市农业发展规划和种植结构,结合灌区 $P=50\%$ 充分灌溉的用水定额和供水条件分析,调蓄补源灌区灌溉需水库调节供水量 2 826 万 m^3/年。

根据水量供需平衡分析,调节水库入库水量 = 灌溉调节供水量 + 调蓄水库蒸发损失量 + 调蓄水库渗漏损失量 – 库面降水量。则需引黄入库水量 = 2 826 + 324 + 260 – 205 = 3 205（万 m^3）。

由于黄河水含沙量较高,经沉沙池沉沙再由渠道输送至调蓄水库,考虑沉沙池的蒸发渗漏损失及引水渠道沿程损失,取水口至水库的总输水损失按 10% 计,水库需引黄河水量为 3 560 万 m^3,损失量为 356 万 m^3/年。

根据渠村灌区规划,2020 水平年调蓄补源区引黄灌溉水利用系数达到 0.55;当地地表水由水泵提灌,其利用系数采用 0.90;井灌区地下水利用系数采用 0.90。各种水源利用指标符合《用水定额》(DB41/T 385—2009)指标要求,因此水库供给补源灌区灌溉用水量 2 826 万 m^3/年是合理的。

4.3 建设项目取水水源论证

4.3.1 水源论证方案

4.3.1.1 水源情况

根据濮阳市引黄灌溉调节水库工程所处地理位置和当地水资源条件,可供该调节水库工程选择的地表水水源有金堤河地表水、马颊河地表水及黄河过境水。金堤河在城区南 15 km 处自西至东流过,马颊河自南向北穿城而过,该两条河均为季节性河流,受季节性降水影响,枯水季节水量较小,缺乏蓄水条件,而且由于上游污水的汇入,水质常年劣于地表水 V 类标准。

结合业主对该水库的功能定位是以调节农业供水为主,辅以作为濮阳市城市应急供水,上述两条河流的水量、水质不能满足该水库设计用水方案的用水要求。所以,调节水库利用已建调水工程输水总干渠、第三濮清南干渠输送引黄水作为水源。

4.3.1.2 论证范围

濮阳市引黄灌溉调节水库工程拟定于濮阳市规划新城区北部。按照建设项目所在区域水资源状况及取水、退水所影响的范围,水资源论证所涉及的区域主要包括黄河渠村引黄闸来水、供水区,濮阳市城区位于渠村灌区内,因此将渠村灌区作为水源论证区域。

4.3.2 取水水源论证

黄河渠村引黄闸是濮阳市生活供水、工业供水、农田灌溉、环境用水、引水补源的重要水源工程。黄河河道来水情况、流域以上工程状况和运行调节方式决定着渠村引黄闸引黄水量的多少和取水的可靠程度。

小浪底水利枢纽工程是黄河干流上的一座集减淤、防洪、防凌、供水灌溉、发电等为一体的大型综合性水利工程,有效地控制黄河洪水,可利用其长期有效库容调节非汛期径流,增加水量用于城市及工业供水、灌溉和发电。水库运行方式分为两个阶段:初期为拦沙运用,称调水调沙运用期;后期为蓄清排浑期,即正常运用期。小浪底在初期运用阶段,水库起调水位为 205.0 m,蓄水拦沙;汛期调水调沙,非汛期下泄清水。当非汛期黄河来水流量不足 400 m³/s 时,水库补水至 400 m³/s 发电;当来水流量为 400 ~ 800 m³/s 时,水库按来水泄流,即水库下泄最小流量为 400 m³/s。

黄河下游干流高村水文站属国家基本水文站,位于黄河渠村引黄闸口门以下 6.15 km,具有 1960 ~ 2009 年 50 年长系列实测水位、流量资料。渠村引黄闸至高村水文站之间无支流汇入,也无大的引水工程,高村水文站断面的来水过程基本可以代表黄河渠村引黄闸口门处黄河的来水情况。自 2001 年年底小浪底水库全部建成投入运行以来,高村水文站断面处 2002 ~ 2009 年流量过程受人工调度控制,与 1960 ~ 2001 年自然来水资料不是同一系列,没有可比性。因此,本次采用高村水文站 2002 ~ 2009 年 8 年逐旬平均水位、流量资料,分析高村水文站黄河来水量情况,即分析黄河渠村引黄闸口门处的来水量和引水能力情况。

4.3.2.1 高村水文站 2002 年以来的水文特性分析

1. 高村水文站大断面变化分析

本次选取 2001 年汛前、2009 年汛前高村水文站两次大断面测验成果,进行对比分析黄河调水调沙对该断面的冲淤影响。

根据高村水文站 2001 年汛前、2009 年汛前两次大断面测验成果可知:在调水调沙前,即 2001 年汛前高村水文站河道主槽宽 568 m(起点距 L 为 135 ~ 703 m),主槽最底处高程为 60.60 m,平均高程为 61.48 m;经历几次调水调沙后,2009 年汛前高村水文站河道主槽 765.4 m(起点距 L 为 24.6 ~ 790 m),主槽最底处高程为 57.57 m,平均高程为

59.67 m。

对比分析可知:高村水文站河道主槽宽度 2009 年汛前比 2001 年汛前增宽了 197.4 m;主槽最底处高程降低了 3.03 m,平均每年降低 0.38 m;主槽高程平均降低了 1.81 m,平均每年降低了 0.23 m。分析表明:受 2001~2009 年多次调水调沙影响,高村水文站断面河道下切幅度很大,主槽平均降低了 1.81 m,对沿河取水口门影响很大,详见表 4-4 和图 4-1。

表 4-4　高村水文站 2009 年汛前与 2001 年汛前大断面对比分析成果

项目	起点距 L(m)	主槽宽(m)	主槽最底处高程(m)	主槽平均高程(m)
2001 年汛前	135~703	568	60.60	61.48
2009 年汛前	24.6~790	765.4	57.57	59.67
增加或降低		197.4	3.03	1.81
8 年平均变幅		24.7	0.38	0.23

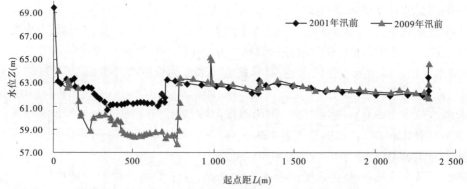

图 4-1　高村水文站 2009 年汛前与 2001 年汛前大断面对比

2.高村水文站水位过程变化分析

根据对高村水文站 2002~2009 年逐日平均水位资料统计分析可得:近 8 年中最低日平均水位为 59.41 m,出现在 2009 年 6 月 8 日;最低旬平均水位为 59.54 m,出现在 2009 年 6 月上旬;最低年平均水位为 59.96 m,出现在 2009 年,详见表 4-5、图 4-2、图 4-3。

表 4-5　高村水文站 2002~2009 年特征水位统计分析结果

年份	日平均水位				旬平均水位				年平均水位(m)
	最低(m)	时间	最高(m)	时间	最低(m)	时间	最高(m)	时间	
2002	61.42	2 月 4 日	63.73	7 月 11 日	61.58	12 月下旬	63.14	7 月中旬	62.05
2003	61.21	2 月 9 日	63.60	9 月 5 日	61.25	2 月下旬	63.23	9 月中旬	62.02
2004	60.61	11 月 21 日	62.97	7 月 11 日	60.63	11 月中旬	62.70	6 月下旬	61.31
2005	60.27	2 月 28 日	62.87	6 月 26 日	60.37	9 月中旬	62.60	6 月下旬	60.96
2006	60.12	2 月 16 日	62.80	6 月 28 日	60.18	11 月上旬	62.59	6 月下旬	60.74
2007	59.87	2 月 27 日	62.95	6 月 29 日	59.90	2 月上旬	62.61	6 月下旬	60.57
2008	59.67	12 月 30 日	62.24	7 月 1 日	59.86	11 月中旬	61.50	6 月下旬	60.28
2009	59.41	6 月 8 日	62.26	6 月 27 日	59.54	6 月上旬	62.09	6 月下旬	59.96

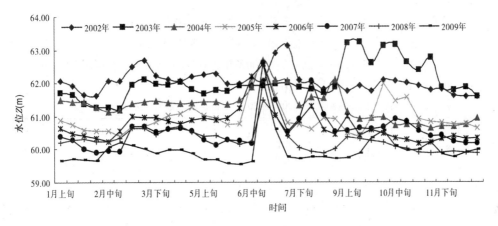

图 4-2　高村水文站 2002～2009 年旬平均水位过程对比

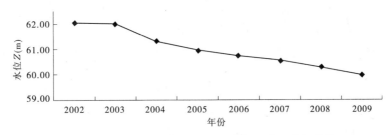

图 4-3　高村水文站 2002～2009 年年平均水位变化趋势

从图 4-3 中可以看出：黄河实施调水调沙后，高村水文站断面年平均水位呈下降趋势，高村水文站 2009 年年平均水位与 2002 年年平均水位相比降低了 2.09 m，平均每年降低了 0.30 m；从图 4-2 中可以看出，2009 年旬平均水位与 2002 年旬平均水位比较：仅 6 月下旬略持平，其他旬平均水位均下降，其中 7 月中旬旬平均水位降幅最大，为 3.36 m，详见表 4-6。

表 4-6　高村水文站 2009 年与 2002 年旬平均水位过程比较分析　　　　（单位：m）

月	旬	2002 年	2009 年	变幅	月	旬	2002 年	2009 年	变幅	月	旬	2002 年	2009 年	变幅
1	上	62.06	59.67	-2.39	5	上	62.26	59.68	-2.58	9	上	61.76	59.73	-2.03
	中	61.94	59.70	-2.24		中	62.29	59.67	-2.62		中	61.93	59.89	-2.04
	下	61.66	59.68	-1.98		下	61.98	59.58	-2.40		下	61.77	60.35	-1.42
2	上	61.61	59.65	-1.96	6	上	61.97	59.54	-2.43	10	上	62.10	60.56	-1.54
	中	62.05	60.07	-1.98		中	62.13	59.63	-2.50		中	62.07	60.10	-1.97
	下	62.05	60.21	-1.84		下	62.06	62.09	0.03		下	62.01	59.96	-2.05
3	上	62.51	60.12	-2.39	7	上	62.90	60.61	-2.29	11	上	61.92	59.99	-1.93
	中	62.69	60.01	-2.68		中	63.14	59.78	-3.36		中	61.80	60.19	-1.61
	下	62.23	59.87	-2.36		下	62.08	59.72	-2.36		下	61.81	59.86	-1.95
4	上	62.12	59.98	-2.14	8	上	62.04	59.76	-2.28	12	上	61.62	59.78	-1.84
	中	62.05	59.97	-2.08		中	61.82	59.75	-2.07		中	61.60	59.89	-1.71
	下	62.19	59.88	-2.31		下	61.97	59.70	-2.27		下	61.58	59.97	-1.61
年平均												62.05	59.96	-2.09

3.高村水文站流量过程变化分析

根据对高村水文站 2002~2009 年逐日平均流量资料统计分析可得:2002~2009 年平均径流量为 231 亿 m³,其中近 8 年中最小日平均流量为 110 m³/s,出现在 2002 年 2 月 4 日;最小旬平均流量为 124 m³/s,出现在 2003 年 2 月中旬;最小年平均流量为 500 m³/s,出现在 2002 年,详见表 4-7、图 4-4、图 4-5。

表 4-7 高村水文站 2002~2009 年特征水位统计分析成果

| 年份 | 日平均流量) | | | | 旬平均流量 | | | | 年平均流量（m³/s） |
	最小（m³/s）	时间	最大（m³/s）	时间	最小（m³/s）	时间	最大（m³/s）	时间	
2002	110	2 月 4 日	2 920	7 月 11 日	146	2 月上旬	2 047	7 月中旬	500
2003	113	2 月 11 日	2 860	10 月 14 日	124	2 月中旬	2 703	10 月中旬	815
2004	266	10 月 21 日	3 390	8 月 25 日	290	10 月中旬	2 471	6 月下旬	729
2005	213	2 月 28 日	3 350	6 月 26 日	237	2 月下旬	2 921	6 月下旬	771
2006	263	2 月 12 日	3 720	6 月 24 日	288	2 月上旬	3 390	6 月下旬	844
2007	193	2 月 4 日	3 920	6 月 29 日	218	2 月上旬	3 284	6 月下旬	823
2008	219	8 月 20 日	4 050	6 月 27 日	311	8 月中旬	3 414	6 月下旬	701
2009	268	8 月 28 日	3 820	7 月 1 日	331	1 月下旬	3 466	6 月下旬	667

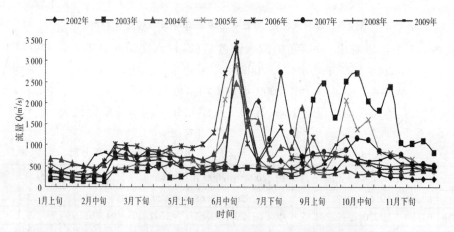

图 4-4 高村水文站 2002~2009 年旬平均流量过程对比

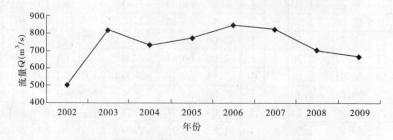

图 4-5 高村水文站 2002~2009 年年平均流量过程

4. 高村水文站断面水位—流量变化分析

根据高村水文站 2002~2009 年逐日平均水位及流量资料,建立高村水文站枯水期日平均水位—流量关系,并对每年逐日平均水位进行频率分析可得:高村水文站 2002 年以来最低日平均水位为 59.41 m,相应日平均流量为 302 m³/s(2009 年);最小日平均流量为 110 m³/s,相应日平均水位 61.42 m(2002 年);近 8 年中最低旬平均水位为 59.54 m(2009 年 6 月上旬)。高村水文站 2002~2009 年枯水期水位—流量关系曲线见图 4-6。

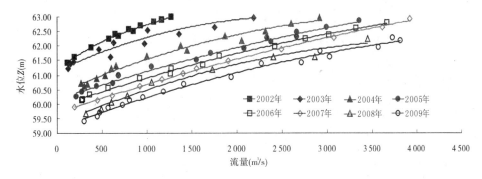

图 4-6 高村水文站 2002~2009 年枯水期水位—流量关系曲线

从图 4-6 可以看出:自 2002 年以来,高村水文站历年枯水期水位—流量关系曲线呈现逐渐下移右移,即:同一水位级,流量逐年增大;同一流量级,水位逐年降低。

5. 高村水文站水文特性变化趋势分析

根据黄河水利委员会调度规划,在 2011~2015 年将实施 5 年调水调沙,2001~2009 年高村水文站河道主槽高程平均每年降低了 0.28 m,2009 年年平均水位与 2002 年年平均水位相比平均每年降低了 0.30 m。考虑黄河含沙量大、河道冲淤变化情况复杂等因素,随着河道过水能力的增强,河道主槽下切幅度将减缓,则对大断面主槽按年均下切幅度、断面年平均水位下降幅度均按 0.20 m/年估算,与 2009 年相比,预测 2015 年高村水文站河道主槽高程平均将下降 1.00 m,断面年平均水位下降 1.00 m,黄河实施调水调沙将对下游特别是河南省境内的沿黄引水闸口门的自流取水能力产生很大影响。

4.3.2.2 渠村引黄闸闸前 2002 年以来的水文特性分析

1. 建立渠村闸闸前水位与高村水文站水位相关关系

渠村引黄闸位于黄河高村水文站上游 6.15 km,区间无支流汇入,洪水期水位比降为 1/10 000;枯水期水位比降为 0.8/10 000。因此,采用水位比降 $i = 0.257$、距离 $L = 6.15$ km,由 $Z_{闸前} = Z_{高村} + iL$,建立渠村引黄闸闸前水位与高村水文站水位相关关系,详见图 4-7。

2. 2002 年以来渠村引黄闸闸前水位变化分析

根据高村水文站 2002~2009 年逐日平均水位资料,由渠村引黄闸闸前水位—高村水文站水位相关关系图,推求渠村引黄闸闸前水位变化过程可得:近 8 年中最低日平均水位为 59.90 m,出现在 2009 年 6 月 8 日;最低旬平均水位为 60.03 m,出现在 2009 年 6 月上旬;最低年平均水位为 60.49 m,出现在 2009 年,详见表 4-8、图 4-8、图 4-9。

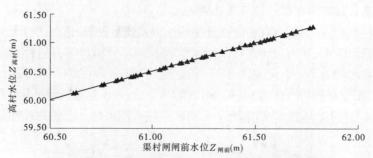

图 4-7　渠村引黄闸闸前水位—高村水文站水位相关关系

表 4-8　渠村引黄闸闸前 2002~2009 年特征水位统计分析结果

年份	日平均水位				旬平均水位				年平均水位（m）
	最低（m）	时间	最高（m）	时间	最低（m）	时间	最高（m）	时间	
2002	61.91	2月4日	64.35	7月11日	62.07	12月下旬	63.63	7月中旬	62.58
2003	61.70	2月9日	64.22	9月5日	61.74	2月下旬	63.72	9月中旬	62.57
2004	61.10	11月21日	63.59	7月11日	61.12	11月中旬	63.19	6月下旬	61.86
2005	60.76	2月28日	63.49	6月26日	60.86	9月中旬	63.09	6月下旬	61.51
2006	60.61	2月16日	63.42	6月28日	60.67	11月上旬	63.08	6月下旬	61.29
2007	60.36	2月27日	63.57	6月29日	60.39	2月上旬	63.10	6月下旬	61.12
2008	60.16	12月30日	62.86	7月1日	60.35	11月中旬	61.99	6月下旬	60.83
2009	59.90	6月8日	62.88	6月27日	60.03	6月上旬	62.58	6月下旬	60.49

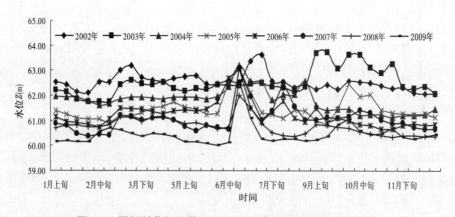

图 4-8　渠村引黄闸闸前 2002~2009 年旬平均水位过程对比

从图 4-9 中可以看出:黄河实施调水调沙后,渠村引黄闸水位年平均水位呈下降趋势,2009 年年平均水位与 2002 年年平均水位相比降低了 2.09 m,平均每年降低了 0.30 m;2009 年旬平均水位与 2002 年旬平均水位比较:仅 6 月下旬基本持平外,其他旬平均水位均下降,其中 7 月中旬旬平均水位降幅最大,为 3.36 m,详见表 4-9。

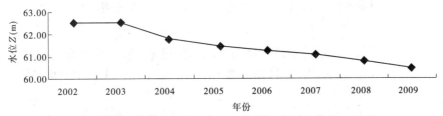

图 4-9　渠村引黄闸闸前 2002～2009 年年平均水位变化趋势

表 4-9　渠村引黄闸前 2009 年与 2002 年旬平均水位过程比较分析　　　（单位：m）

月	旬	2002 年	2009 年	变幅	月	旬	2002 年	2009 年	变幅	月	旬	2002 年	2009 年	变幅
1	上	62.55	60.16	-2.39	5	上	62.75	60.17	-2.58	9	上	62.38	60.35	-2.03
	中	62.43	60.19	-2.24		中	62.78	60.16	-2.62		中	62.55	60.51	-2.04
	下	62.15	60.17	-1.98		下	62.47	60.07	-2.40		下	62.39	60.97	-1.42
2	上	62.10	60.14	-1.96	6	上	62.59	60.16	-2.43	10	上	62.59	61.05	-1.54
	中	62.54	60.56	-1.98		中	62.75	60.25	-2.50		中	62.56	60.59	-1.97
	下	62.54	60.70	-1.84		下	62.68	62.71	0.03		下	62.50	60.45	-2.05
3	上	63.00	60.61	-2.39	7	上	63.52	61.23	-2.29	11	上	62.41	60.48	-1.93
	中	63.18	60.50	-2.68		中	63.76	60.40	-3.36		中	62.29	60.68	-1.61
	下	62.72	60.36	-2.36		下	62.70	60.34	-2.36		下	62.30	60.35	-1.95
4	上	62.61	60.47	-2.14	8	上	62.66	60.38	-2.28	12	上	62.11	60.27	-1.84
	中	62.54	60.46	-2.08		中	62.44	60.37	-2.07		中	62.09	60.38	-1.71
	下	62.68	60.37	-2.31		下	62.59	60.32	-2.27		下	62.07	60.46	-1.61
年平均												62.58	60.49	-2.09

3. 渠村引黄闸闸前水位预测分析

2011～2015 年将实施 5 年调水调沙，渠村引黄闸闸前 2009 年年平均水位与 2002 年年平均水位相比平均每年降低了 0.30 m。考虑黄河含沙量大、河道冲淤变化情况复杂等因素，随着河道过水能力的增强，河道主槽下切幅度将减缓，则对大断面年平均水位下降幅度均按 0.20 m/年估算，参照 2009 年与 2002 年旬平均水位变化过程，预测 2015 年渠村引黄闸闸前旬平水位过程，详见表 4-10。

4.3.2.3　渠村引黄闸引水能力分析

1. 渠村引黄闸引水体系

渠村引黄闸农业灌溉引水工程主包括引黄闸口门、预沉池、输水总干渠、第一濮清南干渠及第三濮清南干渠等工程。

濮阳市渠村引黄闸改建工程于 2007 年完成并投入运行。改建后的引水防沙闸共 6 孔，其中农业灌溉引水闸 5 孔，设计引水流量为 90 m³/s；城市供水引水闸 1 孔，即濮阳市自来水公司专用引黄闸取水口,设计引水流量为 10 m³/s,引黄闸工程主要设计指标详见表 4-11。

渠村引黄闸引水约束条件:当闸前水位低于 58.40 m 时,引不到黄河水;当闸前水位高于 60.75 m 时,能满足该引黄闸按设计最大引水流量取水。渠村引黄闸闸前水位—引水流量关系见图 4-10。

表 4-10　渠村引黄闸前 2015 年旬平均水位过程分析预测结果　　（单位:m)

月	旬	2009 年	2015 年	变幅	月	旬	2009 年	2015 年	变幅	月	旬	2009 年	2015 年	变幅
1	上	60.16	59.02	-1.14	5	上	60.17	58.94	-1.23	9	上	60.35	59.38	-0.97
	中	60.19	59.12	-1.07		中	60.16	58.91	-1.25		中	60.51	59.53	-0.98
	下	60.17	59.22	-0.95		下	60.07	58.92	-1.15		下	60.97	60.29	-0.68
2	上	60.14	59.20	-0.94	6	上	60.16	59.00	-1.16	10	上	61.05	60.31	-0.74
	中	60.56	59.61	-0.95		中	60.25	59.05	-1.20		中	60.59	59.65	-0.94
	下	60.70	59.82	-0.88		下	62.71	62.72	0.01		下	60.45	59.47	-0.98
3	上	60.61	59.47	-1.14	7	上	61.23	60.13	-1.10	11	上	60.48	59.56	-0.92
	中	60.50	59.22	-1.28		中	60.40	58.79	-1.61		中	60.68	59.91	-0.77
	下	60.36	59.23	-1.13		下	60.34	59.21	-1.13		下	60.35	59.42	-0.93
4	上	60.47	59.45	-1.02	8	上	60.38	59.29	-1.09	12	上	60.27	59.39	-0.88
	中	60.46	59.46	-1.00		中	60.37	59.38	-0.99		中	60.38	59.56	-0.82
	下	60.37	59.26	-1.11		下	60.32	59.23	-1.09		下	60.46	59.69	-0.77
年平均												60.49	59.49	-1.00

表 4-11　渠村引黄闸工程基本设计指标统计结果

灌溉引黄能力（m³/s）	自来水公司引黄能力（m³/s）	闸门数(孔)	单孔宽（m）	单孔高（m）
90	10	灌溉闸 5、供水闸 1	3.4、2.5	3.0
最高运用水位（m）	最大引水流量（m³/s）	闸前水位（m）	闸后水位（m）	闸板底高程（m）
63.74	100	60.75	57.40	58.40

2.渠村引黄闸现状引水能力分析

根据渠村引黄闸前旬平均水位,查渠村引黄闸闸前水位—引水流量关系线,得旬平均可引流量,渠村引黄闸现状年平均引水能力为 81.5 m³/s,低于设计引水能力 100 m³/s。分析表明:黄河实施调水调沙以来,渠村引黄闸引水能力下降,详见表 4-12。

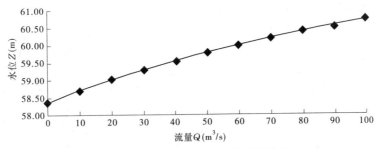

图4-10 渠村闸前水位—引水流量关系

表4-12 渠村引黄闸现状(2009年)引水能力分析结果

(单位:水位,m;流量,m³/s)

月	旬	2009年旬平均水位	可引流量	月	旬	2009年旬平均水位	可引流量	月	旬	2009年旬平均水位	可引流量
1	上	60.16	68.0	5	上	60.17	68.5	9	上	60.35	77.5
	中	60.19	69.5		中	60.16	68.0		中	60.51	87.3
	下	60.17	68.5		下	60.07	63.5		下	60.97	100.0
2	上	60.14	67.0	6	上	60.16	68.0	10	上	61.05	100.0
	中	60.56	90.5		中	60.25	72.5		中	60.59	92.0
	下	60.70	97.5		下	62.71	100.0		下	60.45	83.3
3	上	60.61	93.0	7	上	61.23	100.0	11	上	60.48	85.3
	中	60.50	86.7		中	60.40	80.0		中	60.68	96.5
	下	60.36	78.0		下	60.34	77.0		下	60.35	77.5
4	上	60.47	84.7	8	上	60.38	79.0	12	上	60.27	73.5
	中	60.46	84.0		中	60.37	78.5		中	60.38	79.0
	下	60.37	78.5		下	60.32	76.0		下	60.46	84.0
年平均引水能力											81.5

3. 渠村引黄闸2015年引水能力预测分析

根据预测,2015年渠村引黄闸闸前旬平均水位过程,查渠村引黄闸闸前水位—引水流量关系线,得旬平均可引流量,预测2015年渠村引黄闸年平均引水能力仅为40.0 m³/s,远远低于设计引水能力100 m³/s。分析表明:如果黄河继续实施调水调沙,渠村引黄闸引水能力将大幅下降,详见表4-13。

4.3.3 渠村供需水量平衡分析

4.3.3.1 灌区基本情况

渠村灌区濮阳市境内设计灌溉面积为168.14万亩,由华龙区全部及濮阳县、清丰县、南乐县等三县大部分组成,且濮阳市区和濮阳县、清丰县、南乐县等三县均位于该灌区内,是濮阳市石油化工和粮食生产的重要基地。

2009现状年,渠村灌区总人口190万人,其中城镇居民60万人、农村居民130万人;生产总值425亿元,其中第一产业、第二产业、第三产业分别为54亿元、270亿元、101亿元;工业增加值234亿元,其中火电4亿元、国有及规模以上206亿元、规模以下24亿元;粮食产量116万t,大牲畜15万头,小牲畜105万头。灌区内主要种植作物有小麦、玉米、棉花、大豆、水稻等作物。

表4-13 渠村引黄闸2015年引水能力预测分析结果

(单位:水位,m;流量,m³/s)

月	旬	2015年旬平均水位	可引流量	月	旬	2015年旬平均水位	可引流量	月	旬	2015年旬平均水位	可引流量
1	上	59.02	20.7	5	上	58.94	57.0	9	上	59.38	32.7
	中	59.12	24.0		中	58.91	55.5		中	59.53	37.7
	下	59.22	27.3		下	58.92	56.0		下	60.29	74.5
2	上	59.20	26.7	6	上	59.00	20.0	10	上	60.31	75.5
	中	59.61	40.5		中	59.05	21.7		中	59.65	42.5
	下	59.82	51.0		下	62.72	100		下	59.47	35.7
3	上	59.47	45.7	7	上	60.13	66.5	11	上	59.56	38.7
	中	59.22	27.3		中	58.79	13.0		中	59.91	55.5
	下	59.23	27.7		下	59.21	27.0		下	59.42	34.0
4	上	59.45	35.0	8	上	59.29	29.7	12	上	59.39	33.0
	中	59.46	35.3		中	59.38	32.7		中	59.56	38.7
	下	59.26	28.7		下	59.23	27.7		下	59.69	44.5
年平均引水能力											40.0

4.3.3.2 灌溉供水工程分析

1.地表水供水工程现状

1)蓄水工程

蓄水工程主要有金堤河柳屯拦河闸和马颊河拦河闸。

金堤河柳屯拦河闸:金堤河柳屯拦河闸建在濮阳县城下游,距濮阳市约25 km,1991年建成使用。蓄水量为627万m³,水面面积为0.42 km²,回水28 km。工程主要作用是抬高金堤河水位,保证农业用水及回补地下水。

马颊河拦河闸:为了防止马颊河流域地下水位大幅度下降,20世纪70年代以后,在马颊河上先后修建了平邑闸、大流闸、高庄闸、北里商闸、马庄桥闸和吉七闸,蓄水总量为699万m³。它主要以农业灌溉及回补地下水为主,另外接纳部分城市生产及生活污水,水质超标,城市生产及生活无法利用。

2）引水工程

灌区内有输水总干渠一条，第一（马颊河）、第三濮清南干渠两条，共长187.35 km；支渠19条，长236.39 km；支沟84条，长603.92 km。

输水总干渠：从渠村引黄闸至金堤河倒虹吸全长34.7 km，渠首设计引水流量为100 m³/s。输水总干渠上共布置一干渠和二干渠117 km。

马颊河引黄蓄灌工程：20世纪70年代开挖兴建了第一濮清南引黄补源工程（马颊河），从输水总干渠的末端金堤河涵闸处引水向北经濮阳县、华龙区、清丰县，于南乐县折向东，进入河北省境内。从金堤闸至省界全长60.6 km，控制灌溉面积为56.3万亩。一干渠上建有蓄水节制闸，共设支渠3条，全长32.7 km。它主要有老马颊河、东一、东二、东三等4条支渠，承担着蓄灌、除涝双重任务。

第三濮清南干渠引黄蓄灌工程：于1999年1月建成。该工程在渠村灌区输水总干渠的Ⅲ#枢纽前向西分水，在岳辛庄东向北穿过金堤河，于王助乡西郭寨北入赵北沟，在黄埔接大公河、向北在清丰县顺河西北入加五支河，在范石村转东北入翟固沟，跨西西沟、元马沟，在张浮丘西北接黄河故道至省界。从Ⅲ#枢纽进水闸至末端全长105.5 km，控制灌溉面积63.8万亩，设计过水流量30 m³/s。二干渠共设支渠18条，全长140.1 km。它主要有火厢、石村、濮水、顺河、焦夫、大屯、古城、霍町、西邵等9条支渠，承担着蓄灌、除涝双重任务。

3）提水工程

提水工程主要分布在金堤河北岸濮阳县的新习、城关、清河头，以及马颊河两岸华龙区、清丰县、南乐县的乡（镇）。

2. 灌溉机井工程现状

渠村灌区有灌溉机井17 640眼，主要分布于金堤以北地区，取水层位属浅层地下水。

3. 市城区及县城供水工程现状

1）濮阳市城区供水工程

濮阳市城区供水工程主要有濮阳市自来水公司水厂、中原油田基地水厂和濮阳市地下水源给水工程等3座水厂；还有分布于厂矿企业的自备井供水工程，总供水能力为26.00万 m³/d。

濮阳市自来水公司水厂：该水厂位于市区西部，1989年水厂一期工程建成，主要供给新市区生活用水和生产用水，取用黄河地表水，取水口位于渠村引黄闸，先后经预沉池、调节池由输水暗管引水，现状供水能力为10万 m³/d。

中原油田基地水厂：位于市区东部，主要供给油田基地生活用水和生产用水，水源为地下水，供水能力为3万 m³/d。

濮阳市地下水源给水工程：取用濮阳县李子园地下水源地的地下水。李子园地下水源地位于濮阳县金堤河以南子岸—五星一带。降水入渗和沟渠地表水渗漏是李子园水源地主要补给源，控制面积为49.8 km²。该给水工程规划设计供水规模为8万 m³/d，一期供水规模4万 m³/d已经建成。

市区自备水源井：市区自备水源井分布于厂矿企业，供水能力为9.00万 m³/d。

2）濮阳县城供水工程

目前,濮阳县城无集中供水水厂,其供水工程全为自备井供水系统,供水能力为6.90万 m³/d。

3）清丰县城供水工程

清丰县城总供水能力达到4.8万 m³/d。其中,清丰县自来水公司始建于1979年,现有水厂两座,综合供水能力为3.8万 m³/d;自备井供水能力为1.0万 m³/d。水源为地下水。

4）南乐县城供水工程

南乐县城总供水能力达到2.7万 m³/d。其中,南乐县自来水公司现有水厂1座,综合供水能力为2.0万 m³/d;自备井供水能力为0.7万 m³/d。水源为地下水。

4. 规划供水工程分析

1）南水北调中线工程

濮阳市是南水北调中线工程受水区。根据《河南省南水北调城市水资源规划报告》成果,2014年以后南水北调中线工程每年可向濮阳市区供水1.19亿 m³(约32.6万 m³/d)。根据《濮阳市城市总体规划(2005～2020年)》,濮阳县计划于2015年前与濮阳市城市供水系统连接,该水源主要用于城市生活用水。

2）濮阳市引黄灌溉调节水库工程

濮阳市委、市政府筹建濮阳市引黄灌溉调节水库,计划于2012年建成投入运行,以充分利用黄河水资源,提高灌区的灌溉保证率,保证灌区农业增产增收。

4.3.3.3 可供水量分析

1. 水资源量分析

渠村灌区位于濮阳县、华龙区、清丰县、南乐县等四县(区)内,因此由经计算得到的四县(区)的地表水、地下水资源量,采用面积比拟缩放法,推求渠村灌区的地表水、地下水资源量。上述四县(区)面积合计为3 205 km²,渠村灌区面积为1 287 km²,则得缩放系数为0.40。

1）地表水资源量

经对1956～2009年系列资料分析计算,得濮阳县、华龙区、清丰县、南乐县等四县(区)多年平均地表水资源量14 277万 m³,由此采用面积比拟缩放法,计算得渠村灌区多年平均地表水资源量5 711万 m³,详见表4-14。

表4-14 渠村灌区多年平均地表水资源量计算结果

县(区)及流域名称	面积(km²)	多年平均年降水量(mm)	多年平均地表水资源量		天然地表径流产水系数
			径流深(mm)	水量(万 m³)	
华龙区	263	554.9	31.0	815	0.06
清丰县	878	555.2	30.8	2 705	0.06
南乐县	620	551.9	30.3	1 882	0.05
濮阳县	1 444	570.3	61.5	8 875	0.11
合计	3 205	561.3	49.2	14 277	0.09
渠村灌区	1 287	561.3	44.4	5 711	0.08

2）地下水资源量

经对 1956～2009 年系列资料分析计算，得濮阳县、华龙区、清丰县、南乐县等四县（区）多年平均地下水资源量为 46 369 万 m³，由此采用面积比拟缩放法，计算得渠村灌区多年平均地下水资源量为 20 600 万 m³，详见表 4-15。

表 4-15　渠村灌区多年平均浅层地下水资源量计算结果

县（区）及流域名称	总补给量（万 m³）					浅层地下水资源量（万 m³）
	降水入渗补给量	地表水体补给量		井灌回归量	合计	
		河道补给量	灌溉田面补给量			
华龙区	2 203	41	849	744	3 837	3 093
清丰县	7 363	120	2 684	2 520	12 687	10 167
南乐县	5 172	70	1 742	1 802	8 786	6 984
濮阳县	16 432	1 410	8 283	1 490	27 615	26 125
合计	31 170	1 641	13 558	6 556	52 925	46 369
渠村灌区	12 468	656	5 423	2 622	21 169	20 600

2. 当地水资源可用水量

由计算得的全市地表水、地下水可供水量，采用面积比拟缩放法，估算渠村灌区当地地表水、地下水可供水量。渠村灌区面积为 1 287 km²，全市面积为 4 188 km²，则得缩放系数为 0.30。

1）地表水可供水量

根据前述计算得 2020 水平年全市当地地表水可供水量 4 123 万 m³/年，由缩放系数 0.30 估算得 2020 水平年渠村灌区当地地表水可供水量约为 1 230 万 m³/年。

2）地下水可供水量

渠村灌区多年平均浅层地下水资源量为 20 600 万 m³/年。渠村灌区金堤以北地下水资源量约为 10 100 万 m³/年，为浅层地下水漏斗区，根据濮阳市地下水压采方案，需限采或压采地下水，以地下水位不再持续下降为原则，确定该区域地下水可利用量为 10 000 万 m³/年；金堤以南地下水资源量约为 10 500 万 m³/年，地下水埋深较浅，补给条件较好，可以按 120% 利用系数开采地下水，激发黄河侧渗补给，确定该区域地下水可利用量为 12 500 万 m³/年。因此，估算渠村灌区浅层地下水可利用量为 22 500 万 m³/年。

3. 黄河地表水可供水量

根据《河南省人民政府关于批转河南省黄河取水许可总量控制指标细化方案的通知》（豫政[2009]46 号）文件，濮阳市黄河干流取水许可指标为 84 200 万 m³/年。《中华人民共和国取水许可证》（国黄）字[2005]第 5600 号规定濮阳市渠村灌区引黄取水指标为 31 685 万 m³/年,其中城市生活工业取水指标为 3 685 万 m³/年,农业灌溉取水指标为 28 000 万 m³/年。

4. 南水北调中线工程水源

根据南水北调中线工程规划,该工程将于 2014 年建成通水,濮阳市供水区设计引水量为 11 900 万 m³/年。

5. 中水水源

根据《濮阳市城市总体规划(2005～2020 年)》,污水处理设施的规划是:中原污水处理厂处理规模近期 2012 年规划扩建至 10 万 m³/d(中原区);濮阳市污水处理厂保持现有处理规模 10 万 m³/d(新市区)。2012 年濮阳市城区污水设施的处理能力将达到 20 万 m³/d。远期 2020 年新建污水处理厂 2 座,即工业区污水处理厂和老城区污水处理厂,新建一期处理规模为 7 万 m³/d 的工业区污水处理厂(留有 22 hm² 的用地用于该污水厂建设,可根据工业区的具体需要进行扩建),新建处理规模为 5 万 m³/d 的老城区污水处理厂。2020 年濮阳市城区污水处理设施的处理规模总量将达到 32 万 m³/d。因此,2020 年濮阳市城区污水处理厂规模为 32 万 m³/d。

根据濮阳市城区供排水和污水处理设施预测,估算 2020 年濮阳市城区可利用中水资源量为 7 000 万 m³/年。

6. 渠村灌区可供水量

根据前述分析计算,可得渠村灌区 2020 水平年可供水量,详见表 4-16。

表 4-16 渠村灌区可供水量预测结果　　　　　　　　　　　　　(单位:万 m³)

水平年	当地地表水源	浅层地下水源	引黄水源	南水北调水源	中水水源	合计
2020	1 230	22 500	31 685	11 900	7 000	74 315

4.3.3.4 居民生活和工业生产需水量预测

1. 社会经济发展指标预测

根据 2009 年濮阳市经济社会发展情况以及《濮阳市统计年鉴》、《濮阳市国民经济和社会发展"十一五"规划纲要》和《濮阳市总体规划》等资料,规划 2020 水平年濮阳市城市居民将达到 90 万人,城镇居民 35 万人,农村居民 80 万人;大牲畜 20 万头,小牲畜 120 万头;工业产值 2010～2015 年按年均 7.5% 增长,2015～2020 年按年均 6.5% 增长。渠村灌区 2020 水平年各项社会经济发展指标见表 4-17。

表 4-17 渠村灌区不同水平年社会经济发展指标

水平年	居民(万人)			牲畜(万头)		工业产值 (亿元)
	市城区居民	城镇居民	农村居民	大牲畜	小牲畜	
2009	40	20	130	15	105	270
2020	90	35	80	20	120	570

2. 用水指标预测

根据濮阳市现状年各项用水指标,结合濮阳市创建节水型社会发展规划,预测渠村灌区 2009 水平年和 2020 水平年各项用水指标,见表 4-18。

表 4-18　渠村灌区不同水平年各项用水指标

水平年	生活用水指标(L/(d·人))			牲畜用水指标(L/(d·头))		工业用水指标(m³/万元)
	市城区居民	城镇居民	农村居民	大牲畜	小牲畜	
2009	160	100	60	50	20	40
2020	200	120	80	50	20	30

3. 需水量预测

由表 4-18 和表 4-19 预测结果,可推求 2020 水平年渠村灌区居民生活与工业生产等需水量,各分项需水量详见表 4-19。

表 4-19　渠村灌区 2020 水平年各项需水量预测结果　　　(单位:万 m³)

水平年	居民生活需水量			牲畜需水量		工业需水量	城市环境需水量	合计
	市城区	城镇	农村	大牲畜	小牲畜			
2020	6 570	1 530	2 340	360	880	17 100	800	29 580

4.3.3.5　农业灌溉需水量分析

1. 农业种植结构

渠村灌区濮阳市境内设计灌溉面积为 168.14 万亩,涉及濮阳县、清丰县、南乐县、华龙区等四县(区),金堤河以南为正常灌区,金堤河以北为补水灌区。

根据《河南省渠村引黄灌区续建配套与节水改造规划》(提要),结合濮阳市农业发展规划,确定调蓄补源灌区作物组成:小麦 80%、玉米 35%、花生 35%、棉花及其他经济作物 30%,复种指数为 1.8。

2. 设计灌溉保证率

根据《河南省渠村引黄灌区续建配套与节水改造规划》可知,灌区设计灌溉保证率 $P = 50\%$。

3. 降水及蒸发量分析

渠村灌区多年平均年降水量为 565.8 mm,多年平均年蒸发量为 999.7 mm。对濮阳县、清丰县、南乐县等三县的降水资料进行比较分析,可得各县的降水量及分布情况相近,故本次选取代表站濮阳水文站 1964~2009 年 46 年系列降水量资料,计算得多年平均旬降水量;对濮阳水文站蒸发量统计分析,计算得多年平均旬蒸发量。濮阳水文站多年平均旬降水量及蒸发量详见表 4-20 和图 4-11。

表 4-20　濮阳水文站多年平均旬降水量、旬蒸发量计算结果

月	旬	降水量（mm）	蒸发量（mm）	月	旬	降水量（mm）	蒸发量（mm）	月	旬	降水量（mm）	蒸发量（mm）
1	上	2.3	6.6	5	上	13.7	41.5	9	上	24.9	39.0
	中	1.4	6.4		中	18.8	38.7		中	20.1	31.9
	下	2.9	7.0		下	13.4	52.5		下	17.6	28.6
2	上	2.1	6.9	6	上	12.8	51.0	10	上	12.8	27.1
	中	4.6	11.5		中	16.5	52.7		中	13.0	24.8
	下	3.4	11.8		下	35.6	47.2		下	7.2	25.2
3	上	7.1	20.6	7	上	54.6	41.0	11	上	8.6	21.6
	中	5.7	25.5		中	44.3	32.4		中	4.2	14.6
	下	6.5	35.2		下	59.6	38.3		下	4.6	11.9
4	上	4.8	36.4	8	上	43.7	35.8	12	上	2.7	10.0
	中	12.5	35.7		中	35.4	39.4		中	1.6	6.5
	下	12.7	39.9		下	31.3	37.7		下	2.8	6.8

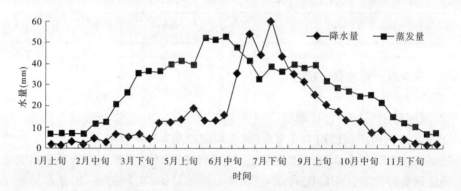

图 4-11　濮阳水文站多年旬平均降水、蒸发过程

4. 主要作物灌溉制度

根据河南省小麦、玉米、棉花等作物多年平均需水量等值线图和河南省地方标准《用水定额》(DB41/T 385—2009)中豫北平原的主要作物灌溉用水定额。结合蒸发量等资料，根据 $P_0 = \alpha P$ 计算旬有效降水量，考虑到灌区节水模式、灌水技术等采用充分节水灌溉，计算得灌区保证率 $P = 50\%$ 年的作物地面灌溉定额，见表 3-1。

5. 净灌需水量分析

根据灌区面积、农业种植结构、设计灌溉保证率及主要作物灌溉制度等，分析计算得：保证率 $P = 50\%$ 充分灌溉条件下灌区灌溉净需水量为 32 448 万 m^3。灌溉净需水过程详见表 4-21。

表 4-21 灌区 $P=50\%$ 充分灌溉条件下净需水量计算结果

月	旬	冬小麦 134.51 万亩		棉花及其他作物 50.44 万亩		玉米 58.85 万亩		花生 58.85 万亩		净需水量（万 m³）
		阶段	定额（m³/亩）	阶段	定额（m³/亩）	阶段	定额（m³/亩）	阶段	定额（m³/亩）	
11	中	冬灌	45							6 458
3	上	返青	45							6 458
4	下	灌浆	45							6 458
6	上			蕾期	45					2 270
8	上			花铃	45	拔节	40	花针	35	6 684
	下					抽雄	40	结荚	30	4 120
合计			135		90		80		65	32 448

6.用水过程分析

1）水源组成

渠村灌区灌溉水源主要由引黄水、浅层地下水组成,有少量当地地表水可利用量参与灌溉。

根据《灌溉与排水工程设计规范》(GB 50288—99)规定,结合灌区的实际情况规划水平年,灌区引黄灌溉水利用系数采用 0.55。当地地表水由水泵提灌,其利用系数采用 0.90。井灌区地下水利用系数采用 0.90。

2）毛灌用水过程分析

灌溉用水原则:优先使用引黄取水指标水量 28 000 万 m³/年和当地地表水可利用量 1 230 万 m³/年,不足部分由开采地下水量补充。根据各种水源的利用系数,在保证率 $P=50\%$ 充分灌溉条件下,分析计算需地下水开采量 16 155 万 m³/年,可得:在保证率 $P=50\%$ 充分灌溉条件下,渠村灌区毛灌需水量为 46 939 m³/年。灌溉用水过程见表 4-22。

表 4-22 灌区 $P=50\%$ 充分灌溉条件下毛灌需水量计算结果   （单位:万 m³）

月	旬	净灌需水量	净灌用水量			毛灌需水量	毛灌用水量		
			引黄水量	当地地表水量	地下水量		引黄水量	当地地表水量	地下水量
11	中	6 458	3 064		3 394	9 341	5 570		3 771
3	上	6 458	3 064		3 394	9 341	5 570		3 771
4	下	6 458	3 064		3 394	9 341	5 570		3 771
6	上	2 270	1 078		1 192	3 284	1 960		1 324

月	旬	净灌需水量	净灌用水量			毛灌需水量	毛灌用水量		
			引黄水量	当地地表水量	地下水量		引黄水量	当地地表水量	地下水量
8	上	6 684	3 174	1 107	2 403	9 670	5 770	1 230	2 670
	下	4 120	1 958		2 162	5 962	3 560		2 402
合计		32 448	15 402	1 107	15 939	46 939	28 000	1 230	17 709

由前述可知:渠村灌区地下水可利用量为 22 500 万 m^3/年。在保证率 $P = 50\%$ 充分灌溉条件下,需地下水开采量 17 709 万 m^3/年;城镇及农村居民生活需水量为 3 870 万 m^3/年,牲畜需水量为 1 240 万 m^3/年,水源为浅层地下水;按灌区工业需水量的 10% 估算得灌区工业用水开采地下水量为 1 710 万 m^3/年,其余量使用引黄水。灌区浅层地下水开采量合计为 24 529 万 m^3/年,与地下水可利用量相比,超采 2 029 万 m^3/年。

4.3.3.6 供需水量平衡分析

1. 供水原则

(1)南水北调中线工程水源为优质水源,主要供给濮阳市城区、濮阳县城及柳屯镇、清丰县县城及马庄桥镇、南乐县城等城镇居民生活用水,部分工业用水。

(2)黄河地表水源水质较好,主要供给濮阳市城区居民和工业、引黄灌区灌溉等用水。

(3)当地地表水源水质常年为劣 Ⅴ 类,主要用于农业灌溉和环境用水。

(4)浅层地下水源水质较好,主要供给城镇居民、农村居民、乡镇工业、农业灌溉等用水。

(5)中水水源主要供给电厂、环境等用水。

2. 供需水量平衡分析

根据以上供水原则,规划水平年各种水源可供水量理论上均能充分利用情况下,对可供水量与需水量进行分析可得:2020 水平年渠村灌区缺水 2 204 m^3,详见表 4-23。

表 4-23　渠村灌区供需水量平衡分析结果　　　　　　　（单位:万 m^3）

水平年	可供水量	需水量		余缺量
		居民生活、工业生产、牲畜及环境需水量	$P = 50\%$ 充分灌溉条件下毛灌需水量	
2020	74 315	29 580	46 939	− 2 204

3. 渠村灌区水资源开发利用存在的主要问题

渠村灌区可利用水源主要有过境黄河地表水和地下水。由于灌区缺乏多种水源联合调度运用规划,渠村灌区水资源开发利用主要存在以下两个问题:

(1)灌区金堤以南地区浅层地下水资源丰富,地下水开发利用少。灌区金堤以南地区距离黄河近,小浪底水库建成后黄河濮阳市段未出现断流情况,地表水源充足,地下水补给条件良好,水资源丰富且埋深浅利于开采,该区域农业灌溉大量使用黄河水,地下水利用量很小,地下水资源未得到充分开发、有效利用。

(2)灌区金堤以北地区浅层地下水资源匮乏,地下水开发利用多。灌区金堤以北地区远离黄河,拦蓄水利工程少,当地地表水可利用量很少,工农业生产用水大量开采地下水,长期处于超采状态;地下水补给条件较差,造成地下水位持续下降,形成了大面积地下水漏斗区,严重影响了群众生活和经济社会发展,造成地面下沉、污水回灌地下水污染等一系列生态问题。

4.4 调节水库调蓄分析

渠村灌区引黄灌溉需水引黄过程受黄河来水情况制约,因此首先要对灌溉需水过程与黄河来水过程进行匹配分析。

4.4.1 灌溉过程与黄河来水过程匹配分析

小浪底水库建成投入运用后,下游河道演变,河床下切,引黄口门闸前同流量下的水位下降,渠村引水口黄河主流逐年南移,引水口门引水能力下降。据统计,2002 年以来,黄河花园口以下河床普遍下切 1.0~1.5 m。河床下切后,影响灌区引水,不能满足农业灌溉要求。

根据高村水文站水文资料分析,小浪底水库运用前后渠村引水闸闸前黄河水位—引水流量关系曲线见图 4-12。

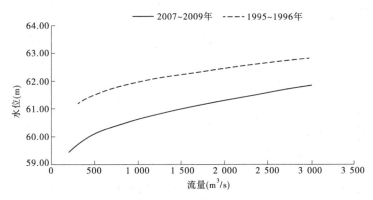

图 4-12   渠村引水闸前黄河水位—流量关系曲线

4.4.1.1 现状黄河来水过程与灌溉过程匹配分析

根据现状年 2009 年渠村引黄闸前旬平均水位过程,查闸前水位—引水流量关系曲线,得渠村闸可引水流量过程。濮阳市渠村灌区灌溉多年平均许可指标水量为 28 000 万 m³,结合灌溉制度分析灌溉需水过程。经分析可得:现状年黄河来水条件下,渠村引水闸年平均引水能力为 81.5 m³/s,有 2 次不能满足灌溉需水流量要求,详见表 4-24、图 4-13。

表 4-24　现状年黄河来水过程与灌溉过程匹配分析结果　　　　（单位:m³/s）

月	旬	可引流量	灌溉引水流量	月	旬	可引流量	灌溉引水流量	月	旬	可引流量	灌溉引水流量
10	上	100		2	上	67.0		6	上	68.0	32.4
10	中	92.0		2	中	90.5		6	中	72.5	
10	下	83.3		2	下	97.5		6	下	100	
11	上	85.3		3	上	93.0	92.1	7	上	100	
11	中	96.5	92.1	3	中	86.7		7	中	80.0	
11	下	77.5		3	下	78.0		7	下	77.0	
12	上	73.5		4	上	84.7		8	上	79.0	95.4
12	中	79.0		4	中	84.0		8	中	78.5	
12	下	84.0		4	下	78.5	92.1	8	下	76.0	58.9
1	上	68.0		5	上	68.5		9	上	77.5	
1	中	69.5		5	中	68.0		9	中	87.3	
1	下	68.5		5	下	63.5		9	下	100	

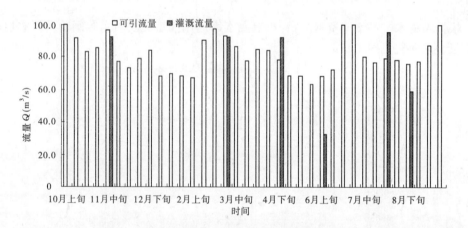

图 4-13　渠村灌区现状年可引水流量过程与灌溉需水流量过程匹配结果

4.4.1.2　预测水平年黄河来水过程与灌溉过程匹配分析

前述预测分析了 2015 水平年渠村引黄闸闸前旬平均水位过程。可引水流量过程根据渠村引水口门工作曲线结合闸前黄河水位—引水流量关系确定,根据口门引水能力计算分析的可引水流量过程见表 4-25、图 4-14。

分析表明:黄河主河槽下切后,同流量水位降低,造成引水口门引水能力下降,2015 水平年渠村闸年平均引黄能力为 40.0 m³/s,不足现状来水引水能力的 50%,不能满足灌溉需水流量要求。

表 4-25 2015 年黄河来水过程与灌溉过程匹配预测分析结果 （单位：m³/s）

月	旬	可引流量	灌溉引水流量	月	旬	可引流量	灌溉引水流量	月	旬	可引流量	灌溉引水流量
10	上	75.5		2	上	26.7		6	上	20.0	32.4
	中	42.5			中	40.5			中	21.7	
	下	35.7			下	51.0			下	100	
11	上	38.7		3	上	45.7	92.1	7	上	66.5	
	中	55.5	92.1		中	27.3			中	13.0	
	下	34.0			下	27.7			下	27.0	
12	上	33.0		4	上	35.0		8	上	29.7	95.4
	中	38.7			中	35.3			中	32.7	
	下	44.5			下	28.7	92.1		下	27.7	58.9
1	上	20.7		5	上	57.0		9	上	32.7	
	中	24.0			中	55.5			中	37.7	
	下	27.3			下	56.0			下	74.5	

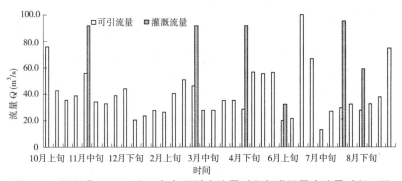

图 4-14 渠村灌区 2015 水平年年可引水流量过程与灌溉需水流量过程匹配

4.4.2 建设引黄调节水库的必要性

通过以上分析可得：小浪底水库建成投入运用后，经过历年调水调沙，渠村引黄闸引水口黄河主流逐年南移，下游河道演变，河床下切，致使同流量下引黄口门闸前水位下降，引水口门引水能力下降；每年的 6 月下旬到 7 月中旬为黄河的调水调沙期，水库下游黄河水含沙量很大，不宜引水，而在此期间，灌区农作物需水量大，由于无调蓄工程，导致引水过程与灌溉用水过程不匹配，农作物很难得到有效的灌溉；现状渠村灌区灌溉保证率只有38.4%。

渠村灌区是全省 30 万亩以上的 13 个大型引黄灌区之一，是全省粮食核心产区的重要组成部分。粮食始终是关系国计民生、经济发展与社会和谐的重要基础。按照党中央国务院及河南省委、省政府的部署,为保证国家粮食安全分忧,为 2020 年河南粮食产量由现在的 500 亿 kg 提高到 650 亿 kg 作贡献,濮阳市政府实施濮阳引黄灌溉调节水库工程,以充分利用黄河水资源,提高灌溉保证率,保障粮食稳产高产。预测分析 2015 水平年黄河来水过程不能满足灌溉需水流量要求,因此兴建调节水库是非常必要和迫切的。

4.4.3　调节计算原则

4.4.3.1　基本原则

渠村灌区濮阳市境内设计灌溉面积为 168.14 万亩,金堤以南为正常灌区,设计灌溉面积为 79.14 万亩,邻近黄河,水源条件好,能够实现 $P = 50\%$ 充分灌溉;金堤以北为补源灌区,设计灌溉面积为 89.0 万亩,距离黄河较远,水源条件较差,难以实现 $P = 50\%$ 充分灌溉。因此,正常灌区采用 $P = 50\%$ 充分灌溉条件下灌溉,补源灌区采用 $P = 50\%$ 非充分灌溉条件下灌溉。

4.4.3.2　调节水库供水区

本工程拟建于濮阳市城区北部,濮范高速公路以南约 1.0 km,规划的卫都路附近,胡村乡许村东南,孟村西南,振兴路以东;位于第一、第三濮清南干渠之间和顺城河以南。根据《濮阳市引黄灌溉调节水库工程项目建议书》:2020 水平年顺城河以北补源灌区面积为 89.0 万亩,引黄调蓄水量沿顺城河入第一、第三濮清南干渠,向顺城河以北灌溉供水。因此,本工程供水区是补源灌区。

4.4.3.3　调节水库特征库容

根据《濮阳市引黄灌溉调节水库工程项目建议书》工程设计确定:水库库区水面面积为 3.51 km^2,库底最低处高程为 45.00 m,平均水深为 6.0 m;正常蓄水位为 51.00 m,相应库容为 1 802 万 m^3;死水位为 46.50 m,死库容为 389 万 m^3;调蓄灌溉兴利库容为 1 413 万 m^3,详见表 4-26、图 4-15。

表 4-26　调蓄水库水位—库容关系

水位(m)	库容(万 m^3)	水位(m)	库容(万 m^3)	水位(m)	库容(万 m^3)
45.00	0	47.50	664	50.00	1 458
45.50	127	48.00	806	50.50	1 628
46.00	256	48.50	964	51.00	1 802
46.50	389	49.00	1 125		
47.00	525	49.50	1 290		

4.4.3.4　计算方法

兴利调节计算采用典型年法进行年调节,结合灌溉需水过程和实际情况,对引黄水源(含第一、第三濮清南干渠直接引黄灌溉水量和调节水库调蓄水量)、当地地表水源和浅层地下水源进行优化配置,分析各种水源实际用水过程。

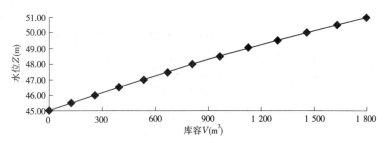

图 4-15　调蓄水库水位—库容关系曲线

4.4.3.5　水源构成分析

灌溉水源主要由引黄水、浅层地下水组成,有少量当地地表水可利用量参与灌溉。

(1)引黄水量:渠村灌区濮阳市境内灌溉多年平均许可引黄指标水量为 28 000 万 m³/年。

(2)当地地表水可利用量:由前述分析可知,渠村灌区当地地表水可利用量为 1 230 万 m³/年,其中正常灌区可利用量为 1 030 万 m³/年,补源灌区可利用量为 200 万 m³/年。

(3)浅层地下水可利用量:由前述分析可知,渠村灌区浅层地下水可利用量为 22 500 万 m³/年,其中正常灌区可利用量为 12 500 万 m³/年,补源灌区可利用量为 10 000 万 m³/年。

4.4.3.6　不同水源利用系数分析

规划 2020 水平年调蓄补源区引黄灌溉水利用系数采用 0.55;当地地表水由水泵提灌,其利用系数采用 0.90;井灌区地下水利用系数采用 0.90。

4.4.3.7　引黄水源约束条件

渠村引黄闸引水约束条件:根据渠村引黄闸工程设计指标,闸前水位不得低于 58.40 m;结合黄河调水调沙时间(6 月下旬至 7 月中旬),期间停止引水半个月。

4.4.3.8　引水过程

根据渠村引水能力、灌区可用水量确定水库可引黄水量,由引黄过程及灌溉用水过程确定水库引水过程。考虑避开黄河调水调沙时间引水。

4.4.3.9　供水过程

根据水库引水能力及灌溉用水过程和可引黄水量,结合水库调节能力计算确定。

4.4.3.10　调节计算

计入损失逐时段进行年调节计算,过程如下:

(1)取一个水文年为计算期,以旬为单位时段。

(2)根据各时段的来水量和用水量之差,得各时段的余水量和需水量。

(3)以最大需水期末为水库泄空时刻,由此时开始逆时序向前逐时段平衡计算,即得各时段的相应库容。

(4)时段引水量与出库供水量由水库调节库容确定,并由可引水量控制。

4.4.4　调节计算分析

4.4.4.1　净灌需水过程分析

由前述分析可知,2020 水平年渠村灌区净灌需水量为 32 448 万 m³/年,净灌需水过程见表 4-27。

表 4-27　渠村灌区 168.14 万亩灌溉净灌需水过程分析结果　　（单位：万 m^3）

月	10			11			12			1		
旬	上	中	下	上	中	下	上	中	下	上	中	下
净灌需水量					6 458							

月	2			3			4			5		
旬	上	中	下	上	中	下	上	中	下	上	中	下
净灌需水量					6 458						6 458	

月	6 月			7 月			8 月			9 月		
旬	上	中	下	上	中	下	上	中	下	上	中	下
净灌需水量	2 270						6 684			4 120		

4.4.4.2　毛灌需水过程分析

根据调节计算原则,结合渠村灌区水源条件,对引黄水源、浅层地下水源、当地地表水源等各种水源进行综合调度,预测 2020 水平年渠村灌区毛灌需水过程:按保证率 $P = 50\%$ 充分灌溉条件下,分析正常灌区毛灌过程;按保证率 $P = 50\%$ 非充分灌溉条件下,分析补源灌区毛灌过程,详见表 4-28 ~ 表 4-30。

表 4-28　2020 水平年正常灌区(79.14 万亩) $P = 50\%$ 充分灌溉毛灌需水过程分析结果

（单位：万 m^3）

月	旬	净灌需水量	净灌用水量				毛灌需水量	毛灌用水量		
			引黄水量	当地地表水量	地下水量	合计		引黄水量	当地地表水量	地下水量
11	中	2 849	1 155		1 694	2 849	3 982	2 100		1 882
3	上	2 849	1 155		1 694	2 849	3 982	2 100		1 882
4	下	2 849	1 155		1 694	2 849	3 982	2 100		1 882
6	上	1 068	605		463	1 068	1 614	1 100		514
8	上	3 146	1 375	540	1 231	3 146	4 468	2 500	600	1 368
	下	1 939	825	387	727	1 939	2 738	1 500	430	808
合计		14 700	6 270	927	7 503	14 700	20 766	11 400	1 030	8 336

表 4-29 2020 水平年补源灌区(89 万亩)$P=50\%$ 非充分灌溉毛灌需水过程分析结果

（单位：万 m³）

月	旬	净灌需水量	净灌用水量 引黄水源 调蓄水库	净灌用水量 引黄水源 第一、第三濮清南干渠水量	当地地表水量	地下水量	合计	毛灌需水量	毛灌用水量 引黄水源 调蓄水库	毛灌用水量 引黄水源 第一、第三濮清南干渠水量	当地地表水量	地下水量
11	中	3 204	777	1 100		1 128	3 005	4 666	1 413	2 000		1 253
3	上	3 204		1 100		1 788	2 888	3 987		2 000		1 987
4	下	3 204		1 100		1 788	2 888	3 987		2 000		1 987
6	上	1 202		275		788	1 063	1 376		500		876
8	上	3 538	777	1 375	180	1 025	3 357	5 252	1 413	2 500	200	1 139
8	下	2 181		825		1 153	1 978	2 781		1 500		1 281
合计		16 533	1 554	5 775	180	7 670	15 179	22 049	2 826	10 500	200	8 523
灌溉保证率									45.9%			

表 4-30 2020 水平年渠村灌区毛灌需水过程分析结果汇总 （单位：万 m³）

月	旬	净灌需水量	净灌用水量 引黄水量	当地地表水量	地下水量	合计	毛灌需水量	毛灌用水量 引黄水量	当地地表水量	地下水量
11	中	6 053	3 032		2 822	5 854	8 648	5 513		3 135
3	上	6 053	2 255		3 482	5 737	7 969	4 100		3 869
4	下	6 053	2 255		3 482	5 737	7 969	4 100		3 869
6	上	2 270	880		1 251	2 131	2 990	1 600		1 390
8	上	6 684	3 527	720	2 256	6 503	9 720	6 413	800	2 507
8	下	4 120	1 650	387	1 880	3 917	5 519	3 000	430	2 089
合计		31 233	13 599	1 107	15 173	29 879	42 815	24 726	1 230	16 859
灌溉保证率								47.8%		

4.4.4.3 毛灌水量分析

水平年 2020 年渠村灌区毛灌需水总量为 42 815 万 m³，需引黄水量 24 726 万 m³，当地地表水量约为 1 230 万 m³，开采浅层地下水量 16 859 万 m³。其中，正常灌区毛灌溉需水总量为 20 766 万 m³，需引黄水量 11 400 万 m³，当地地表水量 1 030 万 m³，开采浅层地下水量 8 336 万 m³；补源灌区毛灌溉需水总量为 22 049 万 m³，需引黄水量 13 326 万 m³，当地地表水量 200 万 m³，开采浅层地下水量 8 523 万 m³。

4.4.4.4 灌溉保证率分析

濮阳市通过新建引黄调节水库工程,并对已建的第一、第三濮清南干渠等工程进行续建配套工作,改善灌区引黄灌溉条件,统一调度引黄水、浅层地下水及当地地表水等联合供水,优化配置水源。2020水平年渠村灌区灌溉保证率达到47.8%,比现状灌溉保证率38.4%提高9.4个百分点。其中,正常灌区灌溉保证率达到50.0%,比现状灌溉保证率40.2%提高9.8个百分点;补源灌区灌溉保证率达到45.9%,比现状灌溉保证率36.9%提高9个百分点。

4.4.5 水库水量平衡分析

4.4.5.1 水库收入项

1. 水库水面降水补给量

工程区内多年平均降水量为566 mm,仅考虑库面降雨所形成的降水,水库周围降水量所产生径流不排入水库。根据多年平均旬降水量,按水库水面面积3.51 km² 计算,降水补给量为205万 m³。

2. 引黄入库水量

水库建成后,根据灌溉用水过程,进行适时引水,补源灌区按 $P = 50\%$ 非充分灌溉方法分析,调节水库进行两次调蓄灌溉,年调节灌溉供水量为2 826万 m³,考虑水库水面降水补给、蒸发损失及渗漏损失等因素,需入库水量为3 205万 m³。

从渠村引黄闸到调节水库距离较远,输水干渠进行了衬砌,其输水损失按10%估算,需引黄水量为3 560万 m³。

4.4.5.2 水库支出项

1. 蒸发损失量

根据濮阳水文站实测水面蒸发资料,分析濮阳市多年平均水面蒸发量为999.7 mm,蒸发皿年折算系数采用0.92,多年平均蒸发量为920 mm,按水库水面面积3.51 km² 计算,年蒸发损失量为324万 m³。

2. 渗漏损失量

水库建成蓄水后,渗漏量的大小与水库位置区水文地质条件及防渗措施、施工质量情况等因素有关,采取相应的防渗措施,减少渗漏损失。根据水库规模和水文地质条件,经采取相应防渗处理措施后,控制水库年渗漏损失量为260万 m³。

3. 水库调蓄灌溉供水量

水库年调节灌溉供水量为2 826万 m³。

4.4.5.3 水库水量平衡分析

水库水量平衡为水库收入项之和等于水库支出项之和。即:入库水量 + 降水补给量 = 蒸发量 + 渗漏损失量 + 调蓄供水量,3 205 + 205 = 324 + 260 + 2 826。

4.4.5.4 引黄水源库体净损耗量分析

引黄水源库体净损耗量是指引黄入库水量与调节供水量之差,即:引黄水源库体净损耗量 = 3 205 − 2 826 = 379(万 m³)。

4.4.6 水库规模合理性分析

4.4.6.1 死库容合理性分析

水库工程设计死库容为 389 万 m³。根据水库位置地形条件,结合灌溉调节供水需要,水库死水位确定为 46.50 m。黄河水含沙量大,结合引黄水沉沙处理情况和水库运行要求,需对沉沙效果含沙量进行控制,尽量减少入库泥沙。水库引黄入库水量 3 205 万 m³/年,经过沉沙池处理后,经分析计算入库黄河水泥沙含量约 2.0 kg/m³。按此计算,年淤积量为 7.7 万 m³,则 50 年累计淤积量为 385 万 m³。因此,水库设计死库容为 389 万 m³ 是合适的。

4.4.6.2 兴利库容合理性分析

水库工程设计兴利调节库容为 1 413 万 m³。预测水平年 2020 年黄河来水过程不能满足灌溉需水流量要求,可引黄过程难以满足灌溉要求;另一方面,黄河径流年际变化很大,年内分配很不均,枯水期黄河可分配水量较少。结合灌溉过程,水库工程为补源灌区灌溉进行两次调蓄供水,与第一、第三濮清南干渠和地下水机井工程等联合调度,水平年 2020 年补源灌区灌溉保证率提高到 45.9%;调节水库调蓄供水量 22 826 万 m³,置换了地下水量 1 468 万 m³。因此,水库设计兴利库容为 1 413 万 m³ 是适当的。

4.4.6.3 水库规模合理性分析

通过上述分析可知:调节水库建成运行后,改善了补源灌区水源条件、增强了引黄补源能力、增加了补源灌区引黄水量、扩大了补源灌区有效引黄实灌面积、切实提高了补源灌区灌溉保证率,对保障补源灌区农业健康可持续发展具有积极作用。因此,水库工程规模为 1 802 万 m³ 是合适的,用水量是合理的。

4.4.6.4 水库工程效益分析

水平年 2020 年:补源灌区通过的引黄调节水库和已建的第一、第三濮清南干渠等工程扩大补源区有效引黄实灌面积,结合开采地下水,灌溉保证率提高到 45.9%,对促进粮食稳产高产具有积极作用。在没有调节水库工程调蓄供水时,补源灌区灌溉开采地下水量 9 991 万 m³;在有调节水库工程参与供水时,补源灌区增加了引黄水量 2 826 万 m³,灌溉少开采地下水量 1 468 万 m³,调节水库工程对补源灌区地下水生态环境具有积极的修复功能。因此,调节水库工程调度运用有显著的社会经济效益和生态效益。

4.5 水库取水可行性与可靠性分析

4.5.1 濮阳市引黄指标利用分析

4.5.1.1 全市引黄指标利用情况分析

根据《河南省人民政府关于批转河南省黄河取水许可总量控制指标细化方案的通知》(豫政[2009]46 号)文件,黄河干流濮阳市多年平均取水许可指标为 84 200 万 m³/年。由濮阳黄河河务局 2002～2009 年全市各引黄口门实际取水量资料统计分析:全市 2002 年以来 8 年实际平均年引黄水量为 67 117 万 m³,其中引黄水量最大的年份是 2009 年,为

82 987 万 m³,该年出现严重旱情,全省启动应急抗旱措施,灌溉水量增大;最小的年份是2004 年,为 42 694 万 m³,详见表 4-31。

表 4-31 2002~2009 年全市各引黄闸取水量统计结果 （单位:万 m³）

序号	取水口门	许可量	2002 年	2003 年	2004 年	2005 年	2006 年	2007 年	2008 年	2009 年	多年平均
1	渠村闸	31 685	27 244	20 846	14 974	27 681	34 084	23 134	25 865	39 115	26 617
2	梨园闸	600	1 441	404	95	285	394	470	173	245	438
3	南小堤闸	15 000	13 774	11 449	9 292	13 471	16 096	12 083	12 957	13 358	12 810
4	王称固闸	4 000	3 835	875	810	1 279	1 377	884	666	1 297	1 378
5	彭楼闸	18 500	15 796	9 404	9 611	12 627	14 609	13 265	16 931	13 342	13 198
6	刑庙闸	7 000	7 934	6 244	5 263	7 321	7 754	6 806	6 736	7 322	6 923
7	于庄闸	1 300	1 874	1 093	497	1 782	2 099	2 008	1 538	1 270	1 520
8	刘楼闸	1 900	1 626	1 432	356	942	1 177	950	1 030	1 780	1 162
9	王集闸	1 500	1 235	692	391	696	805	507	799	1 512	830
10	影堂闸	2 000	2 004	1 866	1 060	1 265	2 015	1 176	1 591	3 109	1 760
11	大芟河等17 处口门	715	495	387	345	426	538	597	467	637	487
	合计	84 200	77 258	54 692	42 694	67 775	80 948	61 880	68 753	82 987	67 124

分析表明:近 8 年全市实际平均年引黄水量未超黄河干流全市许可指标水量。

4.5.1.2 渠村闸引黄指标利用情况分析

根据《中华人民共和国取水许可证》取水(国黄)字[2005]第 5600 号规定,渠村灌区濮阳市引黄取水许可指标为 31 685 万 m³/年,其中:濮阳市城区工业和生活取水指标为3 685 万 m³/年,濮阳市灌溉引水指标为 28 000 万 m³/年。表 4-32 中渠村闸濮阳市历年引黄水量包括城市生活用水量和工业生产用水量,渠村引黄闸 2002 年以来 8 年实际引黄水量多年平均为 26 617 万 m³,其中引黄水量最大的年份是 2009 年,为 39 115 万 m³,该年出现严重旱情,全省启动应急抗旱措施,灌溉水量增大;最小的年份是 2004 年,为 14 974万 m³。

分析表明:近 8 年渠村闸濮阳市城市生活与工业生产和灌溉实际平均年引黄水量未超未该口门 31 685 万 m³/年的许可引黄指标。

4.5.2 水库取水可行性分析

4.5.2.1 2020 水平年渠村灌区引黄水量分析

由前述调节计算分析结果可知:2020 水平年渠村灌区濮阳市境内灌溉引黄水量为24 726 万 m³,其中:正常灌区灌溉引黄水量为 11 400 万 m³;补源灌区灌溉引黄水量为 13 326万 m³,补源灌区引黄水量包括渠村引黄闸由第一、第三濮清南干渠直接供给补源灌区灌溉的水量 10 500 万 m³ 和由水库引黄调蓄灌溉的水量 2 826 万 m³。

由水库水量平衡分析可知:为保证水库按 2 826 万 m³ 水量供给补源灌区灌溉,则水库引黄入库水量为 3 205 万 m³;从渠村引黄闸至调节水库距离较远,其输水损失按 10% 估算,则水库需引黄水量为 3 560 万 m³。

分析表明:渠村灌区灌溉需引黄水量由正常灌区引黄水量 11 400 万 m³,补源灌区由引黄闸经第一、第三濮清南干渠直接供给灌溉水量 10 500 万 m³,水库需引黄水量 3 560 万 m³ 等组成,即渠村灌区灌溉需引黄水量为 25 460 万 m³。

4.5.2.2　水库取水可行性分析

本工程取水水源是引黄水。2020 水平年黄河来水过程不能满足灌溉需水流量要求,可引黄过程难以满足灌溉要求;黄河径流年际变化很大,年内分配很不均,枯水期黄河可分配水量较少。调节水库建成后,其调度运用原则是在不超渠村灌区濮阳市农业灌溉引黄许可指标水量情况下,在非灌溉期适时引取黄河水,对补源灌区进行引黄调蓄灌溉,改善了补源灌区水源条件,增强了引黄补源能力,增加了补源灌区引黄水量,扩大了补源灌区有效引黄实灌面积。它包括调节水库需引黄水量 3 560 万 m³ 在内的渠村灌区濮阳市农业灌溉需引黄水量 25 460 万 m³,未超渠村引黄闸农业灌溉许可取水指标水量 28 000 万 m³。因此,本工程以黄河水作为水源,其取水是可行的。

4.5.3　水库取水可靠性分析

根据 2020 水平年水库需引黄水量过程与黄河来水过程匹配分析可得:水库最大引黄流量为 11.6 m³/s,相应渠村闸可引黄流量为 27.0 m³/s;水库其他引黄过程流量均小于渠村闸可引黄过程流量,渠村引黄闸闸前黄河来水过程完全满足水库引黄过程流量要求。因此,水库以黄河水作为水源,其取水是可靠的。

4.6　水源地水质评价

4.6.1　评价标准、项目及方法

4.6.1.1　评价标准

依据中华人民共和国《地表水环境质量标准》(GB 3838—2002)进行。

Ⅰ类:主要适用于源头水,国家自然保护区。

Ⅱ类:主要适用于集中式生活饮用水源地一级保护区、珍贵鱼类保护区、鱼虾类产卵场等。

Ⅲ类:主要适用于集中式生活饮用水源地二级保护区、鱼虾越冬场、洄游通道、水产养殖区等渔业水域及游泳区。

Ⅳ类:主要适用于一般工业用水及人体非直接接触的娱乐用水区。

Ⅴ类:主要适用于农业用水区及一般景观要求水域。

对应地表水上述五类水域功能,将地表水环境质量标准基本项目标准值分为五类,不同功能类别分别执行相应类别的标准值。

4.6.1.2 评价项目

必评项目:溶解氧、高锰酸盐指数、化学需氧量、氨氮、挥发酚、砷化物。

选评项目:氟化物、氰化物、总汞、六价铬、总磷。

参考项目:pH 值、水温、总硬度。

4.6.1.3 评价方法

采用单指标评价法,以Ⅲ类地表水标准值作为水体是否超标的限定值,当出现水质不同类别的标准值相同的情况时,以最优类别确定水质类别。

4.6.2 水质评价

根据 2008 年 2~9 月濮阳市西水坡调节池地表水水质化验成果,与中华人民共和国《地表水环境质量标准》(GB 3838—2002)Ⅲ类标准进行比较。引黄原水除硫酸盐、硝酸盐、COD 超标外,其他主要监测因子都能符合Ⅲ类标准,主要适用于集中式生活饮用水源地二级保护区,当然也可作为一般工业用水、农业用水及娱乐用水等供水水源,详见表 4-32。

表 4-32　西水坡调节池地表水 2008 年水质化验及评价结果

项目		标准值	2 月 21 日		5 月 21 日		9 月 8 日	
			监测值	评价	监测值	评价	监测值	评价
色度			无色		无色		无色	
浊度(FTU)			40.5		3.02		1.06	
pH 值		6~9	7.65	合格	8.05	合格	6.86	合格
总硬度(CaCO₃)(mg/L)			515		570		430	
氨氮(mg/L)		≤25			5.76	合格	11.53	合格
COD(mg/L)		≤20	4.0	合格	22.0	超标	10.0	合格
全固形物(mg/L)			650.4		696.0		576.6	
溶解性固体(mg/L)			627.2		684.0		568.0	
悬浮物(SS)(mg/L)		≤30	23.2	合格	12.0	合格	8.6	合格
电导率(μS/cm)			900		1.05		920	
阳离子(mg/L)	$K^+ + Na^+$		103.46		145.70		103.09	
	Ca^{2+}		118.00		120.00		100.00	
	Mg^{2+}		52.80		64.80		43.20	
	Fe^{3+}	≤0.30	0.14	合格	0.075	合格	0.02	合格
阴离子(mg/L)	Cl^-	≤250	100.00	合格	124.00	合格	108.00	合格
	SO_4^-	≤250	280.00	超标	380.00	超标	280.00	超标
	HCO_3^-		224.55		219.67		167.81	

4.7　建设项目取水影响分析

本工程是由渠村引黄闸口门引黄河水,经渠首第九沉沙池后进入总干渠,在庆祖镇北入第三濮清南干渠,在第三濮清南干渠55+500处建进水闸和提水泵站,通过自流或提水泵站经新开挖的卫都河入库。工程取水的影响主要是从以下两个方面进行分析:一方面是从取水对当地水资源的影响等方面分析,另一方面是从取水对其他用水户的影响着手分析。

4.7.1　对区域水资源的影响

本工程为引黄调节水库工程,水源为引黄水。根据补源灌区灌溉用水过程,水库设计起调库容为1 132万 m³/年,设计调节灌溉供水量为2 826万 m³/年;结合降水、蒸发、渗漏损失等因素分析,水库库区引黄净损耗量为379万 m³/年,则设计入库水量为3 205万 m³/年;渠村引黄闸至调节水库距离较远,因此对输水干渠进行了衬砌,其输水损失按10%估算,调节水库需引黄水量为3 560万 m³/年,即设计损失量为356万 m³/年。

本工程引黄水量为3 560万 m³/年,仅占黄河干流高村段2002~2009年平均径流量231亿 m³ 的0.15%,比重很小,故本工程取水对黄河干流水资源状况无影响。

补源灌区一方面通过水库调节灌溉供水量2 826万 m³/年,可置换少开采地下水量1 468万 m³/年;另一方面通过这些引黄水进行田面灌溉补给地下水,对地下水生态环境修复作用明显,能有效遏制地下水位持续下降的局面,故引黄调节水库对补源灌区水资源状况是有利的。

综上所述,引黄调节水库取水对黄河干流水资源状况无影响,对补源灌区水资源状况是有利的。

4.7.2　对其他用水户的影响

本工程取水水源是引黄水。调节水库建成后,其调度运用原则是:在不超渠村灌区濮阳市农业灌溉引黄许可指标水量情况下,在非灌溉期适时引取黄河水,对补源灌区进行引黄调蓄灌溉,改善了补源灌区水源条件,增强了引黄补源能力,增加了补源灌区引黄水量,扩大了补源灌区有效引黄实灌面积。它包括调节水库需引黄水量3 560万 m³ 在内的渠村灌区濮阳市农业灌溉需引黄水量25 460万 m³,未超渠村引黄闸农业灌溉许可取水指标水量28 000万 m³。因此,本工程以黄河水作为水源,其取水对其他用户无影响。

4.8　建设项目退水影响分析

4.8.1　退水系统及组成

本工程为引黄调节水库,不产生污水,其功能是根据补源灌区灌溉用水过程适时引取黄河水,对补源灌区进行调蓄灌溉。

水库共设 2 个退水口,退水口 1 设在水库北侧,设退水河道,与顺城河连接;退水口 2 设在水库的东南角。水库调蓄引黄水由退水口 1 经顺城河向补源区农灌供水,详见图 4-16。

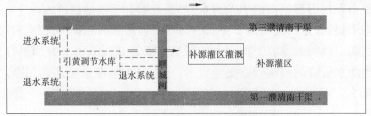

图 4-16　引黄调节水库退水系统组成

4.8.2　退水对水环境的影响

本工程取水水源是引黄水,渠村引黄闸口位于天然文岩渠上游,该处黄河水质为Ⅲ类水。其引水渠道工程通过涵洞形式与其他水系分离,不受其他水体污染,入库水质较好。水库周边地面雨水汇流单独成网不汇入水库,减少水库水体的面污染。根据灌溉过程适时引黄河水,水库水体更新周期短,不会产生富营养化。该工程是中型水库,平均水深为6 m,不会产生水温分层效应,水体对水温影响小。经以上分析可知,本工程退水水质较好。

马颊河马庄桥断面水质监测资料显示,水库下游第一濮清南(马颊河)干渠水质为劣Ⅴ类,因此本工程对当地地表水、地下水环境具有改善修复的积极作用。

4.8.3　退水对其他用户的影响

本工程退水主要用于补源灌区灌溉用水,退水水质较好。补源灌区有大面积浅层地下水苦水区分布,通过引黄灌溉补源可以改善地下水水质状况,因此该工程退水对其他用户是有益的。

4.9　水资源保护措施

濮阳市引黄调节水库工程的水资源保护工作,涉及取退水的各个环节。水库工程运行期间,为防止引退水对区域水环境产生不利影响,应当节约与保护并重,加强水务管理和宣传教育,建立健全退水风险预防与突发事故处理机制等。针对本工程而言,应该采取的水资源保护措施主要包括工程措施与非工程措施两类。

4.9.1　工程措施

4.9.1.1　加强水资源保护

本工程是由渠村引黄闸口门引黄河水,经渠首第九沉沙池、输水总干渠、第三濮清南干渠,于第三濮清南干渠 55 +500 处,通过自流或提水泵站经新开挖的卫都河入库。渠村引黄闸口门位于天然文岩渠上游,闸前地表水水质较好,达到Ⅲ类水质标准。因此,需对输水总干渠、第三濮清南干渠引黄原水进行水资源保护工作,加强用水安全监控,杜绝引水工程沿线地区产生的污水进入输水渠道,保护珍贵有限的水资源。

4.9.1.2　加强库区管理工作

对本工程周边地面进行雨水汇流河网建设,控制雨污废水不汇入水库,减少水库水体的面污染。同时,加强城市生活、工业污废水处理的建设和运行,提高污水收集率和处理率,减小或避免城市生活、工业污水对下游河道的污染。

4.9.2　工程措施

4.9.2.1　依法保护水资源

水资源保护工作涉及社会各个方面,必须建立完善的法律法规体系才能确保水资源保护措施的实施。目前,河南省政府、濮阳市政府已就水资源保护颁布了一系列相关法律法规和规章制度,对水资源保护和水污染环境治理起到了一定的作用。但是要做好水资源保护工作,还需要各级部门尤其是水行政管理部门在水资源调查评价和水质监测评价的基础上,根据已划定的流域水功能区、不同河段的水环境质量与水质标准,加强管理,依法保护水资源。不但要运用工程措施,还要运用法律、行政、经济等措施,以达到有效保护水资源的目的。

4.9.2.2　调整产业结构,建立节水型工业体系

根据濮阳市国民经济和社会发展规划,调整产业结构,实现城市经济与城市供水、节水的协调发展,积极发展低耗水、少排污的高新企业,限制高耗水、高污染的工业项目再建审批,鼓励建立高技术、低污染、节水型企业,从源头上减少污染物的排放。

第5章 工程分析

5.1 规划协调性分析

5.1.1 与《国家粮食战略工程河南核心区建设规划》协调性分析

《国家粮食战略工程河南核心区建设规划》是为进一步破解确保我国粮食总量平衡、结构平衡和质量安全的难题,充分发挥粮食主产区的优势,尽力分担国家粮食供给的近忧远虑,为保障国家粮食安全作出更大的贡献。该规划针对目前河南省水利建设制约粮食生产可持续发展的关键问题,明确提出了:强化灌区建设,以增强粮食生产核心区的灌溉保障能力,并计划 2020 年前全面续建配套节水改造纳入国家规划的 38 处大型灌区和 205 处中型灌区,结合进行末级渠系改造,同时新建引黄灌区,充分利用国家分配我省的引黄水量,扩大灌溉面积,补充灌区地下水,共计新增粮食生产能力 87.12 亿 kg,保障粮食生产可持续发展。

濮阳市引黄灌溉调节水库工程主要是调节渠村灌区灌溉供水,工程符合《国家粮食战略工程河南核心区建设规划》以上有关规划措施的要求。

5.1.2 与《全国中型水库建设规划》协调性分析

本项目于 2008 年进行了前期规划,已通过了水利部、国家发展与改革委员会的审查,并列入了全国中型水库建设规划。国家发展和改革委员会以发改农经[2008]627 号文对《全国中型水库建设规划》进行了批复,水利部以水规计[2008]115 号文进行了转发,批复"十一五"期间濮阳市建设库容 1 800 万 m^3 的中型水库。

因此,本项目是全国中型水库建设规划的拟建项目之一,符合规划要求。

5.1.3 与《濮阳市城市总体规划(2006~2020 年)》协调性分析

《濮阳市城市总体规划(2006~2020 年)》明确指出,加强基础设施建设,实施安全生活饮用水和引黄灌溉工程,解决缺水和高氟苦水盐碱区生产生活用水困难。本项目为濮阳市引黄灌溉调节水库,工程任务以保障农业灌溉为主,符合规划中关于引黄灌溉工程的要求。

由于《濮阳市城市总体规划(2006~2020 年)》编制较早,未对调节水库的规模、布局等情况进行明确规划。目前,濮阳市新区规划正在编制过程中,编制单位为河南省城市规划设计研究总院。据了解,在该规划中,本调节水库将作为濮阳市新区的重要组成部分参与濮阳新区规划。

5.1.4 与《濮阳市土地利用总体规划(2006~2020)》协调性分析

本项目征地 10 360 亩,其中永久征地 7 048 亩、临时征地 3 312 亩。根据《濮阳市土地利用总体规划(2006~2020 年)》,项目主要征地类型为一般耕地,为 8 970 亩,其余为林地、园地等,不征用基本农田。

目前,该项目土地预审意见已上报至有关部门,本项目必须在办理完相关手续后方可实施。

5.1.5 与《濮阳市水利发展"十二五"规划》协调性分析

《濮阳市水利发展"十二五"规划》明确提出,保障城乡供水的要求,积极发展引黄供水工程开辟多种水源的利用,如建设引黄调蓄工程等。加快濮阳市大中型灌区续建配套与节水改造步伐,增加有效灌溉面积,尽快开工建设引黄调节水库工程,提高濮阳市城区和渠村、南小堤两个大型灌区的供水保障能力;加快大中型灌区续建配套与节水改造步伐。

本项目是《濮阳市水利发展"十二五"规划》中的重点项目,2011 年开工建设,因此本项目的建设符合《濮阳市水利发展"十二五"规划》的要求。

5.2 工程必要性及引水方案合理性分析

5.2.1 工程建设必要性分析

目前,濮阳市境内有引黄自流口门 9 处,形成了以渠村、南小堤、彭楼等灌区为主的大中型引黄灌区群。小浪底水库初期运行以来,进入下游水沙过程发生了改变,造成黄河河床主槽下切,同流量水位下降,口门引水能力不足。同时,每年 3 月、4 月、6 月、8 月、11 月为农灌期,由于每年 6~7 月为黄河调水调沙期,水流含沙量高,灌区不宜正常引水,而在此期间,灌区农作物的需水量又很大,农作物很难得到有效的灌溉。引水能力与用水过程的不匹配,严重影响了灌区效益的发挥。目前,顺城河以北补源灌区面积为 89 万亩,现状灌溉保证率仅 38% 左右。金堤以北地区的水资源供需矛盾仍未得到缓解,地下水超采问题依然存在。为解决引水和灌溉用水不相匹配的问题,增加调蓄能力,改善灌区用水条件,提高用水保证率,通过水库调蓄供水,2020 水平年补源灌区供水保证率提高到 45.9%,为粮食持续稳定增产发挥效益,因此建设濮阳市引黄灌溉调节水库是十分必要的。

5.2.2 工程引水合理性分析

5.2.2.1 引水条件分析

渠村引黄闸于 2005 年改造完成,设计引水流量 100 m^3/s,其中城市供水 10 m^3/s,灌区供水 90 m^3/s,灌溉闸 5 孔,单孔宽 3.9 m,设计流量 90 m^3/s。本次调节水库建设引水仍利用渠村引黄闸灌区引水口引水,与灌溉用水结合,适时分流进入调节水库。引黄闸可以满足本项目引水要求。

为防止引黄水对水库及下游河道的淤积,影响调节能力与河道行洪,需要控制进库含沙量小于 1 kg/m³。项目区域已建有沉沙池,本项目建成后,仅需调整沉沙池的运行工况控制出池含沙量,经过河道的沉淀作用,可满足水库引水含沙量低于 1 kg/m³ 的要求。

第三濮清南干渠建节制闸后,经计算复核,其过流能力能够满足本项目的引水需要。

综上所述,本项目引水条件良好。

5.2.2.2 灌区规模分析

为了减少在城市和经济发展进程中对农业生产和粮食安全造成的不利影响,保障河南省粮食生产区规模和效益,针对当地水资源利用情况,确定工程灌溉范围。

渠村灌区是河南省 13 个设计灌溉面积大于 30 万亩以上的大型引黄灌区之一。渠村引黄灌区始建于 1958 年,改建于 1979 年,位于濮阳市西部,南起黄河,北抵卫河及省界,西至安阳市滑县金堤河南部,东抵董楼沟、潴龙河、大屯沟,设计灌溉面积 193.1 万亩。其中,濮阳市境内设计灌溉面积 168.14 万亩,由华龙区全部及濮阳县、清丰县、南乐县等三县大部组成,且濮阳市城区和濮阳县、清丰县、南乐县等三县城均位于该灌区内。

渠村灌区水资源开发利用不均衡:金堤以南水资源条件好,地下水埋深浅,开发利用少;金堤以北水资源条件差,地下水埋深大,超采形成漏斗区。本项目建设引黄灌溉调节水库工程,供给该工程以北 89 万亩农业灌溉用水。一是解决引黄过程与农业需水过程不匹配以及黄河调水调沙期间引水受到限制等问题,利用非灌溉时间引黄河水,供灌溉时引用,改善渠村灌区补源区灌溉条件,提高灌溉保证率,保障粮食稳产高产,缓解灌区金堤以北地区水资源供需紧张的局面;二是遏制补源灌区地下水位持续下降问题,通过扩大引黄灌溉面积,增加引黄水量补给地下水,修复地下水生态环境。

因此,调节水库工程符合水资源管理、规划及配置要求,灌区规模及范围确定符合区域环境实际。

5.2.2.3 引水量及过程合理性分析

1. 引水指标合理性

本项目水资源论证已于 2001 年 2 月取得河南省水利厅的批复。

本工程主要为农业灌溉供水,水源为引用黄河水。《黄河水利委员会关于开展黄河取水许可总量控制指标细化工作的通知》(黄水调[2006]19 号)要求,河南省耗水指标为 55.4 亿 m³,其中黄河干流 35.67 亿 m³,黄河支流 19.73 亿 m³。黄河干流濮阳市取水许可指标为 8.42 亿 m³,渠村闸取水指标为 3.168 5 亿 m³,其中引黄灌溉指标水量为 2.8 亿 m³。

根据濮阳市农业发展规划和种植结构,结合灌区 $P = 50\%$ 充分灌溉的用水定额和供水条件分析,水库调节供水量为 2 826 万 m³。考虑各项水量损失,水库需引黄河水量为 3 560 万 m³。

根据渠村灌区规划,2020 水平年调蓄补源区引黄灌溉水利用系数达到 0.55;当地地表水由水泵提灌,其利用系数采用 0.90;井灌区地下水利用系数采用 0.90。各种水源利用指标符合《用水定额》(DB14/T 385—2009)定额指标要求,因此水库供给补源灌区灌溉用水量 2 826 万 m³/年是合理的。

2020 水平年渠村灌区灌溉引黄水量为 25 460 万 m³/年,其中:正常灌区灌溉引黄取水量为 11 400 万 m³/年;补源灌区引黄取水量为 14 060 万 m³/年,包括第一、第三濮清南干渠直接引黄供水量 10 500 万 m³/年,调节水库需引黄水量 3 560 万 m³/年。渠村灌区灌溉引黄水量未超该口门取水许可指标水量。该水库功能是对补源灌区灌溉进行调节供水,未增加灌区引黄水量,因此调节水库取水量是合理的。

2. 引水量及过程合理性

通过进行灌区需水分析,确定工程引水规模及过程是否合理。

工程补源灌区总灌溉面积为 89 万亩,规划代表作物为小麦 80%、玉米 35%、花生 35%、棉花及其他经济作物 30%,复种指数为 1.80。采用相关灌溉定额见表 4-2,补源区净灌用水量为 16 533 万 m³,毛灌需水量为 22 049 万 m³。

根据当地设计水源构成,开发浅层地下水量 8 523 万 m³,利用当地地表水量 200 万 m³,直接引黄量 10 500 万 m³,调节水库供水量为 2 826 万 m³,用水过程见表 4-3、表 4-4。

根据调蓄池兴利调节计算,调蓄池年调节水量平衡计算见表 2-1。灌区作物灌溉制度符合实际,灌水定额选取符合节水灌溉要求,作物需水量及相应引水过程基本合理。

5.3 工程建设方案环境合理性分析

5.3.1 工程方案合理性分析

5.3.1.1 调节水库工程选址

项目共有以下四种方案进行比选。

方案一:王什东方案。

王什东方案位于王什乡豆固村以东,石寨村以西,大村以南,顺河沟以北。水源为第三濮清南干渠。

方案二:濮台路南方案。

濮台路南方案位于岳村乡西南部,东北庄至临河寨公路以西,濮台路以南,岳村乡昌湖村、韩庄村、大猛村以北,孟轲乡辛田村以东。该方案可从第一濮清南干渠或第二濮清南干渠引水。

方案三:106 国道东方案。

106 国道东方案位于油田总部 106 国道以东,汤台铁路以北,濮柳快速通道以南,清河头乡前刘贯寨以西。水源为从马颊河引水。

方案四:卫都路方案。

卫都路方案位于城市北部,濮范高速以南 1.5 km 左右,在规划的卫都路附近,张仪村、许村以南,绿城路以北。该方案征地一部分为城市规划区,一部分为一般农田,该方案可从第三濮清南干渠引水。

经认真比选,从地形、地质条件看,四个工程场址均能满足水库建设要求,但方案一水库作用单一,只能起到引黄灌溉调蓄作用,对濮阳市的城市发展所起作用不大;方案二因为需征用部分基本农田,征地费用较高,工程运行成本高;方案三水库周边空间不大,配套设置投资较大;方案四既能够保证水库功能的正常发挥,又能较好地与城市的发展和布局相结合,提高了濮阳市城市品位,既节约利用土地资源,有效地保护了耕地,又没有重大的环境制约因素。方案四即卫都路方案较为合理。

5.3.1.2 引水构筑物方案环境合理性分析

根据工程实际情况,考虑了三种方案。

方案一:节制闸方案。

在濮清南干渠上建节制闸,节制闸底板高程为 46.1 m,共 2 孔,单孔净宽 5 m,挡水高度为 5.9 m,此时闸前水位为 51.5 m;水库通过引水渠道引水,水库引水时,关闭节制闸,抬高干渠水位,通过引渠自流引水至水库。该方案濮清南干渠也为水库的一部分,濮清南干渠蓄水量为 96 万 m³。

方案二:节制闸 + 泵站方案。

在濮清南干渠上建节制闸,节制闸共 2 孔,单孔净宽 5 m,挡水高度为 2.8 m,此时闸前水位为 48.87 m,在引水河道进口处建提水泵站,水库引水时,关闭干渠节制闸,采用泵站提水至引水河道和水库。

方案三:节制闸 + 进水闸 + 提水泵站方案。

在濮清南干渠上建节制闸,节制闸共 2 孔,单孔净宽 5 m,挡水高度为 3.9 m,此时闸前水位为 49.5 m,在引水河道进口处建提水泵站和进水闸。当库水位低于 49.5 m 时,关闭节制闸,利用进水闸自流引水,通过引水河道流入水库;当水库水位高于 49.5 m 时,关闭节制闸和进水闸,采用泵站提水至引水河道流入水库。该方案可将濮清南干渠水位抬高 0.63 m,但可满足渠道水深加高要求。

以上三个方案的优缺点见表 5-1。

表 5-1　引水建筑物方案优缺点对比

序号	优点	缺点
方案一 (节制闸)	建筑物简单,后期运行管理方便	(1) 将濮清南干渠原设计水位抬高了 3.1 m,改变了渠道水力要素条件,局部渠段渠顶高程需加高处理; (2)引水期间濮清南干渠长期处于高水位运行,且该地多为沙壤土,渗透系数大,为减少渗漏量,需对渠道进行衬砌处理; (3)另需征地 1 720 亩; (4)一次性工程投资较大,计 9 926 万元
方案二 (节制闸 + 泵站)	(1)建筑物数量少,可充分利用现有渠道,不需对现有渠道进行加高 (2)工程投资少,为 2 211 万元	(1)水库蓄水全部需要用水泵抽提,年抽水运行费用高; (2)全部采用水泵抽水不易操作,运行管理不便

序号	优点	缺点
方案三 （节制闸 + 进水闸 + 提水泵站）	（1）建筑物数量少,可充分利用现有渠道,不需对现有渠道进行加高; （2）水库主要为自流引水,只有 564 万 m^3 库容由泵站抽水,与方案二相比,可节约部分运行费用; （4）工程投资相对较少,为 2 928万元	（1）水库有 564 万 m^3 库容的水量由泵站抽水,与方案一相比,增加了年运行费用; （2）建筑物数量及种类相对较多,运行管理相对不便

通过对以上三个方案进行对比,方案一是利用节制闸抬高濮清南干渠水位,将濮清南干渠原设计水位抬高了 3.1 m,改变了濮清南干渠的水力要素条件,经对濮清南干渠沿线各处断面进行复核,自该处以上濮清南干渠两岸局部堤防需要加高,因在引水期间濮清南干渠长期处于高水位运行,且该地多为沙壤土,渗透系数大,为减少渗漏量,需对渠道进行衬砌处理,因此该方案工程一次性投资较大,对应环境影响程度和范围也大。

综合考虑多种因素,方案三运行费用小,管理方便,且不需对濮清南干渠进行加高及防渗等施工处理,环境影响范围小,因此工程设计选用方案三,从环境保护的角度考虑,较为合理可行。

5.3.2 施工布置环境合理性分析

5.3.2.1 施工场地环境合理性分析

引水河道、出水河道及配套工程分别作为单独一个的施工区,主库区分为 4 个分区,各分区设置单独的施工营地,各分区施工营地周围环境情况见表 5-2。

表 5-2 各分区施工营地周围环境情况

分区	所在位置	所处村庄	征地面积(亩)	周围环境敏感点
I	主库区 1 号施工营地,西库区西侧,紧邻施工区	张仪村	25	张仪村
II	主库区 2 号施工营地,东库区西侧,紧邻施工区	孟村	25	孟村
III	主库区 3 号施工营地,东库区北侧,紧邻施工区	疙瘩庙村	25	疙瘩庙村
IV	主库区 4 号施工营地,东库区南侧,紧邻施工区	祁家庄村	25	祁家庄村
V	引水工程施工营地,紧邻施工区	杨庄村	25	杨庄村
VI	出水河道施工营地,紧邻施工区	蒋孔村	25	蒋孔村

各分区施工营地均紧邻施工区,施工条件便利,征地面积较为合理。工程地处城郊区域,土地利用类型以耕地和荒地为主,施工营地周边敏感点较少,施工期不易对敏感点造成影响,总体来看,项目施工场地布置环境基本可行。

5.3.2.2 弃土场选址环境合理性分析

1.弃土场基本情况

工程弃土场共有 3 处,均为临时弃土场。

1) 库周临时弃土场

水库周围 30 m 范围以外结合工程管理范围,设置临时堆土场,征地 89.38 hm²,堆渣 695.18 万 m³,现状为一般农田,为临时弃土场。后期可考虑城市建设需要,用于道路等建设。

2) 1# 临时弃土场

1# 临时弃土场位于库区北面,现状为一般农田,征地 96.58 hm²,堆渣 890.32 万 m³,为临时弃土场。后期可考虑城市建设需要,用于道路等建设。

3) 2# 临时弃土场

2# 临时弃土场位于退水河道右侧,现状多为一般农田,征地 24.28 hm²,堆渣 229.95 万 m³,为临时弃土场。后期可考虑城市建设需要,用于道路等建设。

4) 临时料场

由于工序限制,项目需设临时料场共 3 处,征地共计 3.36 hm²,用以堆存主库区铺盖所需要的壤土和塑性混凝土防渗墙所需要的黏土共 13.09 万 m³,临时堆料场紧邻施工区,施工时需进行临时防护。

表 5-3　临时弃土场布置情况

弃土场	弃土量(万 m³) (堆方)	弃土面积 (hm²)	与库区距离 (km)	征地类型	周围环境敏感点	堆放形式
库周	695.18	89.38	紧邻	旱地	祁家庄村、疙瘩庙村、北里商村	临时弃土
1#	890.32	96.58	以北 0.32	旱地	张仪村、许村	临时弃土
2#	229.95	24.28	以北 0.8	旱地	蒋孔村、孟庄村	临时弃土
合计	1 815.45	210.24				

2.调节水库临时弃土场弃土去向

调节水库位于濮阳市区,濮阳市新区的建设涉及大量地面垫高、回填等填方工程,需要大量土方,本工程所产生弃土可用于濮阳市及周边地区建设用土,因此本工程 3 个弃土场均为临时弃土场,用于暂存本工程弃土,周转、供应区域建设所需。

根据濮阳市水利局、濮阳市规划局《关于引黄灌溉调节水库工程弃土利用情况的说明》,水库位于规划的濮北新区内,2011 年开始建设,用 2~3 年的时间基本形成新区框架。水库为濮北新区基础设施的重要组成部分,同步建设。计划利用部分弃土用于濮北新区 19 km² 范围的地形垫高、构筑微观地形等城市建设。计划首先利用库周弃土进行北区路网等建设,该部分弃土 2 年内用完。随着北区建设的快速推进,另外两处弃土场的土料计划 2~4 年内用掉。

根据现场勘查,目前濮北新区正在进行路网等的建设,库周有多条规划的道路正在修建,因此库周弃土用于路网建设是可行的。

濮北新区规划面积为 19 km²,项目弃土量总计 1 815.46 万 m³,弃土用于新区地形的垫高,可使新区标高抬升接近 1 m,有利于改善新区的防洪排水条件,因此水库工程的弃土利用去向是合理可行的。

3. 弃土场选址环境合理性

本项目取弃土进行调配使用后,总弃土量为 1 815.46 万 m³,共布设 3 个弃土场。各弃土场与施工区距离较近,运输条件便利,征地多为一般耕地,无基本农田。库周弃土场距最近的敏感点大于 50 m,1#、2# 弃土场距最近的敏感点大于 250 m,不易对环境造成影响。但 1#、2# 弃土场距北侧濮范高速较近,为减小其环境影响,应严格落实项目各项水保方案,确保将对其影响降到最低限度。工程弃土随着濮阳市区及周边地区的建设逐步平整进行消化、利用,因此弃土场设置基本合理。

工程在弃土场的选位较为合理,但征用大面积耕地,对土地资源不利,征用耕地为一般农田,建议等面积补偿。同时,将弃土与水库四周回填和规划的城区建设用土相结合,做到尽量利用开挖料,减少弃土量。弃土场的规划是合理的。

为减小弃土场对环境的影响,评价建议对上述堆场应按照永久堆场的相关规范要求建设,并严格落实水保方案中的关于防护、绿化等措施。

但在土方周转过程中,倒土、运土等活动不断,弃土场使用过程中无法进行植被恢复,其扬尘可能对周边环境空气产生一定影响,遇强降雨有发生水土流失的风险,应采取适当防护措施。在采取适当防护措施后,还应加快土方转运,避免弃土场堆土过高。总体而言,在严格落实弃土场水土保持方案的前提下,弃土场环境影响较小,其设置环境可行。

5.4 工程环境影响因素识别及分析

5.4.1 施工期环境影响因素分析

5.4.1.1 工程影响分析

1. 引水河道工程及出水河道工程

1) 施工活动

引黄调节水库自第三濮清南干渠引水,需开挖引水河道总长 3.35 km。引水建筑物采用节制闸 + 进水闸 + 提水泵站方案,即在濮清南干渠建节制闸、提水泵站和进水闸,泵站和进水闸建于濮清南干渠引水口附近。

水库共设 2 个出水河道,1# 出水河道水面宽度为 60 m、长 1 051 m,在 1# 出水河道的末端设 1# 出水闸,闸后设消力池和尾水渠,尾水渠长 370 m,前 120 m 为明渠、后 250 m 为暗渠,出水经顺城河后流入第三濮清南干渠。在顺城河上建一座节制闸,2# 出水河道设在水库的东侧,长 520 m,在其末端建 2# 出水闸,然后通过长 232 m 的尾水渠出水至马颊河。

施工活动主要为土方开挖、回填、混凝土浇筑、砂浆砌筑等,其中土方开挖 142.96 万 m³,回填 32.23 万 m³,弃土 110.73 万 m³。施工方式以机械施工为主,人工配合为辅。土方采用 2 m³ 反铲挖掘机挖土、15 t 自卸汽车运输,可利用料直接运至回填部位采用凸块振动碾分层压实,弃料就近弃于永久征地范围内未利用处。渠道护坡为预制混凝土板,在预制厂内预制后采用 8 t 自卸汽车运输至工作面后用砂浆砌筑。引水、出水河道两侧以荒地、农田、村庄为主,距离较近的有杨庄村、北豆村、北里商村、蒋孔村等。

2)施工环境影响分析

引水工程、出水工程及水闸、泵站等配套工程主要为土方开挖、回填、浆砌块石、混凝土浇筑和养护等。引水工程弃土 110.73 万 m³,沿引水渠道右侧永久征地范围内堆弃。混凝土生产规模较小,混凝土搅拌场就近设在建筑物旁,采用 0.4 m³ 混凝土拌和机拌和。

引水工程及出水工程土石方工程施工对环境影响主要表现为环境空气质量、声环境、生态环境等。混凝土工程对环境影响主要表现为水环境、环境空气质量、声环境、生态环境等环境因子的影响。

水环境:混凝土预制件浇筑和养护水中含有碱性废水,填筑、拆除黏土围堰期间的悬浮物(SS)对水质可能产生一定影响。

环境空气质量:土方开挖、汽车运输等施工过程中产生的粉尘、扬尘、车辆尾气等,对施工区环境空气质量、现场施工人员及附近居民可能会造成一定影响。

声环境:施工开挖、砂石料拌和、汽车运输等各类施工机械运行,对施工区声环境、现场施工人员及附近居民可能会造成一定影响。

生态环境:工程施工中产生的大量弃土对环境的影响主要表现为弃土征地对植被的破坏、废渣对周围自然景观的影响以及造成水土流失。

2. 水库工程施工环境影响识别及分析

1)土方开挖、回填环境影响因素分析

水库工程采用干法开挖,结合施工排水,采用 2 m³ 挖掘机配合 15 t 自卸汽车从上层到下层分层开挖,在每个分区靠近弃土场和堆料场的区域配合部分 2.75 m³ 铲运机挖掘。池周回填所需土料开挖后部分直接运至待回填地点,采用 10 ~ 25 t 凸块振动碾压实。

池区开挖、弃土堆放等施工过程中产生的粉尘、扬尘,对施工区环境空气质量、现场施工人员及附近居民可能会造成一定影响。工程弃土量较大,在大风扬尘天气,若防护措施不到位,工程扬尘可能对整个濮阳市区的环境空气质量产生一定影响,遇强降雨天气还可能产生严重的水土流失。

施工征地、弃土都将扰动原地貌,破坏土地和植被,造成水土流失,对周边环境有一定影响。

声环境:施工开挖、混凝土拌和、汽车运输等各类施工机械运行,对施工区声环境、现场施工人员及附近居民可能会造成一定影响。

2)混凝土工程及防渗墙施工环境影响因素分析

主库区共用混凝土工程 7.88 万 m³,主要是调节水库主库区护岸。混凝土浇筑安排在第二年 4 ~ 7 月进行,需洒水养护。部分预制混凝土于需要部位就近预制,预制凝结保养后采用手扶拖拉机运至需要部位砌筑。防渗墙钻孔抓斗成槽后,进行塑性混凝土墙浇筑。

施工产生的混凝土冲洗及养护废水:其悬浮物及碱性物质若不进行有效处理,将对周边水环境产生一定影响。

3）施工排水

根据调节水库地下水等水位线及埋深,调节水库主库区地下水埋深一般为21.7~24.0 m。场区地下水主要接受大气降水、侧向径流和灌溉入渗补给。

工程施工过程中存在不同程度地下水、汛期雨水等,须采取临时排水措施,施工排水主要是采取明排方式排入第三濮清南干渠及顺城河,排水较清洁,不会对第三濮清南干渠及顺城河水质造成不利影响。

3. 施工人员活动

根据施工组织设计,工程年高峰施工人数为5 000人,施工人员产生的生活污水和生活垃圾对施工区环境可能产生一定影响;同时,施工营地人口密度增大,也增大了施工人员间传染病相互感染的可能性,给人群健康带来影响。

5.4.1.2　污染源强分析

1. 水污染源

施工期废水主要为生产废水和生活污水,其中生产废水为施工过程中混凝土拌和及设备冲洗废水、混凝土养护废水,废水中主要以悬浮物为主,未经处理的施工废水水质pH值为9~12,SS为1 500~5 000 mg/L,均远远超过《污水综合排放标准》(GB 8978—1996)第二类污染物最高允许排放浓度一级标准70 mg/L限值。生产废水如不作任何处理直接排放,对第三濮清南干渠水体中SS浓度影响较大。

工程区位于濮阳市市内,机械修配在附近机械修配厂进行,施工区不再设机械修配厂。工程所需砂石料可到濮阳市建材市场购买,施工区不设砂石料加工系统。

工程施工期生产、生活废污水排放源强度见表5-4。

1）混凝土拌和系统冲洗废水

混凝土拌和系统废水主要是混凝土拌和过程中对转筒和料罐的冲洗废水。本工程共布置6组HZ50混凝土拌和站和6台0.4 m³搅拌机,主要分布于各施工营地。每台设备平均每天冲洗一次,冲洗废水为1.0 m³/次(拌和站为2.0 m³/次),施工期混凝土拌和系统冲洗废水约为18 m³/d,混凝土拌和系统冲洗废水排放量较小。类比同类工程,废水pH值约为11,废水中悬浮物浓度约为5 000 mg/L。

2）混凝土养护废水

混凝土养护废水包括预制场渠道混凝土衬砌板及混凝土构件的养护废水和现浇混凝土的养护废水,主要分布在引水河道、出水河道、节制闸、进水闸、主库区等主体工程施工场地。本工程混凝土总量为7.88万m³,施工期间,混凝土浇筑最大强度发生在第二年6月,最大日高峰强度为1 862 m³。按养护1 m³混凝土约产生废水0.35 m³计算,本工程施工期养护废水量为2.758万m³,养护废水具有pH值高、SS高、水量较小和间歇集中排放的特点。

3）施工排水

根据调节水库地下水等水位线及埋深,调节水库主库区地下水埋深一般为21.7~24.0 m。工程施工过程中局部存在不同程度的地下水、汛期雨水等,须采取临时排水措施,施工排水主要是采取明排方式排入第三濮清南干渠,水量较小。

表 5-4　工程施工期生产、生活废污水排放源强度

污染源	位置	废水量(m³/d)	主要污染物浓度(mg/L)	排污去向
混凝土拌和系统冲洗废水	6 个施工营地	合计 18.0	SS:5 000	沉淀、中和处理达标后回用于施工生产
	河道施工营地 1	3.0		
	河道施工营地 2	3.0		
	库区 1# 施工营地	3.0		
	库区 2# 施工营地	3.0		
	库区 3# 施工营地	3.0		
	库区 4# 施工营地	3.0		
混凝土养护废水	河道工程、主库区	合计 2.758 万 m³,高峰期 651.7 m³/d	SS:2 500～4 500	沉淀、中和处理达标后回用
施工排水	主库区及进出水河道	少量	雨水等	可用于施工生产,多余的排入第三濮清南干渠
车辆冲洗废水	作业面	60	石油类 40	隔油池处理后回用
生活污水	主池区 6 个施工营地	150(高峰期),平均每个区 25	COD:350 BOD:200 SS:250	环保厕所、污物请市政定期清运

4)车辆冲洗废水

工程区位于濮阳市市内,机械修配原则上在附近机械修配厂进行,仅车辆冲洗产生含油废水。每台机械设备冲洗废水产生量为 0.6 m³,每天按 100 台计算,产生含油废水量约 60 m³/d,污染因子主要为石油类,石油类浓度一般为 40 mg/L。

5)生活污水

生活污水来源于施工期施工人员生活排水。工程施工人员主要集中在调蓄池 6 个分区的施工营地。据类似工程监测资料,生活污水主要污染物为 BOD、COD,其浓度分别为 200 mg/L 左右和 350 mg/L 左右。工程施工第二年年高峰劳动力为 5 000 人,施工期年平均劳动力为 2 654 人,人均排放生活污水按 30 L/d 计,则施工高峰期生活污水排放量约为 150 m³/d,施工期平均生活废水排放量约为 79.6 m³/d。

2. 大气污染源

环境空气污染主要来源于土方挖填、混凝土拌和以及车辆运输等,燃油也是产生环境空气污染物的主要途径。废气中的主要污染物是 TSP、NOx。

工程施工期间,土方开挖在短时间内产尘量较大,库区、料场附近空气中的粉尘量将加大。混凝土拌和产生的粉尘将造成局部空气污染。施工机械运行产生的废气、机动车辆的尾气等将造成局部的空气污染。交通扬尘主要来自于两方面:一方面是汽车行驶产

生的扬尘;另一方面是装载水泥等多尘物质运输时,在行驶中因防护不当等导致物料失落和飘散,致使沿进场道路两侧空气中含尘量增加。

3.噪声污染源

施工噪声主要来自施工开挖、混凝土拌和、施工排水等施工活动中的施工机械运行和车辆运输。

工程在建设过程中将投入较多的施工机械设备,主要有推土机、挖掘机、装卸机、打夯机、拌和机、振捣器和运输车辆等。施工噪声主要来自土方开挖、装载、混凝土拌和、排水等施工活动以及施工机械运行和车辆运输等。参照《公路环境保护设计规范》(JJ/T 006—98)等资料,主要施工机械最大噪声强度见表5-5。

表5-5 主要施工机械最大噪声强度

序号	名称	等效噪声(dB(A))	产噪方式	噪声特性
1	挖掘机	91	流动连续	低频
2	装载机	85	流动连续	低频
3	推土机	92	流动连续	低频
4	自卸汽车	82	流动连续	低频
5	载重汽车	82	流动连续	低频
6	风钻	95	流动间歇	中频
7	灰浆搅拌机	80	固定间歇	低频
8	混凝土振捣器	98	流动间歇	高频
9	振动碾	85	流动连续	低频
10	手扶振动碾	85	流动连续	低频
11	蛙式打夯机	95	流动连续	低频
12	空压机	102	流动间歇	高频
13	水泵	85	流动间歇	低频
14	搅拌机	88	固定间歇	低频
15	混凝土拌和机	88	固定间歇	低频

1)施工机械噪声

施工机械噪声主要来自土方工程机械和混凝土工程机械,包括铲运、装卸、混凝土拌和等。开挖过程中使用的挖掘、打夯、振捣等机械产生的噪声强度大于90 dB(A);施工区流动混凝土搅拌噪声强度为80 dB(A)。

2)交通噪声

施工区交通车辆以自卸汽车为主,噪声强度达82 dB(A),声源呈线形分布,源强与行车速度和车流量密切相关。交通运输高频段主要为调蓄池各施工分区内主要施工道路。

经类比同类工程施工噪声值,各噪声源声功率级介于78~102 dB(A),均会对周围尤其对敏感点的声环境产生一定的影响。

4.破坏地表植被并造成水土流失

项目永久征地 7 048 亩、临时征地 3 312 亩。工程将破坏及占压原地表植被;同时,由于破坏植被及表土,使其失去固土防冲的能力从而造成水土流失。

5.固体废物污染源

施工期固体废弃物主要包括工程弃土和生活垃圾及拆迁建筑垃圾。

1)工程弃土

本工程共开挖土方 182.86 万 m^3,土方回填 57.4 万 m^3,弃土 1 815.46 万 m^3,其中引水河道工程、出水河道工程弃土 110.73 万 m^3,库区弃土 1 704.73 万 m^3。

2)生活垃圾

本工程施工期第二年平均施工人数 2 654 人,按人均日产固体垃圾 0.5 kg 计算,每天约产生生活垃圾 1.327 t,工程建设期共 14 个月,施工期内产生的生活垃圾总量约 557.4 t,主要分布在 6 个施工营地内。

3)拆迁建筑垃圾

根据淹没区域农村实物调查结果,工程涉及搬迁各类房屋 88 372 m^2,将产生大量的拆迁建筑垃圾。按每平方米产生 1 t 计算,库区将产生 8.84 万 t 建筑垃圾。

5.4.2 运行期环境影响因素分析

5.4.2.1 工程影响分析

根据工程运行方式,运行期期间工程对环境的主要影响为水环境影响、生态环境影响、社会经济影响等,工程运行期主要环境影响分析见表 5-6。

表 5-6　工程运行期主要环境影响分析

项目	主要建筑物	工程活动	环境影响对象	产污或主要环境影响
水源工程	渠村引黄闸	取水方式发生改变	黄河下游	水文情势
引水工程	第三濮清南干渠引水段	输水	无	—
调节水库	库区及库区河道	调蓄、供水	第三濮清南干渠、马颊河、顺城河	水环境(水文、水质)
			供水灌区	地下水、社会经济
			濮阳市区	土地利用
				浸没、土壤次生盐碱化
				生态环境
				社会经济
				噪声、振动
				景观、文物
				局地气候
		工程管理		生活污水、生活垃圾

1. 水源工程

渠村引黄闸运行方式及运行时间发生变化,但不会对水源工程造成影响。

2. 引水线路

工程引水线路包括沉沙池、第三濮清南干渠、引水河道、引水闸等。工程运行期间,引水线路可能出现渗漏,工程区域地下水无腐蚀性,线路渗漏量小,对地下水的影响很小。

工程运行后,原有沉沙池沉沙效果可以满足本项目需求。

第三濮清南干渠现状水质较差,工程运行后,为保证引水水质,必须对该河段污染源进行有效的整治。工程运行后,工程利用的第三濮清南干渠、顺城河、马颊河河段水质较现状将有显著改善。

3. 调蓄池

调节水库若水源水质不达标,或引水线路水体受到污染,或工程运行方式不尽合理,或河道水污染防治不到位都将对库区水体的水质产生影响。

调节水库的运行对周边水体水环境具有有利影响。

调节水库蓄水后,湖底渗漏的入渗水量将抬升库区周边的地下水位,造成库区周围地区的浸没、土壤的次生盐碱化、地下水水质的变化等。

4. 生态环境影响

项目建设前后,土地利用类型将发生较大改变,对区域陆生动植物、水生动植物以及生物多样性都将产生一定影响。

5. 水文情势影响

工程取水后,渠村引黄闸运行方式的变化会对黄河下游断面水文情势产生一定影响。

6. 景观

工程建设后,调节水库所在区域土地利用类型的斑块面积和斑块形状都将发生不同程度的变化,景观格局将有较大改变。

7. 下游灌区

工程建成后,可以保证下游灌区的灌溉保证率,对粮食增产、当地经济发展有促进作用,从而保证社会的稳定和发展。

8. 社会经济

工程的实施将有效缓解项目补水灌区的缺水情况,对国家粮食战略工程河南核心区建设起到保障作用,将促进当地的社会经济发展,改善当地农村居民生存条件。同时,调节水库的形成将成为重要的城市景观,会提升整个濮阳市的自然景观水平,对濮阳市的社会经济和生态效益都将产生长期有利影响。

9. 局地气候

工程运行后,调节水库水体水面形成,由于下垫面条件的改变,水体与周围陆地区域的温度、风速和湿润条件发生变化,形成独特的小气候条件,从而改变局地小气候状况,进而影响人类的生存环境。

5.4.2.2 运行期污染源强度分析

1. 水污染源

水污染源主要来自管理人员日常生活污水。管理人员共30人,按50 L/(人·d)生活用水计,日生活用水量为 1.5 m³,生活污水排放量约 12 m³/d,水中主要污染物为 COD、BOD,其浓度分别为 200 mg/L 左右和 350 mg/L 左右。

2. 噪声

噪声源主要为水库引水泵站产生的机械噪声,源强度为 60～95 dB(A)。

3. 固体废物

废渣主要为管理人员生活垃圾和沉沙池沉淀泥沙等。管理人员按照人均日产生生活垃圾 0.5 kg 计,则工程管理人员产生量约 15 kg/d。

5.4.3 环境风险识别

5.4.3.1 调蓄池水质风险

目前,工程引水路线的第三濮清南干渠沿线有污水排入,水质较差,若引水路线水质达不到水质目标,则库区水质无法得到保证,库区水体有发生水质恶化、水体富营养化的风险。另外,由于黄河水源水质含沙量较高,工程运行后,需保证沉沙池沉沙效果。

5.4.3.2 弃土场水土流失环境风险

工程弃土量大,弃土面积大,临时弃土场使用期间无法进行植被恢复,若水保措施不完善,遇强降雨天气可能出现水土流失严重,污染库区水质,淤积顺城河和第三濮清南河道的风险。

5.5　环境影响识别

5.5.1　影响因素识别

根据本工程特性及工程施工、工程运行对环境的作用方式,结合项目区的环境背景情况分析,本工程施工和运行期间可能产生的环境因子为生态环境、水环境、环境空气、声环境、社会经济、人群健康等。

项目施工期对生态环境的影响主要为主体工程土方开挖、弃土堆放及施工营地建设等对地表的扰动,对植被的破坏以及水土流失影响;对环境空气质量的影响主要为基础开挖、车辆运输等过程中产生的粉尘、扬尘、机械尾气等;对水环境的影响主要为混凝土拌和及养护废水、施工人员生活污水等;对声环境的影响主要为施工机械作业对施工人员及声环境敏感点的影响。

工程运行期间的环境影响主要表现为水环境影响、生态环境影响和社会环境影响。其中,水环境影响包括对地表水环境的影响和对地下水环境的影响,对地表水环境的影响主要是工程运行后库区水环境和周围其他水体水环境的相互影响,对地下水环境的影响主要是造成地下水位的抬升。对生态环境的影响主要是地下水位抬升而引起的浸没、土壤次生盐碱化,以及调节水库建设对区域土地利用、景观格局的影响。对社会环境的影响主要是有效缓解灌区的缺水状况,有利于提高粮食产量和当地居民生活水平,保障国家粮食安全,同时调节水库水面的形成将盘活区域水系,有效提升濮阳市城市景观以及生态环境。

5.5.2 评价因子筛选

根据工程建设和运行特点,结合工程影响区域环境影响因子的重要性和可能受影响的程度,在工程分析的基础上,采用矩阵法对各环境影响因子进行识别,并筛选出工程主要环境影响,详见表5-7。

表5-7 工程环境影响因子筛选结果

时段	作用因素	评价因子
施工期	混凝土拌和、养护废水、施工排水、施工人员生活污水	水环境
	车辆运输噪声、机械振动噪声	声环境
	施工粉尘、材料运输车辆扬尘、车辆及施工机械尾气	环境空气
	施工人员生活垃圾、拆迁建筑垃圾	固体废弃物
	工程开挖、弃土堆放	环境空气、水土流失、文物古迹
运行期	工程征地、土地利用类型改变	土地利用
	沉沙	泥沙
	引水、调蓄、供水、临时弃土场	水环境、声环境、大气环境、土壤环境、局地气候、社会环境、环境地质、固体废弃物

第6章 环境影响预测与评价

6.1 生态环境影响预测

6.1.1 对陆生植被的影响

工程施工过程中的开挖、堆渣、建筑物征地以及施工设施征地等活动将破坏该区域的部分植被,引起生物量损失。根据第3章对评价区的生物量统计,经计算评价区总生物量为187 311.2 t/年。结合本工程征地情况,可以计算本工程征地引起的生物量损失,具体见表6-1。

表6-1 本工程引起的生物量损失　　　　　　　　　　　　　（单位:t/年）

项目	征地类型	耕地	林地	园地	合计
水库工程	永久	17 470.04	430.268	57.594	17 957.9
	临时	8 560.9			8 560.9
	小计	26 030.94	430.268	57.594	26 518.8

由表6-1可知,工程引起的总生物量损失为26 518.8 t/年,占评价区总生物量的14.2%;永久征地引起的生物损失量为17 957.9 t/年,占评价区总生物量的9.6%。工程建设对评价区生物量影响相对较小。据调查,评价区没有珍稀植物种类,均为常见的植被,且在评价区广泛分布,因此工程建设虽然会对植被产生一定的破坏,但是不会造成物种的灭绝和丧失。总之,工程施工期会造成一定数量植被的破坏,但对植物多样性的影响不大。

6.1.2 对陆生动物的影响

项目区未见国家珍稀野生保护动物,其他受影响的对象主要为人工饲养的家禽家畜,多为家庭圈养和池塘放养以及少量食草动物在田边、村头、河畔小范围、短时间放养。工程建设期会对放养的动物产生干扰,但由于施工区域比较有限,而该区域具有很大的生态相似性,因此工程建设期虽然对该区域的动物产生一定的干扰,但影响不大。在采取严格的施工管理措施后,施工对动物的觅食、繁衍等活动基本无影响,工程建设对项目区动物的影响较小。

6.1.3 对水生生物的影响

6.1.3.1 对库周水生生物的影响

库周水体包括顺城河、马颊河和第三濮清南干渠。此3条河流水质现状较差,不能满足Ⅳ类水质要求,水生生物生存条件较差。

在水库运行之前,濮阳市建立市第二污水处理厂,收水范围包括原排放废水入第三濮清南干渠的所有污染源。从引黄口到水库,整个引水过程中将不再有污染源汇入。

顺城河通过闸门分别与第三濮清南干渠、水库、马颊河相连,需要调节灌溉时,出水沿顺城河进入第三濮清南干渠向北部灌区供水灌溉,洪水期水库退水入马颊河。上述3条河流水质功能区划都为Ⅳ类。水库出水进入马颊河和第三濮清南干渠,可在一定程度上改善水质和水生生物生境,有利于水生生物保护。与水库相比,河流水体流动性较好,更适宜水生生物生存。

6.1.3.2 对引黄口水生生物的影响

本项目不增加引水量,对黄河流量影响很小,工程建设后,流量变化很小,对黄河的水流流速、水体特征、水深、水温等几乎没有影响,对鱼类生境无显著影响。

6.1.4 对土地利用的影响

6.1.4.1 工程征地情况

本工程主要利用原有的渠村灌区引水工程引水,从渠村引黄闸到第三濮清南干渠桩号55+500处,长度超过50 km,不用新建,不需重新征地。

调节水库工程永久征地范围包括四部分:进、出水口建筑物征地和管理范围内征地,调节水库库岸线范围内征地,库岸管理范围内征地及水库管理局征地,合计7 048亩。临时征地包括施工道路、临时弃土场、临时堆料场、施工导流、施工生产生活区以及相关设施等用地,合计3 312亩。其中,施工道路和临时堆料场位于永久征地范围内,面积不计入临时征地范围内。工程征地情况详见表6-2和表6-3。

表6-2 工程征地情况 （单位:亩）

永久征地		临时征地		
征地项目	面积	征地项目	面积	征地时间
水域面积	4 800	生活区	150	2 年
岸坡	878	临时弃土场	3 152	2 年
库岸管理	1 340	导流	10	1 年
水库管理局	30	—	—	—
小计	7 048	—	3 312	—
合计	10 360			

6.1.4.2 对土地利用的影响

1. 永久征地对土地利用的影响

调节水库工程实施后,项目区土地利用变化见表6-4、图6-1。项目实施后,项目区耕地面积减少6 020亩,减少了4.52个百分点;园地减少81亩,减少了0.06个百分点;林地减少263亩,减少了0.20个百分点;居民点及工矿用地减少474亩,减少了0.35个百分点;交通用地减少 48 亩,减少了 0.04 个百分点;水域及水利设施面积增加 5 678 亩,增加了 5.17 个百分点。

表6-3   工程征地类型 　　　　　　　　　　　　　　　　　　　　　　（单位:亩）

征地	农用地				建设用地			未利用地
	耕地	林地	园地	其他农用地	居民点及工矿用地	交通用地	水域及水利设施用地	
永久征地	6 020	263	81	138	474	48	24	0
临时征地	2 948.5	0	0	231.5	50	82	0	0

表6-4   水库建设前后土地利用变化

土地类型	现状面积（hm²）	占土地总面积（%）	建设后面积（hm²）	占土地总面积（%）	变化百分比
耕地	4 135.1	46.57	3 733.6	42.05	−4.52
园地	408.5	4.60	403.1	4.54	−0.06
林地	129.6	1.46	112.1	1.26	−0.20
居民点及工矿用地	3 642.8	41.02	3 611.1	40.67	−0.35
交通用地	95.0	1.07	91.8	1.03	−0.04
水域及水利设施	140.4	1.58	599.7	6.75	5.17
未利用地	328.6	3.70	328.6	3.70	0
合计	8 880.0	100.0	8 880.0	100.0	0

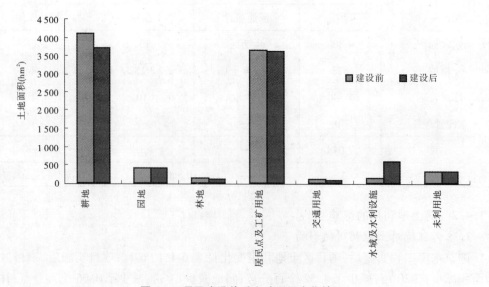

图6-1   项目建设前后土地利用变化情况

综合分析,水域及水利设施的面积增加较多,其余各土地利用类型都有所减少。调节水库建设之后,项目区耕地和居民点及工矿用地占明显优势,水域及水利设施所占面积次之,依次占水库区总面积的42.0%、40.7%和6.8%。水库建成后,耕地、园地等各征地类型减少相对较小,土地利用结构不会发生较大变化。

2.临时征地对土地利用的影响

临时征地包括临时弃土场、施工导流、施工生产生活区以及相关设施等,征地面积为3 312亩,临时征地只是改变土地利用性质,工程实施后可以得到恢复,因此临时征地对土地利用的影响较小。

6.1.5 对评价区生态完整性的影响

对自然系统生产能力影响常用生物量损失来衡量。由表6-1可知,工程建设引起的生物量损失为26 518.8 t/年,占评价区总生物量的14.2%,其中永久征地引起的生物量损失为17 957.9 t/年,占评价区总生物量的9.6%;临时征地引起的生物量损失为8 560.9 t/年,占评价区总生物量的4.6%。工程建设对农业生产力有一定的影响,但影响不大。工程运行后,由临时征地破坏的植被逐渐得到恢复,可以弥补部分生物量损失,工程建设对自然系统的生产力及其稳定性影响较小,不会引起生态系统向生产力更低一级的自然系统衰退。

6.1.6 对生态景观的影响

6.1.6.1 景观变化分析

任何景观都是由斑块、廊道和本底这三种基本要素组成的。斑块是一个与包围它的生态系统截然不同的生态系统,它在结构上是相互同质的。它的类型、起源、形状、平均面积、空间格局和动态是景观的重要代表性状;廊道是线状或带状的镶嵌体(如林带、河岸植被带),它在很大程度上影响景观的连续性,因此影响物种(尤其是动物),特别是在分离的同类斑块之间的交流;本底是景观上的背景植被或地域,其面积在景观中占较大的比例且有高度联结性,它是景观的重要组成部分,在很大程度上决定着景观的性质。库区建设前后景观变化情况见表6-5。

表6-5 库区建设前后景观变化情况

景观要素	水库项目区域现状景观	水库建设后景观
斑块	菜地、农田、房屋、庭院	农田、房屋、庭院、湖体
廊道	人工交通干线、管线、河流以及植物带	人工交通干线、管线、河流以及沿河和湖体分布的植物带
本底	半自然半人工农业基质	湖区、居住区、商业区等高度人工化基质

调节水库建成前农业生态系统和城市生态系统各占40%左右,其中农业生态系统稍占优势。农业生态系统是由村庄、菜地、农田、田间小路等组成的农业景观;城市生态系统主要由城镇、道路、企业、管线、人工绿化带或绿化区等组成。调节水库建成后,水库地区

景观更加多样化,增加了湖体景观,景观更为丰富多样。

水库建成后,将是由高楼、道路、湖体及沿岸周围的环水库带一起形成的现代化的城市风景。整个区域以水库为中心,周围是现代化的商业住宅区,布局充分考虑了景观的斑块、廊道、本底三要素相互间的关系,居住用地成片布置,减少相互的干扰;路网与城市中心的道路紧密结合,保持城市总体路网骨架系统形式不变,构成和谐统一的整体。整个建设区以河流、道路等地貌作物作为自然分割,并结合沿道路、河流两侧及水库周围的环湖绿化带,形成各功能区间的生态回廊。

6.1.6.2 景观指数计算

根据多样性指数、均匀度指数、优势度指数和破碎度指数的公式对景观多样性进行计算,结果见表6-6。

表6-6 项目区建设前后景观评价指数

评价指数	建设前	建设后
多样性指数	1.16	1.27
优势度指数	0.79	0.68
均匀度指数	59	65
破碎度指数	0.018	0.027

调节水库建成后,土地景观格局有一定的变化,各土地利用类型的斑块面积和斑块形状都有不同程度的变化,多样性有所升高但变化不大,均匀性有所增加。

地区规划实施后,土地景观格局有较大改变,居住地面积增大,景观类型减少,但整个水库区域景观配置总体上是合理的。

6.2 运行期环境影响预测

6.2.1 水文泥沙影响预测

6.2.1.1 水文情势

1.工程引水对高村断面水文情势影响

调节水库来水量主要为引黄水量,根据《濮阳市引黄灌溉调节水库工程可行性研究报告》,水库在5月、7月、8月、10月和11月引水,其余月份不引水。本工程逐月引黄水量变化范围为313万~1 000万 m^3,旬最大引水流量为11.6 m^3/s。高村水文站属于国家基本水文站,位于黄河渠村引黄闸口下游7.5 km处。该站(2002~2009年)年平均径流量为209.28亿 m^3,即流量为663.6 m^3/s。本工程引黄水量为3 560万 m^3/年,仅占黄河干流高村水文站年平均径流量的0.17%,工程最大引水流量为11.6 m^3/s,仅为该平均流量的1.7%。高村水文站断面2002~2009年流量统计结果见表6-7。

表6-7　黄河高村水文站断面2002~2009年流量统计结果　　　（单位:亿 m³）

年份	1月	2月	3月	4月	5月	6月	7月	8月	9月	10月	11月	12月	年流量
2002	5.46	5.85	19.28	12.88	14.38	11.87	36.69	14.52	10.63	14.2	6.64	5.25	157.65
2003	4.37	3.10	10.69	9.69	8.36	11.59	11.22	8.62	53.65	64.55	45.62	26.11	257.57
2004	16.63	12.23	19.53	18.58	18.11	38.88	34.55	34.28	9.23	9.16	8.81	10.9	230.89
2005	9.35	6.46	12.78	19.83	15.24	47.69	22.39	16.61	13.04	45.00	20.94	14.03	243.36
2006	9.08	9.48	26.38	22.39	25.82	64.02	23.57	24.24	22.14	16.18	11.28	11.38	265.96
2007	7.90	5.69	19.98	19.23	11.76	37.07	32.14	41.78	21.07	28.39	20.35	14.49	259.85
2008	12.83	12.34	22.23	21.67	18.19	39.40	23.28	9.642	19.28	16.71	13.22	11.60	220.39
2009	9.24	15.34	17.20	15.99	11.78	37.07	20.86	10.93	17.06	22.36	16.98	14.12	208.93
平均	9.36	8.81	18.51	17.53	15.46	35.95	25.59	20.08	20.76	27.07	17.98	13.49	230.59

根据2002~2009年的水文资料系列进行分析,本工程引水后,高村水文站断面年径流量较调水前逐月径流量减少比例范围为0.1%~0.5%(见表6-8),其中受调水影响相对最大的是11月。总体来看,由于工程引水,高村水文站断面各月流量减少比例在0.5%以内,工程引水对黄河高村河段水文情势影响甚微。

表6-8　黄河高村水文站断面调水前后月流量对比结果

径流量	5月	7月	8月	10月	11月
本工程引黄水量(万 m³)	434	1 000	889	313	942
引水前水量(万 m³)	163 800	256 800	196 500	298 200	186 600
减少比例(%)	0.26	0.39	0.45	0.10	0.50

2. 对引水河道的水文情势影响

调节水库库周水体有顺城河、马颊河和第三濮清南干渠。

第三濮清南干渠设计引水流量为30 m³/s,承担灌溉、排洪、排污三重功能。灌区需要补水灌溉时,调节水库开闸,水沿顺城河进入第三濮清南干渠,向北进行补水灌溉;洪水期,水库退水进入马颊河。第三濮清南干渠入调节水库的多年平均径流量为3 560万 m³。

马颊河汛期行洪排涝,平常接纳水库退水及城市污水,多年平均径流量为4 500万 m³。

从水量过程来看,5月上旬、7月下旬、8月中旬、10月上旬、11月上下旬引水,其余时间不引水,故此期间对河流水文情势无影响。本次地表水环境调查时间为农灌季节,2009年3月评价河流断面流量见表6-9。工程运行后,每年8月上旬和11中旬,水库调节对灌区补水,每次供水量为1 413万 m³,下游河道水量增加,增大流量为1.635 m³/s,且沿顺城河分流进入第三濮清南干渠和马颊河,因此对此三条河流水文情势有一定影响,但不会影响河道行洪。此外,这几条河的功能为行洪排涝和灌溉,故水文情势变化基本不影响河流功能。

表 6-9　2011 年 3 月评价河流断面流量　　　　（单位:m³/s）

序号	断面名称	流量
1	引黄口,距离渠村引黄闸上游 100 m	0.82
2	第三濮清南干渠,与引水河交汇处上游 100 m	0.014 3
3	第三濮清南干渠,与顺城河交汇处下游 100 m	0.190 3
4	顺城河许村	0.181 2
5	马颊河,与退水渠交汇处上游 100 m	0.265
6	马颊河,与顺城河交汇处下游 100 m	0.55

6.2.1.2　对黄河下游生态影响

本部分主要分析工程引水后,对引水口下游黄河生态环境用水的影响。

根据《水电水利建设项目河道生态用水、低温水和过鱼设施环境影响评价技术指南(试行)》中的 Tennant 法来计算高村水文站下游的河流生态需水量,计算标准见表 6-10。

表 6-10　保护鱼类、野生动物、娱乐和有关环境资源的河流流量状况

流量状态描述	推荐基流(平均流量的分数)(10 月~翌年 3 月)(%)	推荐基流(平均流量的分数)(4~9 月)(%)
泛滥或最大		200(48~72 h)
最佳范围	60~100	60~100
很好	40	60
好	30	50
良好	20	40
一般或较差	10	30
差或最小	10	10
极差	0~10	0~10

以基流量的 10% 作为黄河高村水文站断面的最小生态需水量:10 月~翌年 3 月的最小生态需水量为 61.8 m³/s,4~9 月的最小生态需水量为 86.8 m³/s。水库引水时间段,在扣除引水量之后,高村水文站各月断面水量变化范围为 630.2~1 149.3 m³/s,占未引水前水量的 99% 以上,大于最小生态需水量,生态用水量处于最佳范围,说明水库引水后可以满足引水口下游河道生态用水需求,满足鱼类、水生生物生态需水量要求。

根据自 2006 年 8 月 1 日开始施行的《黄河水量调度条例》,实施黄河水量调度,应当首先满足城乡居民生活用水的需要,合理安排农业、工业、生态环境用水,防止黄河断流;黄河水量分配必须以统筹兼顾生活、生产、生态环境用水 ,正确处理上下游、左右岸的关系等为原则。

综上分析,本工程引水对渠村引黄口下游黄河生态环境用水的影响甚微。根据《黄河水量调度条例》的相关内容,评价建议工程在实际运行过程中,要根据高村水文站断面的实际来水情况,严格按照黄河水量调度预案批准的引水量及过程进行引水,同时工程引水必须服从黄河水利委员会组织实施的应急调度。

6.2.1.3 泥沙的环境影响

调节水库以黄河作为主要供水水源,黄河是一条多泥沙河流,因此调节水库在修建、运行过程中,泥沙淤积问题可能对渠道和水库产生一定的影响。

1. 引水泥沙含量

距离渠村引水口最近的黄河水文站是处于下游约 7.5 km 的高村水文站。高村水文站多年平均含沙量见表 6-11,由表 6-11 可以看出 2003~2009 年,高村水文站的年平均含沙量是在不断减少的。

表 6-11　黄河高村水文站多年平均含沙量　　　　　　　　　（单位:kg/m³）

年份	2003	2004	2005	2006	2007	2008	2009	多年平均
年平均含沙量	10.68	10.216	6.738	5.416	4.97	4.01	2.91	6.42

根据黄河高村水文站实测径流泥沙数据分析,黄河下游多年引水含沙量为 2.69 kg/m³。近年来黄河小浪底水库调水调沙运行,下游含沙量明显减少,2004 年平均中数粒径为 0.015 mm,2006 年平均中数粒径为 0.022 mm,2008 年平均中数粒径为 0.021 mm。含沙量超过 30 kg/m³ 的天数不超过 7 d,1960~1997 年(三门峡水库建成—小浪底水库建成)含沙量大于 30 kg/m³ 的天数为 38 d。考虑小浪底水库设计拦沙期为 22 年,后期下游水沙条件情况会有所恢复,含沙量会有增加,依据水库运行年限 30 年计,引水含沙量可按多年平均值考虑,采用 6.42 kg/m³。

2. 泥沙对调节水库的影响

为防止引黄水对水库及下游河道的淤积,影响调节能力与河道行洪,可研拟利用总干渠右侧的原有沉沙池对引出的黄河水先进行沉沙。该沉沙池东至孟居,南起刘吕丘,北至殷锁城,占地 2 500 亩,长约 3 km,总库容约 810 万 m³,有效沉沙库容 486 万 m³。根据近年来引水沉沙资料,引水含沙量约 6 kg/m³,经沉沙池 3 km 沉沙,水力停留时间约 12 h。相关资料表明,沉沙池设计良好的情况下,沉沙率可达 66%,该沉沙池保守选取 50%,出池水含沙量约 3 kg/m³,然后经 50 多 km 的渠道进一步沉降后,进库含沙量小于 1 kg/m³,满足进库含沙量要求。根据相关设计,水库年调蓄引黄水量为 3 560 万 m³,按照进库含沙量 1 kg/m³、出库含沙量 0 kg/m³ 计算,水库年淤积泥沙为 3.56 万 t,泥沙密度取 1.6 t/m³,则水库年淤积泥沙体积为 2.23 万 m³,30 年淤积体积为 66.8 万 m³,相对于水库 299 万 m³ 的死库容,泥沙淤积体积相对较小,对调节水库影响较小。

3. 沉沙池泥沙及渠道淤积泥沙的处理

当沉沙池没有库容时,表面覆土,整地复耕。若泥沙处理不当,将对周围环境造成不利影响,其堆放会增加占地、破坏植被,并可能造成水土流失和起尘扬沙。

渠道淤积泥沙有以下几种处理方法:

第一,可供工程用土。随着濮阳市经济迅猛发展,各项基础设施建设力度不断加大,施工用土量越来越大,黄河泥沙作为土源完全可以满足工程施工的需要。

第二,利用泥沙代替建筑材料。如烧制成砖、烧结石等。在泥沙处理方式上,对粗、细颗粒泥沙进行分离,分离后的泥沙可分别使用,粗颗粒泥沙用于工程施工,细颗粒泥沙可做特殊建材使用。

第三,对暂时没有综合利用的部分泥沙及时清运,避免扬尘和水土流失对渠道水质的影响。首先确定附近可以堆放泥沙的低洼地带,然后清运泥沙,同时采取水土保持措施,四周采用栽植灌木绿化,表层采用撒播草种绿化覆盖,确保不起尘、不扬沙。

6.2.2 运行期水环境影响预测

6.2.2.1 调节水库水体富营养化分析

1. 来水总磷浓度

水库来水为黄河水,通过渠村引黄闸引水。本次水质数据分析采用濮阳市集中式地表水生活用水源地——西水坡调节水池的水质监测数据。该水池位于濮阳县城西南隅西水坡,从渠村引黄闸引水,经过渠村、鼓楼等沉沙池,引水进西水坡调节水池,再进入水厂。中间没有采取任何的除磷措施,该调节水池的总磷水平可以代表渠村段黄河总磷水平。该调节水池 2006 ~ 2009 年总磷年平均浓度见表 6-12,总磷年平均浓度全部满足地表水 Ⅱ类水质标准要求。所以,濮阳渠村段黄河总磷年平均浓度满足地表水 Ⅱ类水质标准。

表 6-12　西水坡调节水池 2006 ~ 2009 年总磷年平均浓度　　　（单位:mg/L）

年份	2006 年	2007 年	2008 年	2009 年	平均
浓度	0.038	0.026	0.053	0.038	0.038 8
评价标准	Ⅰ类≤0.02,Ⅱ类≤0.1,Ⅲ类≤0.2				

2. 富营养化预测

该书采用湖泊水库富营养化预测中广泛采用的 Vollenweider 负荷模型对水库的磷的年平均浓度进行预测,计算公式为

$$[P] = \frac{L_p}{q(1 + \sqrt{T_R})}$$

式中有关参数的物理意义、单位和取值见表 6-13 和表 6-14。

表 6-13　水库年均[P]浓度预测参数

参数	物理意义	单位
[P]	磷的年平均浓度	mg/m³
L_p	年总磷负荷/水面面积	mg/m²
q	年入流水量/水面面积	m³/m²
T_R	容积/年出流水量	m³/m³

本次预采用 0.038 8 mg/L 作为磷的年平均浓度,通过 Vollenweider 负荷模型计算得到,调节水库的年平均[P]浓度为 0.022 mg/L,满足水库水质 Ⅱ类标准(≤0.1 mg/L)。

表 6-14　水库年均 TP 浓度预测参数

物理意义	单位	取值
年入流水量	m³	3.205×10^7
年出流水量	m³	2.826×10^7
水面面积	m²	3.2×10^6
容积	m³	1.612×10^7

根据湖泊水库富营养化的一般规律,发生富营养化需要同时满足:温度为 19 ~ 20 ℃、氮磷比为 10∶1、流速小于 5 m³/s、充足的阳光照射 4 个条件。根据渠村水温监测数据,全年大部分时段水温不满足 19 ~ 20 ℃ 的要求,2008 ~ 2009 年渠村枯水期和平水期水温均在 16 ℃ 以下,仅汛期 8 ~ 10 月水体温度较高,而汛期为黄河丰水期,河水量、流速、含沙量均较大,是藻类低发期,水体不具备发生富营养化的条件。

参考中国北方的河流、湖库,由于水温较低、含沙量大、微生物较为贫乏,发生水体富营养化情况较南方少,类比黄河三门峡、小浪底等水库,虽然库容较大,水力停留时间长,但发生水体富营养化事件较少,仅 2003 年 6 月,由于上游潼关—三门峡来水污染严重,小浪底水库发生大面积绿藻,水体呈现富营养化现象。根据水库运行方式,水源为黄河水,年引黄水量为 3 560 万 m³,正常库容为 1 612 万 m³,总体来看,调节池水水力停留时间为半年,时间较长,水体交换系数较小,调节水库水体可在一个水文年度内平均更新替换 2 次。虽然水库年平均[P]含量较低,但是水库还是有可能发生水体富营养化的,所以水库需要采取措施预防水体富营养化的。只要落实评价提出的预防措施之后,水库便不会发生水体富营养化现象。

3. 预防水体富营养化的措施

为减少调节水库富营养化可能,应采取以下措施:

(1)根据濮阳市环境治理方案,市第二污水处理厂建成之后,排入第三濮清南干渠的污水全部进入污水厂处理,达标排放进入马颊河。在本工程设计中,第三濮清南干渠作为输水渠道,其水质与水库水质有密切关系,故渠道水质需得到保障,以保证水库水质达到Ⅳ类标准。

(2)在正常的农业灌溉时间,从水库的 1# 出水闸出水进入顺城河然后进入第三濮清南干渠进行灌溉,非灌溉期通过 2# 出水闸退水进入马颊河实现水体交换,减少库区水体富营养化现象的发生。

(3)项目区河道应严格控制未经处理的城市污水进入,加强渠道截污管理。

(4)在水库周围挖排水沟,禁止水库四周的雨水进入水库。

(5)强化落实水土保持方案,在水库周边应采取绿化措施,水库内设置水生植物保护区,形成对氮、磷的阻隔和吸滤带,减少向水库的汇入量。同时,在水库内进行鱼类养殖,通过调整鱼群结构,控制藻类过量生长。

(6)禁止各种污水及废弃物入库。

(7)对水库进行水质监控,一旦发现[P]浓度明显上升,立即采取措施预防水体富营养化发生。

6.2.2.2 地表水环境影响预测

1. 污染源

根据濮阳市环境保护局的统计,从第三濮清南干渠起始端到水库的引水开口,有17个排水口,其中9个市政排污口,其余的全部是企业排污口。

2. 现状水质

根据黄河常规水质监测断面水质监测数据,黄河高村口断面水质类别为《地表水环境质量标准》(GB 3838—2002)中的Ⅲ类。

根据评价期间的一次监测数据以及常规监测资料,第三濮清南干渠现状水质类别超过地表水Ⅳ类标准。

3. 水质预测

1)正常情况水库水质预测

拟建水库工程水质取决于黄河水质、输水线路渠道水体水质。

目前,第三濮清南干渠输水水质较差,污染源主要位于濮阳市西部工园业。该区位于濮阳市西北部,规划范围南至胜利西路,北到城北一路,东到开州路,西到西环路。目前,该园区企业废水主要排入第三濮清南干渠。根据《濮阳市城市总体规划》,第三濮清南干渠进行环境治理,原先排入该渠道的工业废水全部进入濮阳市第二污水处理厂,处理达标后,从水库南边排入马颊河。濮阳市第二污水处理厂环评已批复,咨询濮阳市规划局得知,濮阳市第二污水处理厂计划于2011年10月开工建设,预计2012年下半年建成运行。水库计划于2012年12月完工,按照各自建设计划,水库引水运营期间,濮阳市第二污水处理厂已建成运行,所收废水处理达标后排入马颊河,第三濮清南干渠全线无废水排入,水库来水为黄河水。在此情况下,本工程引水线路水质可得到保证。

根据《濮阳市排水工程规划》,水库地区处于濮阳市污水处理厂服务范围,水库周边地区的生产、生活污水经城市污水管网将分别收入濮阳市污水处理厂统一处理,不会进入水库。

本工程引水水源水质良好,为地表水Ⅲ类水质,在保证上述各种有效的水环境保护措施付诸实施,确保第三濮清南干渠无废水排入,水库周边生产、生活污水不进入水库的前提下,水库水质可得到保障,满足地表水Ⅳ类标准要求。

2)非正常情况下水库水质预测

如果濮阳市第二污水处理厂无法按时建成或第三濮清南干渠没有实现"零"废水排入情况为非正常情况。

本次预测按排入第三濮清南干渠的污水最大排水量、最大污染物浓度和最小引黄水量进行计算,预测模式采用完全混合模式,预测结果见表6-15。

由表6-15统计数据可知,在水库引黄水量最小的情况下,第三濮清南干渠的水质指标不能满足地表水Ⅳ类标准要求,远远超过地表水Ⅴ类标准,水质很差。所以,水库运行后,若濮阳市第二污水处理厂尚未建成,且不对第三濮清南干渠全线采取有效截污和监控防护措施,任由污水排入,在此情况下,由于水库环境承载能力有限,水库蓄水后水环境质量将难以得到保证。

表 6-15 水库水质预测结果

项目	水量（m³/d）	COD（mg/L）	氨氮（mg/L）
入渠废水量	30 255	190.3	14.0
引黄水量	3.6	20.0	1.0
混合水量	30 285.6	190.27	13.998
评价标准	Ⅳ类	30	1.5
评价结果	远远超过Ⅴ类		

综上所述，工程运行后，由于调节水库水环境承载能力有限，如果不采取有效措施，水库蓄水后水环境质量将难以得到保证。因此，评价建议一方面严格落实《濮阳市城市总体规划》要求，全面落实第三濮清南干渠两岸截污工程，严禁排污；另一方面要加强城市污水处理厂建设力度，增大城市污水处理厂废污水收水率和污染物的去除率，并应大力加强节水宣传，加大水的重复利用率和回用率，最大程度地减少污染物排放量和入河量。

3）对库周河道水质影响预测

水库出水通过顺城河进入第三濮清南干渠北上到补水灌区灌溉。根据水质现状监测评价结果，这些河段水体水质现状均超过Ⅳ类水质标准。由于调节水库水质较好，因此工程运行后，这些河流由于接纳了调节水库的水，水质将有所改善。

根据上述分析，本工程实施后，水库出水使得库周的顺城河、马颊河和第三濮清南干渠河段水量有所增加，有利于水质的改善。

4）水环境保护措施建议

为确保调节水库水质达标，建议采取以下措施：

（1）加快濮阳市第二污水处理厂建设进度，排入第三濮清南干渠的城市污水和企业废水必须全部进入污水处理厂处理，达标后排入马颊河，第三濮清南干渠全线截污，禁止排污。在本工程设计中，第三濮清南干渠是专用的输水河道，其水质与调节水库水质有密切关联，故第三濮清南干渠水质需得到保障。

（2）在濮阳市第二污水处理厂建成前或引水水质无法保证的情况下，水库不得引水。

（3）强降雨初期关闭调节水库引水闸门，待引水线路水质达到要求后，再恢复引水。

（4）加强水库管理，禁止在库区设置各类排污口，严格规划选择对水质保护有利的鱼类，禁止在水库进行水产养殖，保护水库水质安全。

（5）制定水库污染防治管理办法，制定水库水质领导人负责制度，由专任负责人对水库水质进行管理和保护。制定水库定期水质监测制度和不定期抽样监测制度，及时掌握库区水质情况，开展水质保护工作。

（6）加强库周地带管理，加强库周地带水土保持工作，禁止破坏水土保持设施和绿地，防止水土流失。

6.2.2.3 水温

1.调节水库水温

由于调节池库容较小，平均水深仅为 5.04 m，是一个中型水库；河道、渠道平均水深较浅,不会产生水温分层效应,水温基本与表层水温一致。

2.调节水库下泄水对下游灌区的影响

顺城河以北灌区分布距水库相对较远,水库下泄水水温与表层水温差值很小,且经过渠道输送进入灌区时,水温基本恢复,所以水库出水温度对农灌作物没有影响。

6.2.2.4 调节水库水质风险分析

引水线路第三濮清南干渠水质现状均不能满足水质目标要求,若截污不彻底,将影响调节水库水质。此外,水库运行后,水库地区周边主要为建设用地,若周边污水进入水库,也将造成调节水库水质的恶化。因此,水库存在水质风险。

评价建议,在第三濮清南干渠和引水河道两侧设隔离防护网、栽种灌木树篱等措施,确保第三濮清南干渠实现无废水排入的情况下,水库方可实施引水。此外,对工程周边进行雨水汇流河网建设,控制雨污不进入水库,减少水库的面源污染。同时,收集水库周边城市工业废水和生活污水进入市污水管网,统一进入城市污水处理厂处理,保证无废水进入水库,加强水库水质监测,全面避免水库水质污染事件发生。

6.2.2.5 地下水环境影响预测

1.项目区水文地质条件分析

水库区场区存在两个含水层组。第①~⑥层组成潜水含水层组,沙壤土、粉砂和粉细砂赋存潜水,因土层分布不均,局部具微承压性。第⑥层重粉质壤土以下为承压含水层组,细砂及沙壤土赋存承压水。第①层沙壤土具中等透水性;第②层中粉质壤土一般具弱透水性,局部为中等透水性;第③层粉砂、沙壤土具中等透水性;第④层粉质黏土具微—弱透水性;第⑤层粉细砂具中等透水性;第⑥层重粉质壤土具微—弱透水性。第⑥层重粉质壤土局部缺失,故承压水隔水顶板局部存在天窗,使得上部潜水和下部承压水发生水力联系,加上场区内机井众多,达200余眼,深度一般为70 m左右,使潜水和承压水水力联系更加密切。

水库区内地下水位埋深一般大于20 m。水库区地下水总体流向由西南流向东北,局部受人工开采地下水的影响,形成局部地下水漏斗。场区地下水主要接受大气降水、侧向径流和灌溉入渗补给,消耗于地下水侧向径流排泄和人工开采。场区地下水埋深一般大于20 m,分布于水库周围的马颊河、顺城河和第三濮清南干渠地表河及渠水常年补给地下水。

水质分析成果表明,工程场区地下水化学类型为HCO_3—Ca—Mg—Na型和HCO_3—SO_4—Na—Ca型,部分地区地下水对混凝土具硫酸盐型弱腐蚀性,地下水对钢筋混凝土结构中钢筋均具弱腐蚀性。

2.水库蓄水后对地下水位及渗透量的预测

水库挖深为6~7 m。西库区库底板多位于第①层沙壤土下部和第②层中粉质壤土中,局部地段位于第③层粉砂、沙壤土顶部。东库区水库底板多位于第③层粉砂、沙壤土顶部,部分地段位于第①层沙壤土和第②层中粉质壤土中。两库岸岩性由第①层沙壤土、第②层中粉质壤土和第③层粉砂、沙壤土构成,为黏砂多层结构,以沙壤土为主。沙壤土具中等透水性,中粉质壤土一般具弱透水性,局部为中等透水,粉砂以中等透水为主,水库蓄水后存在侧向渗漏问题。

库底板以下地层主要由第②层中粉质壤土、第③层粉砂和沙壤土、第④层粉质黏土、第⑤层粉细砂、第⑥层重粉质壤土及第⑦层细砂构成,以砂性土为主。水库底板下地层均具中等透水或强透水性,第③层中砂和第⑤层细砂渗透系数为 $6 \times 10^{-3} \sim 1.5 \times 10^{-3}$ cm/s,属中等透水层,但第④层壤土厚度太薄且分布不连续。两层透水层间相互连通,水力联系密切、渗透性相差不大,相对隔水层较深,渗漏量较大。水库蓄水后存在库盆底部垂向渗漏问题,中砂、细砂层是库水渗漏的主要通道,中砂、细砂层是库区防渗的重点。

根据南京水利科学研究院于 2011 年 3 月对濮阳市引黄灌溉调节水库工程进行三维渗流计算分析研究,研究结果如下。

1)水库不采取防渗情况下的研究

(1)渗漏量。

在当前地下水位情形下,如果不采用任何防渗措施,考虑水库蓄水面为 51.50 m,水库渗漏量为 1 071 万 m^3/年,约占总库容的 1/2,如此大的渗漏量使得引水难以成库。

如图 6-2 所示,无防渗情况下,由于库底砂层透水性中等,地下水渗流场影响区域约 93.2 km^2,影响半径达到 5 603 m。

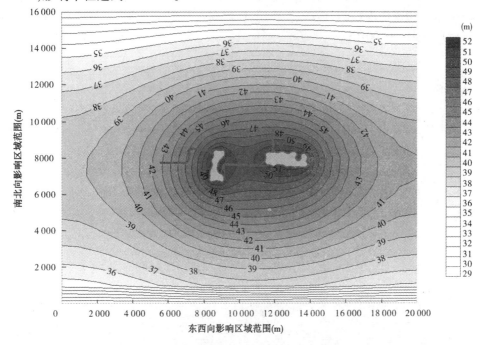

图 6-2 水库运行期地下水位分布(无防渗措施情况下)

库底土层基本为中细砂,渗透性强,漏水量大,渗漏还造成库周的地下水位抬高,该工况下库周地下水位升高 2~20 m。地下水影响范围达 5 780 m,库周线外 100 m 范围内局部浸没,尤其在水库两湖之间影响范围较大,将给库周的生态环境带来一定负面影响。

(2)渗流稳定性。

该工况下库周不进行防渗处理。库岸边坡为沙壤土、壤土和粉细砂,但由于地下水位较深,因此只存在砂基渗透稳定问题。

水库库周地基透水层主要为粉砂和粉细砂,中—弱透水,局部缺失,下为沙壤土,具中等透水性。库水渗透主要通过砂基进行,容易产生渗透破坏。根据地质勘测试验和临界公式计算,砂基允许水平坡降约为0.1,垂直坡降为0.2~0.3。计算结果表明,由于蓄水运行工况下库水向周边地下水补给,库周100 m范围内地下水位为50~51 m,地下水埋深为0.3~1.5;砂基水平坡降为0.07~0.12,局部低洼处出现浸没影响,砂基垂直坡降为0.05~0.12,库周100 m外发生渗流破坏可能不大。而东西两库之间区域蓄水后地下水位一般在50.5~51.50 m。

(3)结果分析。

蓄水运行期无防渗措施下的主要问题是渗漏大,难以保证水库蓄水运行,同时库周局部范围和两湖之间出现浸没影响;低洼处会发生渗透破坏。这个现象在国内平原水库的下游地面曾经发生过。因此,无防渗措施时,必须进行周边降水措施或一定范围内渗流保护。

2)水库采取垂直防渗情况下的研究

(1)地下水位分析。

库面高程51.50 m,运行期对抬高周边地下水位0.5 m的影响范围为3 000~4 000 m,见图6-3。由于防渗墙的有效阻渗作用,库岸周边范围地下水位降落比降较小,一般水平比降为0.001~0.001 5。

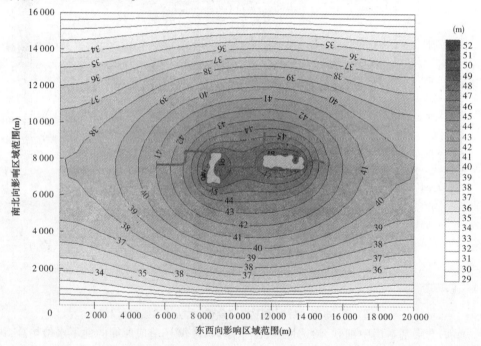

图6-3　水库运行期地下水分布(防渗墙方案,厚0.4 m,$K=1\times10^{-6}$cm/s)

在蓄水位稳定渗流作用下,库岸2 000 m内抬高地下水1~8 m,地下水埋深在12 m下。

防渗墙起到较好的延长渗径作用,防渗墙本身承担了最大14 m水头,对地下水位的升高具有明显的阻止效果。按实际地层,第④层黏土层有缺失,造成上下透水层连通,因此蓄水后地下水位传递较快,虽然有防渗墙的阻渗作用,地下水位回升仍然较大,但总体不产生渗流破坏和浸没影响。

东南部地势本来就低,蓄水后该地区地下水埋深较浅;而西北部地区地下水位埋深受整个大区域地下水的运动趋势和库周渗透的影响,也有一定程度的降低,总体因为水位低,不产生浸没现象。

根据总体工程规划,将对库周实施增高措施,因此蓄水且在库岸线增高规划实施后,这些地区不产生浸没,但两湖之间地下水位尚高,在填高至 53.00 m 高程后可保证区域地下水位的稳定和平衡。

(2)渗透流量分析。

防渗墙对库水下渗具有较好的阻渗截断作用,与没有防渗措施的库水下渗量相比大大降低。防渗墙渗透性大小对库水下渗的总渗漏量影响比较明显,而厚度的变化也对库水下渗的渗漏量具有一定影响,但从影响渗漏量的程度比较不如渗透系数直接、敏感。

防渗墙渗透性在渗透系数为 1×10^{-6} cm/s 时仍具有一定渗漏量,分析其原因,主要是第⑥层相对隔水层为壤土层,该层的渗透性为 $n \times 10^{-5} \sim n \times 10^{-6}$ cm/s,按地勘报告和天然地下水位反演值,该层也具有一定渗透性,而且该层在库区分布范围也具有 5 km² ,因此防渗墙的阻渗效果相对减弱,即使防渗墙在渗透系数为 1×10^{-6} cm/s 以下时隔水层仍具有一定渗漏量。

对照蓄水条件和环境影响的渗漏量控制指标即允许渗漏量设计范围(260 万 m³/年),从防渗措施的施工工艺和安全角度来看,应选择防渗墙厚度为 40 cm,防渗墙渗透系数为 1×10^{-6} cm/s 时可以满足设计要求。

(3)总结。

根据以上分析,在自然情形下,如果不采取任何防渗措施,水库正常蓄水位为51.50 m时,水库渗漏量为 1 071 万 m³/年,约占总库容的 2/3,难以成库,所以工程需要采取防渗措施。

工程设计采用垂直防渗与水平防渗相结合的方案:库岸布设一道塑性混凝土防渗墙,其底部高程深入第⑥层壤土层 1.0 ~ 2.0 m,以控制第②层粉质壤土和第③层粉砂主要渗透通道,东西两库区的连接河道及库叉部分采用壤土铺盖防渗,引水、出水河道区采用GCL膨润土防水毯进行防渗。水平防渗铺盖与垂直防渗体紧密相连,共同组成一个防渗体。在采取以上防渗措施的情况下,水库总的渗漏量为 260 万 m³/年。

防渗墙是防渗措施中较为有效的截渗措施,能有效截断库水外渗的途径,降低库周地下水位和渗漏量。防渗墙技术在我国堤坝防渗中应用较为普遍,尤其是1998年长江大洪水后,该项技术相对较为成熟,施工质量能够保证。

综上所述,工程采取相应的防渗措施是必要的,也是可行的。

3.蓄水后对地下水水质的影响分析

通过对运行期水库水质的预测可知,运营期水库水质较好,可以达到《地表水环境质量标准》(GB 3838—2002)中的Ⅳ类标准。库区地下水水质现状总体较好,除总硬度和溶解性总固体超标外,高锰酸盐指数、挥发酚、氨氮、亚硝酸盐均满足地下水Ⅲ类标准要求。水库的运行渗漏使水库周边地下水位有一定抬升作用,对地下水漏斗区有一定的补水作用。分布于水库周围的马颊河、顺城河和第三濮清南干渠地表水常年补给地下水,水库建成后,水库水质将大大优于周围现状地表水水质,且水库在采取防渗措施的情况下,渗漏量较小,因此水库渗漏水对地下水水质影响不大。

6.2.2.6 管理人员生活污水环境影响

水库工程管理处人员 30 人,所产生活废水排入污水管网,进入濮阳市第二污水处理厂处理,不会对周围水环境造成影响。

6.2.3 运行期声环境影响预测

运行期工程的声环境影响为引水渠道提水泵站噪声对附近杨庄村、班家村居民的影响。

提水泵站共设置 4 台水泵,不设置备用泵。

6.2.3.1 噪声预测模式

根据《环境影响评价技术导则 声环境》(HJ2.4—2009),本次声环境影响评价选用如下预测模式:

(1)建设项目声源在预测点产生的等效声级贡献值(L_{eqg})的计算公式:

$$L_{eqg} = 10 \lg \left(\frac{1}{T} \sum_i t_i 10^{0.1L_{Ai}} \right)$$

式中 L_{eqg}——建设项目声源在预测点的等效声级贡献值,dB(A);

L_{Ai}——i 声源在预测点产生的 A 声级,dB(A);

T——预测计算的时间段,s;

t_i——i 声源在 T 时段内的运行时间,s。

(2)预测点的预测等效声级(L_{eq})的计算公式:

$$L_{eq} = 10 \lg (10^{0.1L_{eqg}} + 10^{0.1L_{eqb}})$$

式中 L_{eqb}——预测点的背景值,dB(A)。

6.2.3.2 噪声影响分析

根据相同水泵类比资料,水泵在 1 m 处的噪声值为 90 dB(A)。考虑泵房对噪声的消减值 15 dB(A),4 台水泵不同距离噪声计算结果见表 6-16。

表 6-16 泵站不同距离噪声计算值 (单位:dB(A))

类别	预测距离(m)								
	10	20	30	50	70	100	150	200	400
泵站	61.02	55	51.48	47.04	44.12	41.02	37.5	35	28.98

引水河道泵站周围环境敏感点为杨庄村和班家村,杨庄村位于泵站以西 540 m 处,班家村位于泵站西北 580 m 处。根据《声环境质量标准》(GB 3096—2008)中的 2 类标准,昼间噪声应小于等于 60 dB(A),夜间噪声应小于等于 50 dB(A)。

根据噪声现状监测结果,区域声环境质量良好,背景值较低,泵站噪声源在 400 m 处的贡献值为 28.98 dB(A),贡献值较小,噪声可控制在《声环境质量标准》(GB 3096—2008)中的 2 类标准范围内。由此可见,引水河道泵站建成后,对附近杨庄村和班家村的影响很小。

6.2.4　运行期临时弃土场环境影响分析及风险预测

运行期间,工程本身不会对大气环境产生不良影响,但库区北部2个临时弃土场的弃土用于濮阳市市政建设,在土方周转过程中,倒土、运土等活动不断,临时弃土场使用过程中无法进行植被恢复,其扬尘可能对周边环境空气产生一定影响。

调节水库位于濮阳市城市北部,属中纬度东亚季风区,冬季在内蒙古高压的控制下,风向多偏北,春秋两季是冬夏季风的转换季节,风向多变,以偏北风居多。若防护措施不当,则在大风扬尘天气,临时弃土场的扬尘会对下风向的濮阳市区环境空气质量产生一定影响。因此,在使用期间,对弃土进行定期洒水,大风扬尘天气增加洒水频率,以减小扬尘对环境空气质量的影响。

此外,弃土量大,所处位置距调节水库、引水河道、退水河道水体以及濮范高速距离均较近,若防护不当,遇强降雨天气,可能产生严重的水土流失,造成周边水体泥沙淤积的风险和对高速路基的冲击。因此,必须加强临时弃土场防护,堆放过程中,将弃土压实,防护墙高度严格按水保措施方案要求来设置,减少临时弃土场的水土流失影响。

6.2.5　运行期固体废弃物环境影响预测

运行期固体废弃物主要为管理人员生活垃圾和沉沙池沉淀泥沙等。管理人员按照人均日产生生活垃圾 0.5 kg 计,则调节水库工程管理人员垃圾产生量约 15 kg/d。运行期管理人员生活垃圾产生量较小,且管理区域距濮阳市区较近,建议生活垃圾定期收集清运至濮阳市垃圾综合处理厂统一处理。采取该措施后,工程运行期管理人员生活垃圾对周边环境无显著影响。

6.3　施工期环境影响分析

6.3.1　地表水环境

施工期废水主要为混凝土拌和、养护和生活污水,主要来源于库区施工场地。其主要污染物为 SS、COD 等,若不加处理直接排放,将会对水环境产生一定的影响。

6.3.1.1　混凝土拌和系统废水

混凝土拌和系统废水主要是混凝土拌和过程中对转筒和料罐的冲洗废水,施工期混凝土拌和废水排放量为 18.0 m³/d,主要污染物为 SS,浓度约为 5 000 mg/L,pH 值约为 11。废水主要产生于库区的 4 个施工区及引水、出水河道 2 个临时施工场地,分配到各个施工区后,各施工场地产生混凝土冲洗废水量为 3.0 m³/d,产生量较小,因此建议各施工区混凝土拌和废水与混凝土养护废水合并处理,统一修建沉淀池,经中和、絮凝沉淀达到排放标准后回用于施工生产等。采取以上措施后施工期对环境影响会很小。

6.3.1.2　混凝土养护废水

混凝土养护废水包括混凝土衬砌板和混凝土构件的养护废水及现浇混凝土的养护废

水,本工程施工期养护废水量为 2.758 万 m^3,高峰期为 1 862 m^3/d。养护废水具有高 pH 值、高 SS 和间歇集中排放的特点。养护废水及拌和冲洗废水集中收集后在沉淀池中经过中和、絮凝沉淀处理达标后回用于施工生产。

采取以上措施后,混凝土拌和及养护系统废水对当地水环境产生影响会较小。

6.3.1.3 车辆冲洗废水

车辆冲洗废水水量约 60 m^3/d,主要污染因子为石油类,浓度一般为 40 mg/L,隔油池处理之后水回用。

6.3.1.4 生活污水

生活污水来源于施工期施工人员洗漱用水排水。工程施工人员主要集中在水库 6 个生活区。施工高峰期生活污水排放量约为 150 m^3/d。经采用生活污水一体化装置处理后,作为工程生产用水或场地洒水降尘。采取上述措施后,生活污水对当地水环境影响会很小。

6.3.2 环境空气

本工程对环境空气质量的影响仅限于施工期,主要来自于土方开挖、回填及堆放、施工机械运行、车辆运输、混凝土拌和等,产生的主要污染物包括 TSP、NO_2、CO、SO_2 等,其中 TSP 占主导地位。

6.3.2.1 施工区

本工程施工区共有 3 个,库区土方开挖、回填及混凝土拌和等短时期使施工区粉尘浓度增大,对施工现场人员产生一定影响。各施工区机械设备运转燃油废气排放影响施工区环境空气质量,运输车辆在运输土料、水泥等多尘物料过程中,如防护不当易导致物料飘散,车辆燃油排放废气及物料散落粉尘等对沿线及施工区环境空气造成影响。库区开挖是环境空气最主要的影响因素,根据类比调查,一般情况下,施工场地、施工道路在自然风作用下产生的扬尘对 100 m 范围内的空气质量有影响,因此主要是对施工人员及 100 m 内的敏感地产生一定影响。建议库区开挖施工采取定时洒水等必要的降尘措施,实际施工区边界至少离敏感点 100 m 以上,最大限度地减少扬尘产生量及对周围大气环境的影响。评价认为,采取上述措施后施工对施工区周围环境空气质量影响不大。

6.3.2.2 料场、临时弃土场

本工程主要为土方开挖、回填及弃土,涉及 3 个临时堆料场,主要用于剥离表土堆放。土料开采及堆放扬尘在短时期内对环境空气质量产生一定不利影响,受施工作业时气象条件影响显著,晴天大风时对下风向污染较重。根据类比分析,料场扬尘浓度贡献值为 0.41 ~ 0.75 mg/m^3,临时弃土场扬尘浓度为 1.81 ~ 2.96 mg/m^3,作业区上风向扬尘浓度为 0.74 ~ 1.05 mg/m^3,作业区下风向扬尘浓度为 1.60 ~ 2.24 mg/m^3。一般情况下,上述施工扬尘浓度在 250 m 内的贡献值可以降到 0.3 mg/m^3 以下,即料场、临时弃土场周围 250 m 范围外能够满足环境空气质量标准要求,其扬尘影响仅限于局部范围,对施工人员产生一定影响,建议施工人员采取措施加强自身防护。另外,根据可研,北部 2 个临时堆料场离建设中的濮范高速距离较近,但考虑除土料场表层土干燥外,内部开挖土料相对湿润,扬尘量不大,开采时采取洒水措施后对濮范高速空气质量影响较小。另外,车辆运输

在村庄附近经过时应限速,并尽量密闭作业,减少粉尘对周围环境空气的影响。

6.3.2.3 工程沿线

工程沿线施工如引水河道、退水河道、引水闸、退水闸等土石方开挖,现场物料堆放及运输过程中均会产生扬尘、燃油废气。该工程沿线影响源主要归为两类:土石方开挖和车辆运输物料,对周围的影响呈线形、带状近距离污染特征。工程沿线植被覆盖率高,土壤除表层土干燥外,开挖料有一定的湿润度。根据水利水电工程类比调查,土壤较为湿润时,开挖的扬尘量约为开挖量的0.1%,影响范围主要集中在施工场地70 m内。

工程施工车辆的扬尘产生量及扬尘污染程度与车辆运输方式、路面状况、天气条件等因素关系密切。自卸式载重汽车在开采场转运弃土石的过程中会产生一定的扬尘,将对施工区域及沿途区域的环境空气质量造成一定程度的影响,其产生量与路面种类、季节以及汽车运行速度等因素有关。根据类比调查研究结果,在正常风速等天气条件下,运输过程中扬尘浓度随距离增加迅速降低,至150 m处能符合环境空气质量标准二级标准,施工道路扬尘具有明显局部污染特征,工程施工运输车辆扬尘对周围环境不会造成太大的影响。

6.3.2.4 对敏感点影响

工程沿线附近居民点除张仪村和孟村外,其余村庄均位于工程沿线、主池区施工区两侧30 m及以外区域,扬尘、废气浓度有所降低,但对村庄居民在短时期内会产生一定的影响,建议施工时对施工场地及物料进行洒水,减少在村庄旁堆放物料,祁家庄村、许村旁设置临时围墙,减少在村庄旁堆放物料及施工人员入口。考虑沿线工程土石方开挖及混凝土拌和量较小,沿线工程施工不到1年,施工工期较短,采取措施后沿线工程建设施工期对周围环境及敏感点影响不大。

张仪村、孟村邻近临时弃土场扬尘对村庄产生一定的影响,建议在村前面设置墙,运输弃土车辆采用帐篷覆盖表土,避免散落引起扬尘,运输弃土车辆经常通过村附近道路,要注意及时洒水,减少扬尘。施工机械穿村行驶道路要加强洒水,减少扬尘对村民的影响。其他敏感点均位于施工区、渣场100 m以外,扬尘浓度有所减小,施工对其影响较小。

综上所述,施工期环境空气污染具有影响距离近、影响范围小的特点,影响时段仅限于施工期,随工程施工的结束而停止,不会产生累积的污染影响。考虑施工期仅有1年时间,采取一定措施后对区域环境空气质量总体影响不会很大,对敏感点、施工人员采取必要的防护措施后影响较小。

6.3.3 声环境

6.3.3.1 施工区噪声影响

因施工区环境噪声背景值不高,进行声能叠加后总声压级增加较小,因此评价仅对噪声源在不同距离处的噪声贡献值进行预测。

1.预测模式

采用噪声点源衰减模式进行预测,计算公式为

$$L_r = L_0 - 20\log(r/r_0)$$

式中 L_r——距噪声源距离为 r 处的声级值,dB(A);

L_0——距噪声源距离为 r_0 处的声级值,dB(A);

r——关心点距噪声源的距离,m;

r_0——距噪声源的距离,m,r_0 取 1 m。

2. 预测结果

噪声源在不同距离处的噪声贡献值预测结果见表 6-17。

表 6-17　噪声源在不同距离处的噪声贡献值　　　　　（单位:dB(A)）

噪声源强度	不同预测距离(m)处的噪声贡献值									
	10	15	25	40	70	125	150	200	400	500
80	60	56.5	52	48	43.1	38.1	36.5	34	28	26
85	65	61.5	57	53	48.1	43.1	41.5	39	33	31
90	70	66.5	62	58	53.1	48.1	46.5	44	38	36
95	75	71.5	67	63	58.1	53.1	51.5	49	43	41
100	80	76.5	72	68	63.1	58.1	56.5	54	48	46
105	85	61.5	77	73	68.1	63.1	61.5	59	53	51
噪声限值　昼间	70 ~ 75									
噪声限值　夜间	55									

3. 噪声影响分析

根据《建筑施工场界噪声限值》(GB 12523—90)的规定,按照该工程施工特点,在主要噪声源分析的基础上,确定昼间的噪声限值为 70 ~ 75 dB(A),夜间限值为 55 dB(A)。从表 6-17 可以看出,噪声源声级在 80 dB(A)以下时,昼间在 10 m 以外即可达到《建筑施工场界噪声限值》(GB 12523—90)规定的限值,夜间需要在 25 m 以外才能达标;当噪声源声级为 90 dB(A)时,昼间在 10 m 以外可达标,但夜间需要在 70 m 以外才能达标;当噪声源声级为 100 dB(A)时,昼间在 25 m 以外可达到《建筑施工场界噪声限值》(GB 12523—90)规定的限值,但夜间需要在 150 m 以外才能达标。根据主要施工机械噪声强度分析,可知白天施工人员在施工点 10 m 之内将受到明显影响,夜间施工区 150 m 范围内也会带来影响,建议合理安排施工时间,施工机械采用低噪声设备,夜间禁止施工。

考虑库区敏感点及沿线敏感点除张仪村、孟村外,其余村庄均在工程施工范围 40 m 以外区域,白天噪声源声级 90 dB(A)以下的机械运行对周围敏感点影响较小,敏感点声环境能够满足 2 类标准,仅噪声源声级在 100 dB(A)以上的机械运行时才会对周围敏感点产生一定影响,考虑到高噪声机械较少,作业时间有限,因此合理安排施工作业时间,高噪声机械尽量采取必要的降噪设备后对敏感点影响较小,由于主要是对施工现场工人产生影响,故建议加强施工人员自身防护,减免对施工人员的噪声影响。

6.3.3.2　施工营地噪声影响

根据相关资料,水库工程施工营地主要布设生活区、仓库、混凝土拌和系统,且作为部分生产设施、机械设备的停放场。

根据表 5-5,本工程施工营地中主要机械、设备、车辆的噪声源强度一般为 92~80 dB(A),依据噪声源随距离的衰减模式,计算施工营地中设施、设备等噪声源在不同距离处的贡献值,计算结果见表 6-18。

表 6-18　噪声源在不同距离处的噪声贡献值　　　　　（单位:dB(A)）

噪声源强度		不同预测距离(m)处的噪声贡献值						
		10	25	50	75	100	125	150
80		60	52	46	42.5	40	38.1	36.5
85		65	57	51	47.5	45	43.1	41.5
92		72	64	58	54.5	52	50.1	48.5
噪声限值	昼间	60						
	夜间	50						

依据《声环境质量标准》(GB 3096—2008)要求,施工营地附近村庄等敏感点执行 2 类标准,即昼间噪声限值为 60 dB(A),夜间噪声限值为 50 dB(A)。从表 6-18 可以看出,噪声源在 92 dB(A)时,昼间在 50 m 以外可达到《声环境质量标准》(GB 3096—2008)规定的要求,但夜间需要在 125 m 以外才能达到。

根据上述计算结果和距施工营地较近的村庄敏感点分布可知,张仪村、疙瘩庙村、祁家庄村距相应施工营地的距离分别为 50 m、50 m、100 m,昼间可以满足声环境 2 类要求,但夜间不能满足声环境 2 类要求。因此评价建议,调整 1#、3#、4# 施工营地布局,后撤至距村庄 125 m 外,减轻对敏感点的声环境影响。

6.3.3.3　车辆运输噪声影响

类比同类工程,施工期运输道路沿线噪声一般达到 70~90 dB(A),施工道路边界噪声级为 87.4 dB(A)。根据噪声衰减规律分析,距离施工车辆 15 m 以外区域能够达到《建筑施工场界噪声限值》(GB 12523—90)的要求,敏感点除张仪村、孟村外,其余村庄位于施工区、临时弃土场等区域外 30 m,声环境基本能够满足 2 类标准,交通运输车辆噪声对声环境敏感点影响较小。建议施工运输车辆经过敏感点及施工生活区附近道路时,禁止鸣笛,减速慢行,尽量减少车辆运输噪声对居民的影响。评价认为,在采取相应的噪声减免措施后,车辆运输噪声不会对道路周围敏感点及施工生活营地产生大的影响。

综上所述,工程施工噪声主要对现场施工人员产生较大影响,对周围敏感点产生一定的影响。考虑工程施工时间短,施工工区分散,因此工程施工不会对区域声环境产生大的影响。噪声主要对施工现场施工人员影响较大,建议采用符合国家有关规定标准的施工机械和运输车辆,注意加强施工机械和运输车辆的维护和保养,降低运行噪声;同时控制车流量和行车速度,施工运输车辆经过敏感点及施工生活区附近道路时,禁止鸣笛,减速慢行,尽量减少噪声对区域声环境的影响。综上考虑,评价认为施工噪声对周围声环境不会产生明显影响。

6.3.4 固体废弃物

6.3.4.1 生产固体废弃物

本工程生产固体废弃物主要为土方,共弃土 1 805.8 万 m^3(松方)。弃土对环境的影响主要表现在施工期,由于堆土占压地表对植被产生破坏,堆土高度对周围自然景观产生一定的影响。另外,若不采取措施,遇强降雨天气,雨水冲刷堆土易引起水土流失,大风扬沙天气易产生扬尘。施工时间相对较短,植被恢复期采取绿化、水保措施后能够恢复原有地貌,对环境影响较小。主体工程弃渣量相对较大,主要表现在施工期对环境产生的影响,弃土结束后恢复植被,同时建议临时弃土场堆高与周围景观协调一致,施工期、运行期和植被恢复期通过采取水保、大气污染防治等措施后,工程弃渣不会对周围环境造成较大影响。

6.3.4.2 生活垃圾

施工期内共产生生活垃圾约 557.4 t,每天产生量约 1.327 t。生活垃圾中的有机质等多种复杂成分如不及时清理,就会变质腐烂、发出恶臭,不仅污染空气,还容易招引和滋生苍蝇、繁殖老鼠,特别是在夏季高温和雨天污染更加突出。此外,垃圾中还可能含有各种疾病患者用过的废弃物,如果随意丢弃,垃圾中的病原微生物就会随着雨水淋洗污染水质,或者随着飘尘污染大气,造成疾病传染和流行,特别是肠道传染疾病。

为了预防生活垃圾对土壤、水环境、景观和人群健康的危害,应在施工生活区设置垃圾箱和生活污水一体化设备及环保厕所。禁止随意倾倒垃圾,对生活垃圾进行定点、集中收集,定期运至附近生活垃圾填埋场处置。通过严格施工管理和配置相应的生活垃圾清理、处理设施后,施工人员生活垃圾对周围环境的影响可以减少到最低,评价认为生活垃圾定期处理不会对周围环境产生较大危害。

6.3.4.3 拆迁建筑垃圾环境影响

本工程至少将产生 8.84 万 t 拆迁建筑垃圾,建筑垃圾若不经处理,被露天堆放或填埋,不仅耗用大量的征用土地费、垃圾清运费等建设经费,而且清运和堆放过程中的遗撒和粉尘、灰砂飞扬等问题又造成了严重的环境污染。直接填埋则需占用大量土地,破坏土壤结构,造成地表沉降。

目前,建筑垃圾的再生利用研究受到广泛关注,其应用也已有报道,除分拣重新利用外,评价建议建设单位将建筑材料送当地建筑垃圾堆放场处理,可有效减少建筑垃圾对环境造成的不利影响。

6.4 水土流失影响预测

6.4.1 水土流失防治责任范围

根据《濮阳市引黄灌溉调节水库工程水土保持方案》,工程建设项目的水土流失防治责任范围包括工程建设区和直接影响区两部分。项目区防治范围为 715.02 hm^2,其中项目建设区 693.78 hm^2,直接影响区 21.24 hm^2,详见表 6-19。

表 6-19　水土流失防治责任范围　　　　　　　　　（单位:hm²）

名称		建设区面积	直接影响区面积	小计	征地类型
主体工程防治区	水库库区防治区	445.31	8.72	454.03	农田、林地、河道
	引水、出水工程防治区	3.67	0.4	4.07	原渠道、农田
	管理局防治区	2	0.03	2.03	农田
临时弃土防治区		210.24	5.02	215.26	农田
临时堆料场防治区		3.36	0.3	3.66	农田
施工生产生活区		10	0.5	10.5	农田
施工道路防治区		19.2	6.27	25.47	农田、交通用地
合计		693.78	21.24	715.02	

项目建设区指项目区永久占用、临时占用、租用和管辖范围的土地,即项目征、占、用、管的土地。项目建设区面积共计约 693.78 hm²。

直接影响区指项目建设区以外由于工程建设行为而造成的水土流失和危害的直接产生影响的区域。依据本工程的实际情况,直接影响区包括以下内容:临时弃土场、道路周边可能影响的区域,水库边坡开挖影响的区域,共计 21.24 hm²。

6.4.2　水土流失防治责任分区

根据工程建设区的自然条件、地形地貌、工程建设时序、工程造成的水土流失特点及项目主体工程布局等,结合分区治理的规划原则,将工程的水土流失防治区分为主体工程防治区、临时弃土场防治区、临时堆料场防治区、施工生产生活区、施工道路防治区。不同水土流失防治区水土流失特点见表 6-20。

表 6-20　不同水土流失防治区水土流失特点

名称		水土流失特点
主体工程防治区	水库库区防治区	工程为平原库区,紧邻市区,水土流失主要是风蚀和面蚀
	管理局防治区	以"点"为表现形式,施工形式单一,水土流失主要为面蚀,伴有少量风蚀,由于工程范围大、工程量小,影响范围较小
	引水、出水工程防治区	工程建设以"线"为表现形式,水土流失表现为"带"状,水土流失主要为面蚀,形式单一,影响范围小
临时弃土场防治区		堆土过程和植物措施发挥作用前已发生水土流失,主要表现为水蚀、风蚀,工程范围小,影响小
临时堆料场防治区		临时堆料,造成地面植被破坏
施工生产生活区		临时建筑物或租用场地、民房,新建营区等临时征地破坏地面植被,多在施工准备期发生水土流失
施工道路防治区		工程建设以"线"为表现形式,水土流失表现为"带"状,工程为改造项目,水土流失主要为面蚀,形式单一,影响范围小

6.4.3 水土流失预测

在工程生产运行期,大部分生态功能逐步得到恢复和改善,项目区和周边新增及原有的水土流失得到基本治理和控制,各种形式的水土流失都将逐步减小直至达到新的稳定状态。根据项目区气候、降水、土壤等自然条件特点,结合实地调查,项目实施后第2年末植被(灌、草、乔)恢复可以达到充分发挥防治水土流失的功能。因此,确定该工程项目运营初期(植被恢复期)取运营期的前2年。

6.4.3.1 水土流失预测方法及内容

本次水土流失预测方法主要采取实地调查法、图面量测法和类比分析法。类比工程为德州至商丘公路河南濮阳段工程,从该工程调节水库周围通过。

本次预测的主要内容有:①扰动原地貌、破坏地表和植被面积预测;②损坏水土保持设施的数量预测;③弃土量预测;④水土流失量预测。

6.4.3.2 水土流失预测

1.扰动原地貌、破坏地表和植被面积预测

扰动土地是指开发建设项目在生产建设活动中形成的各类挖损、占压、堆弃用地,均以垂直投影面积计。水土流失扰动面积统计见表6-21。

表6-21　水土流失扰动面积统计　　　　　　　　　　　（单位:hm²）

预测单元		扰动原地貌面积							
		耕地	园地	林地	水域及水利设施	交通用地	居民点及工矿用地	其他	小计
主体工程防治区	水库库区防治区	327.84	4.4	15.03	1.3		28.33	1.67	378.57
	引水、出水工程防治区	0.67			3				3.67
	库岸管理范围防护区	59.14	1.0	2.5	0.3		3.2	0.6	66.74
	管理局防治区	2.0							2.0
临时弃土场防治区		189.33				5.47		15.44	210.24
临时堆料场防治区		3.36							3.36
施工生产生活区		6.67					3.33		10
施工道路防治区		8.99				10.21			19.2
合计		598	5.4	17.53	4.6	15.68	34.86	17.71	693.78

2.损坏水土保持设施的数量预测

在工程建设用地范围内,由于施工开挖或弃渣压埋都不同程度地对原地貌形态、地表岩石结构和地表植被造成破坏,在很大程度上降低或丧失了其原有的水土保持功能,加速了水土流失的发生发展,如林地和草地因林草被破坏削弱其挡拦作用等。对工程建设破坏的部分地表计入损坏水土保持设施面积。本项目建设损坏的水土保持设施主要为原地貌的林、园地,面积共计22.93 hm²,见表6-22。

表6-22 损坏水土保持设施及其数量统计

县区	损坏水土保持设施及其数量(hm²)		
	林地	园地	小计
主体工程防治区	17.53	5.4	22.93

3. 弃土量预测

本工程不产生弃渣,只有弃土。工程共开挖土方1 882.86万 m³,土方回填64.40万 m³,弃土共1 815.46万 m³。弃土沿河道两侧外进行堆高堆弃,主库区弃土沿库周外进行堆高堆弃,平均堆高约9 m,其余弃土运至库区北面及退水河道右侧集中堆放场,平均堆高约9 m,工程不设取土场。

工程弃土量为1 815.46万 m³。工程挖方成分利用工程回填利用,减少临时弃土场征地面积,工程设3处临时弃土场,弃土后期可以用于城市建设。临时弃土场弃土量见表6-23。

表6-23 临时弃土场弃土量预测结果

临时弃土场	堆土数量(万 m³)	堆土高度(m)	弃土面积(亩)	堆放形态
库周临时弃土场	695.18	9	1 340	临时弃土
临时弃土场1	890.33	9	1 448	临时弃土
临时弃土场2	229.95	9	364	临时弃土
合计	1 815.46		3 152	

4. 水土流失量预测

1) 预测成果

该工程水土流失背景值及扰动后侵蚀模数的预测,主要类比德州至商丘公路河南濮阳段工程数据,两个工程紧邻,地质地貌等自然条件一致,所以类比数据能够反映项目区的水土流失状况,可以作为项目水土流失预测数据。

新增地表水土流失量预测量的计算公式为:扰动地表面积×(扰动后的土壤侵蚀模数 - 土壤侵蚀模数背景值)×侵蚀时间。

通过预测确定:工程扰动原地貌、土地总面积为693.78 hm²,破坏水土保持设施面积总计22.93 hm²,项目区弃土总量1 815.46万 m³,项目建设期和运行初期预测新增水土流失量为26 603万 t,详细情况见表6-24~表6-26。

表 6-24　施工期可能造成土壤流失量计算结果

预测单元	侵蚀面积 （hm²/年）	预测时段（年）	背景流失量（t）	预测流失量（t）	新增流失量（t）
主体工程防治区	450.98		3 382	15 789	12 407
弃渣场防治区	210.24		1 577	11 902	10 325
临时堆料场防治区	3.36		16	222	206
施工生产生活区	10	1.5	75	300	225
施工道路防治区	19.2		144	624	480
合计	693.78		5 194	28 837	23 643

表 6-25　自然恢复期可能造成土壤流失量计算结果

预测单元	侵蚀面积 （hm²/年）	预测时段（年）	背景流失量（t）	预测流失量（t）	新增流失量（t）
主体工程防治区	450.98		699	928	229
弃渣场防治区	210.24		2 102	4 611	2 509
临时堆料场防治区	3.36		34	81	47
施工生产生活区	10	2	100	160	60
施工道路防治区	19.2		192	307	115
合计	693.78		3 127	6 087	2 960

表 6-26　土壤流失量预测结果汇总

预测单元	水土流失总量 （t）	背景流失量 （t）	新增水土流失量(t)			占新增 总量（%）
			施工期	自然恢复期	小计	
主体工程防治区	16 717	4 081	12 407	229	12 636	47.50
弃渣场防治区	16 513	3 679	10 325	2 509	12 834	48.24
临时堆料场防治区	303	50	206	47	253	0.95
施工生产生活区	460	175	225	60	285	1.07
施工道路防治区	931	336	480	115	595	2.24
合计	34 924	8 321	23 643	2 960	26 603	100

2）综合分析

（1）施工期和运行初期预测结果分析。

根据水土流失量预测结果,水土流失预测的两个阶段施工期和运行初期中,施工期造成的新增加水土流失量为 23 643 t,占本工程新增加水土流失总量的 88.87%。所以,工程施工期是水土流失严重阶段,也是水土保持防治的重点阶段。

（2）不同分区水土流失预测结果分析。

通过对不同工程部位水土流失预测结果分析确定,主体工程建设区和临时弃土场区水土流失最为严重,应作为水土保持防治重点区域进行重点防治。

(3)综合结论。

本工程新增水土流失总量为 26 603 万 t,其中工程建设期水土流失量为 23 643 万 t,占总流失量的 88.72%;植被恢复期水土流失量为 2 960 t,占总流失量的 11.13%。预测结果表明:建设期是水土流失防治的重点时段,施工建设必须与水土保持工程建设同步进行,并适当地采取一定的临时性防护措施,尤其是在工程建设过程中必须采取临时拦挡工程,对工程的开挖堆土重点防治。

6.5 其他环境影响

6.5.1 环境地质影响

6.5.1.1 渗漏

根据工程区地层岩性分析,库岸和地板岩性为沙壤土、中粉质壤土和粉砂、沙壤土、粉质黏土,是以砂性土为主的黏砂多层结构,具中等透水性,水库蓄水后存在水平方向和垂直方向的渗漏问题。经预测分析计算,不采取防渗措施情况下,调节水库正常蓄水位为51.50 m 时,水库渗漏量为 1 071 万 m^3/年,占库容的 66%,渗漏量较大,必须采取严格的防渗措施。沿调节水库岸边布设一道塑性混凝土防渗墙,将调节水库主库区包括其中,防渗墙总长度为 12.452 km,防渗墙底部深入第⑥层中粉质壤土层不少于 1 m,截断第③层、第⑤层主要渗漏通道。防渗墙最大深度为 31.18 m,最小深度为 18.84 m,平均深度为 25 m 左右,防渗墙顶部高程根据不同的位置采用不同的设计高程,或与自然护岸相连,或与人工护岸相连,或与铺盖相连。

库底防渗,在东、西两库的连接河道及库区部分采用 0.5 m 壤土铺盖防渗,引水、出水河道采用 GCL 膨润土防水毯进行防渗。

采取以上防渗处理措施后,能够有效地防止水库渗漏问题。

6.5.1.2 浸没

调节水库库区周围地面高程为 51.0~52.5 m,地下水位埋深为 21.5~23.0 m。调节水库蓄水后,正常运用水位为 51.50 m,

正常运行水位下,由于防渗墙的作用和地下水位较深,影响半径为 2 000 m,2 000 m 局部区域地下水位壅高 1~7 m,可能使两库之间库周 200 m 内局部地区受浸没影响。该地区沙壤土、壤土的毛细水上升高度为 2.0~2.5 m,浸没的临界地下水位埋深为 2.5~3.0 m,砂的毛细上升高度为 1.5 m,浸没的临界地下水埋深为 2 m。结合水库工程整体规划方案,库岸周边将抬高到 53.0 m,将不存在浸没影响。

6.5.2 土壤环境影响预测

6.5.2.1 水库周围地区土壤环境影响预测

项目实施后,水库通过底层垂直渗漏和侧向水平渗漏,可能会引起周围地下水位的上升,而地下水位的上升可能会引起浸没及次生盐碱化等问题,因此有必要对项目区内土壤盐碱化趋势进行预测分析。

项目区内浅层地下水的含水层岩性为粉砂、细砂、中砂。因为第⑥层重粉质壤土局部缺失,故承压水隔水顶板局部存在天窗,使得上部浅层地下水和下部承压水联系紧密。

区内全年蒸发量为 979.9 mm,而区内多年平均降水量为 561.3 mm,蒸发强度为 0.129 7 m/年,多年平均风速为 2.8~3.4 m/s。成库前库区的农田未见盐碱化现象。另外,库区周围土壤受浸没影响很小,地下水上升的可能性较小。所以,水库周围地区土壤基本不会发生盐碱化。

水库地区用地性质主要由耕地转变为建设用地,水库周围地区大部分将成为城市区域,不再进行农业生产,因此水库产生的周边地下水抬升不会对农业生产构成影响。

6.5.2.2　灌区土壤环境影响预测

工程补水灌溉供水范围为渠村灌区顺城河以北的地区。由于灌区土壤物理性状良好,土壤含盐量较小,地下水埋深较深,且区内地下水为低矿化弱碱性水,评价认为在落实节水灌溉措施、加强排水设施建设后,灌溉用水对地下水位影响较小,灌区不会出现盐渍化现象。

6.5.3　文物影响分析

对于县级以上文物保护单位,原则是就地保护,基本建设不能侵入其保护范围。对于尚未公布为文物保护单位的文物点,在基本建设项目启动时要根据国家文物局《关于加强基本建设工程中考古工作的指导意见》进行逐步实施,以确保文化遗产安全。

张仪烈士墓处于调节水库西库区的北部边缘,经建设单位、文物部门和规划设计单位共同协商,同意该处留出一个半岛,以对该墓群进行保护。

评价建议按照《中华人民共和国文物法》相关要求,在工程开工前开展相关调查工作,在工程施工过程中,若发现文物古迹,及时上报文物保护主管单位,并根据文物保护主管单位要求开展施工活动。

6.5.4　局地气候影响

水系对局地气候的影响主要是由水体表面和环境空气的相互作用造成的,其物理过程包括水面向空气的感热和潜热输送,水面相对于地表粗糙度小,从而减小下垫面对空气运动的摩擦耗散等,相对于大范围的水面而言,河流表面和空气的相互作用所产生的影响是可以忽略不计的,水系的气象洗刷效应主要是由大范围水体造成的。因此,调节水库建成后,局部小气候条件如温度、湿度、风速等会有一定程度的改变,同时对人体舒适度指数也会有一定的影响。

6.5.4.1　温度

调节水库水体对环境温度的影响表现为降温作用,并且降温范围主要集中在库区和水库周围,夏季降温作用的程度和范围都是最大的,春季次之,秋季再次之,冬季最小。水库周围平均温度降低 0.25 ℃的区域范围基本上距水库岸边不超过 0.5 km,且往南(城区)影响范围稍远,超过此距离,水库对温度的影响已不明显。

6.5.4.2 湿度

类比同类水库对库周湿度的影响,除冬季外其他三个季节水体的存在都将造成空气湿度的增加,其中以春季增加最明显,秋季次之,夏季再次之,而影响范围则是春、秋季较大,并且湿度增加的程度相对于水库水体而言基本上是对称的。

6.5.4.3 舒适度

调节水库建成后,库区以外舒适度级别都没有明显改变,最明显的改变是夏季库区舒适度较好,感觉舒服。因此,从水库水体对人体的舒适度影响来看,濮阳城市北部沿库环境要较建库前更适合居住。

6.5.5 社会经济影响

6.5.5.1 施工期

施工期高峰需人员5 000人,需求劳动力人数多,能够吸引区域剩余劳动力投工,促进就业。机械设备的维修服务将带动当地相关维修行业,施工人员的生活需求将带动区域服务业的发展。此外,工程建设需要大量的水泥、钢材、木材等建筑材料,将促进当地相关行业的发展。由于施工区大量工程的、生活的消费需求增长,将促进当地工业、农业、交通运输业、餐饮业、综合服务业等的发展,工程建设期可极大地拉动内需,有利于增加当地就业机会,提高居民收入水平,对当地产业结构调整、地方国民经济发展有较大的推动作用。

6.5.5.2 运行期

1. 对下游农田灌溉的影响

下游农田灌区面积为89万亩,由于现状灌溉水源无法保障,导致粮食产量很低,灌区灌溉效益不能充分发挥。工程建设之后能够满足农田灌溉需水量,显著改善下游农业生产条件,恢复渠村灌区灌溉面积,改善灌区用水条件,促进灌区农业发展,保障粮食生产安全。

2. 对濮阳市建设生态城市的影响

本工程的实施将使第一濮清南干渠、第三濮清南干渠、马颊河、顺城河等水体水质基本达到目标,城市水环境质量得到全面改善,城市生态水系得以维持,创造良好的生态环境,有利于城市发展目标与城市生态水系目标的衔接,有利于实现"生态城市、共生城市"的融合,从而将濮阳市建成"水宁、水清、水活、水美"、河湖水景交相辉映、人水和谐的生态城市。

3. 对区域经济发展的影响

调节水库、河道及渠道工程建成后,形成重要的城市景观,能够改善濮阳市的自然景观,将给濮阳市乃至河南省创造一个良好的旅游、休闲场所,提高了城市品位,为濮阳市的发展起到了促进作用。

此外,区域开发以注重环境建设为特色,力图形成环境优美、基础设施齐全、支撑体系健全、生活设施配套的现代化工业区,能够优化城市产业结构,增加就业,同时带动区域房地产业的发展,对促进小康社会的建设具有积极意义。

4. 对区域居民环境的影响

水库建成后,将形成出行舒适方便、独特的水陆新城景观,可以极大地提高和改善濮阳人民的生活环境,改善区域小气候,整体提升调节水库周边地区的环境质量,具有可观的潜在经济效益。同时,调节水库的建设是整个濮阳市的亮点,生态系统工程的兴建将为濮阳市北部建设和发展提供良好的自然环境和生态环境。

5.对区域居民生活质量的影响

现状区域居民多以种地为主要经济来源,工程征地范围内农田、房屋等设施拆除将给予经济补偿。工程建设将改善周边环境,必将带动工程周边区域的开发,加速城市化进程,区域居民从房地产开发中得到相应的房屋补偿。同时,工程所在区域将成为濮阳市发展的重点区域,居民以种地为主转变为多渠道就业,增加经济来源方式,显著提高区域居民的生活质量,促进和谐社会建设。

6.5.6 移民安置影响分析

6.5.6.1 移民安置区生活环境现状

(1)人均耕地:库区主要位于高新区胡村乡范围内,胡村乡2009年年末人均耕地约为1.4亩。

(2)人均粮食:根据濮阳市统计年鉴资料,濮阳市前2007~2009年平均亩产量为:夏粮448 kg、秋粮423 kg。人均粮食:夏粮585 kg、秋粮550 kg。

(3)年纯收入:高新区农民2010年人均纯收入约4 400元。

(4)居住环境。

①交通:库区村庄现有对外交通条件较差,部分村庄对外主要交通道路甚至是泥土路,雨天泥泞,晴天尘土飞扬;好一点的村庄是4 m宽的水泥路面,错车较困难。

②村内街道:村内街道条件较差,几乎全部为土路,下雨时,街道泥泞,通行不便。

③庭院内:经济条件好的住户,院内地坪水泥硬化,附属设施整齐;经济条件差的住户,泥土地坪,附属设施杂乱,卫生条件很差。

6.5.6.2 对移民生活的影响

1.对移民居住环境的影响

移民搬迁安置主要采取在本组、本村、本乡内安置的方式,按照搬迁标准安置宅基地。新址地形应相对平缓。移民安置后,主要依托已有的基础设施和服务设施,易于解决供水、供电、交通、上学、就医等。分析认为,该移民安置规划实施后,移民新址位置距原址较近,移民搬迁后的居住环境条件应该保持原有水平或者有所提高。随着供水工程的运行、区域经济的发展,移民区的居住环境会进一步得到改善和提高。移民生活质量将保持原有水平或有所提高。

2.对移民生活质量的影响

按照移民安置规划,水库建成后可提高农业灌溉保证率,采取推广农业科技技术、优化种植结构、扩大高效经济作物种植比例、提高农产品商品率、发展以综合农业为主要途径的生产安置方式;采取调整种植结构,优先发展大棚蔬菜、林果、花卉等经济作物及小规模养殖,实现高投入高产出。安置规划的实施,可增加移民收入,使移民生活保持原有水平或有所提高,最终实现生产恢复和生活水平提高的安置目标。

6.5.6.3 对安置环境的影响

1.对土地资源的影响

水库工程区人均耕地约为1.4亩,人均耕地面积较小。本工程所占耕地为原有耕地数的15.67%,通过土地调整后,移民人均耕地不少于1.0亩,对工程区人均耕地面积影响较小。

2.对生态环境的影响

本工程移民数量不大,且移民安置主要采取在本组、本村、本乡安置的方式,迁移距离近、远离地表水体、影响范围较小,移民安置建设不会对陆生植物造成不利影响,也不会对陆生动物栖息地产生不利影响。

为了减少移民安置建设过程局部生态环境受到不利影响、生物量受到损失,评价建议在移民安置后应有计划地实施绿化种植,进行植被恢复,减少由于植被损坏可能导致的水土流失,营造良好的生态环境。

3.对水环境的影响

移民安置实施后,仍然生活在本组、本村、本乡内,且不改变本村的人口总量和生活方式,因此移民所在村的生活污水、生活垃圾的排放情况不会发生大的变化,对移民安置区的地表水、地下水环境的影响应该保持在搬迁前的水平,不会发生大的改变。

4.对人群健康的影响

移民安置需要破土建设新家园,会对土地产生扰动,需要从原址搬迁到新居,如果原住址存在某种传染性病菌,乔迁过程就是携带病菌转移的过程,原住址的病菌有可能随搬迁而转移、传播。本工程移民数量不大,且移民安置主要采取在本组、本村、本乡安置的措施,失地村民依然住在本村,搬迁安置范围不大,因此不会引发大范围的疫情传播,评价建议,移民安置实施过程中,如果发现移民中有某种传染性疾病发生,建设单位与地方政府卫生防疫部门应采取有效措施,防止传染性疾病的转移、传播。同时,应教育移民提高对疾病的防范意识,移风易俗,弃丢随地吐痰等陋习,不污染环境,不破坏生态,不危害野生动物,科学地喂养宠物,倡导科学、健康、环保的行为方式和消费方式。

6.5.7 人群健康影响分析

6.5.7.1 施工期影响分析

1.工程施工对致病因子的影响分析

1)传染源传播媒介密度升高

伴随着施工建设活动,当地原有的地貌及生态环境将发生改变,频繁的交通往来和施工团体人群的进入,将导致施工区生物种群的迁移、扩散,迫使鼠类迁徙,导致鼠间交往接触机会增多,强化了动物间流行程度,施工区及周边地带鼠的平均密度可能增高,有可能引起鼠疫局部暴发流行,威胁周围人群健康。

蚊类是疟疾、乙型脑炎的传播媒介。施工期废污水主要来源于混凝土拌和冲洗废水、养护废水、施工人员生活污水和施工导流及排水,若处理不当,将污染生活区周围环境,在降雨集中的汛期(7月、8月、9月),相对湿度较大,有污水的坑、塘、沟等处均适宜于蚊虫类的滋生和繁殖。如果蚊虫大量滋生繁殖,疟疾、乙型脑炎等疾病发病率将上升,影响当地人群健康。

2）水源污染

施工期的生产和生活废水、生活垃圾和粪便等，如果不采取有效的处理措施，将可能以地表径流或者土壤渗漏的方式，污染附近的地表水体及地下水环境，使病原微生物进入水源，水源受到污染后，必然导致介水性传染病细菌性痢疾、病毒性肝炎等传染性疾病的流行，对当地人群健康产生不利影响。

3）易感人群增加

有些传染病的流行具有一定的地方因素，某些疾病常流行于某一地区。施工期，外来人员大量迁入，包括来自非疫区的大量易感人群，他们对鼠疫、疟疾、流行性乙型脑炎、痢疾、肝炎的免疫力低下，如不重视这些疾病的防治，极有可能造成暴发流行。另外，外来人员的增多也增加可传播某些外来疾病的潜在危机，本地人员对这些疾病的免疫力低下，同样构成易感人群而受到外来疾病的影响。

2．施工期疾病种类分析

根据人群健康现状调查结果，结合本工程建设的性质及施工方案特点，评价认为工程施工期间易引发的传染性疾病可能有鼠疫、疟疾、痢疾、肝炎等。

总之，工程建设施工期间外来施工人员及其他相关人员较多，因施工区人员相对集中，人口密度增大，生活设施均为临时设置，居住条件简陋，卫生条件比较差，加上劳动强度较大，施工人员的机体抵抗和免疫能力可能下降，鼠疫、疟疾、痢疾、肝炎等发生和相互感染的可能性也将增大，给施工人员和当地居民的健康造成不利影响，同时可能带来其他疫源性疾病。因此，施工期必须加强防疫和卫生管理，积极宣传卫生防疫常识，控制各类疾病发生。

6.5.7.2 运行期影响分析

水库工程运行后，对当地人群健康将产生以下影响：

（1）生活用水改善，有利于人群健康。

水库工程运行后，随着水库周围开发活动的继续，区域将逐步转变为城市结构，将会给当地农村居民生活饮用水提供良好的保障，结束当地居民长期饮用不符合《生活饮用水卫生标准》（GB 5749—2006）要求的水而患的地方性氟中毒等地方病，以及鼠疫、疟疾、痢疾、肝炎等各类传染性疾病的发生，从而改善人群的健康状况。

（2）水库建成后生态环境变好，有利于人群健康。

城市水环境质量得到全面改善，城市生态水系得以维持，创造良好的生态环境，有利于城市发展目标与城市生态水系目标的衔接，有利于实现"生态城市、共生城市"的融合，从而将濮阳市建成"水宁、水清、水活、水美"、河湖水景交相辉映、人水和谐的生态城市。良好的生态环境可以为人类提供好的生活环境，有利于受水区的人群健康。

第7章　重要敏感区环境影响分析

与本水库项目有关的重要生态环境敏感区包括 3 处:濮阳县黄河湿地省级自然保护区、沿西环线地下水饮用水源保护区和中原油田基地地下水饮用水源保护区。

7.1　工程与重要敏感区域的位置关系

渠村引黄闸以东下游 2.3 km 即为濮阳县黄河湿地省级自然保护区,自然保护区以黄河为界,主要区域位于黄河北岸以北和黄河大堤南侧以南区域。渠村引黄闸 2005 年改造,设计引水流量 100 m³/s,濮阳县黄河湿地省级自然保护区于 2007 年由河南省人民政府批复成立。调节水库南边界距黄河湿地自然保护区实验区北边界最近距离约为42 km。

工程距离较近的饮用水源保护区有工程南部 2.5 km 的沿西环线地下水饮用水源保护区(共 25 眼井)和工程东部 1.5 km 的中原油田基地地下水饮用水源保护区(共 84眼井)。

7.2　重要敏感区域环境现状

7.2.1　濮阳县黄河湿地省级自然保护区

濮阳县黄河湿地省级自然保护区地属黄河下游的上段,位于濮阳县南部黄滩区,涉及习城、郎中、渠村三个乡(镇),全长 12.5 km,总面积 3 300 hm²,其中核心区面积 1 300hm²,缓冲区面积 1 100 hm²,试验区面积 900 hm²。该段内物种繁多,生物类型多样,是黄河湿地中最具代表性的地段之一,是候鸟迁徙的重要停歇地、繁殖地和觅食地,具有重要的生态价值。

区内已知脊椎动物 208 种(鸟类 162 种、兽类 20 种、两栖类 9 种、爬行类 17 种)。其中,国家一级保护动物 8 种(大鸨、白尾海雕、金雕、白肩雕、玉带海雕、白鹤等),国家二级保护动物 30 种(大天鹅、小天鹅、黄嘴白鹭、乌雕鸮、灰鹤、白额雁、灰雁鸫等),属河南省重点保护的鸟类 23 种(灰雁、苍鹭等),列入中日候鸟保护协定的鸟类 18 种(中白鹭、豆雁、赤麻鸭等),列入中澳候鸟保护协定的 23 种(琵嘴鸭、白腰杓鹬、普通燕鸥等)。在已知的 50 种水禽中,豆雁、绿头鸭、斑嘴鸭、普通秋沙鸭分布广、数量大,都在 6 000 只左右。在该区越冬的大天鹅、白鹭、苍鹭数量亦不少,冬季仅一个集中群就有 200 只,至少有3 000 只分布在该区。

区内共有维管束植物 69 科 253 属 484 种及变种,约占河南省维管束植物总数的12.2%。其中,蕨类植物 3 科 3 属 7 种,裸子植物仅 1 科 1 属 1 种,被子植物 65 科 249 属

476 种及变种,占全省被子植物总科数的 40.9%、总属数的 23.9%、总种数的 13.0%。在 484 种维管束植物中,木本植物有 25 种,草本植物有 459 种,其中国家二级重点保护野生植物野大豆 1 种,另有黄河域特有的黄河虫实、荷花柳。

河流湿地包括河道、河心沙洲、芦苇沼泽、滩地、鱼塘、荷塘等湿地资源。

7.2.2 饮用水源保护区

根据河南省政府批复的《河南省城市集中式饮用水源保护区划》(豫政办[2007]125号),与项目较近的饮用水源保护区有沿西环线地下水饮用水源保护区(共 25 眼井)和中原油田基地地下水饮用水源保护区(共 84 眼井)。

沿西环线地下水饮用水源保护区(共 25 眼井):一级保护区为开采井外围 100 m 的区域。二级保护区为北至黄河路南沿,西至化工一路,南至国庆路,东以一级保护区边界往外延 400 m 的区域为二级保护区。准保护区为濮阳市区除一级保护区、二级保护区外的区域,主要为市区备用水源井,分布于市区内的厂矿企业,供水能力为 9 万 m³/d。

中原油田基地地下水饮用水源保护区(共 84 眼井):一级保护区为开采井外围 100 m 的区域。二级保护区为马颊河、五一路、长庆路、黄河路、京开道、濮水河、供应南路、老马颊河、江汉路东、老东环路、苏北路、老马颊河所围的区域;濮鹤高速公路以南,长安路以北,东西两侧一级保护区外延 400 m 的区域。准保护区为濮阳市区除一级保护区、二级保护区外的区域。供水单位为中原油田基地水厂,位于市区东部,主要供给油田基地生活和生产用水,供水能力为 3 万 m³/d,现状实际供水能力小于 1 万 m³/d。

7.3 对重要敏感区的影响

本工程不在上述敏感区范围内,施工活动对上述敏感区基本没有影响,本节分析工程运行对敏感区域的影响情况。

7.3.1 对濮阳县黄河湿地省级自然保护区环境影响分析

7.3.1.1 工程施工对湿地自然保护区的影响

本工程利用原有渠村引黄闸,不用新建,同时水库南边界与保护区实验区最北边界距离为 42 km,水库施工不会对湿地保护区产生影响。

7.3.1.2 水库引黄对湿地自然保护区的影响

1. 引水量对湿地的影响

根据《中华人民共和国取水许可证》取水(国黄)字[2005]第 5600 号规定,渠村灌区濮阳市引黄取水许可指标为 31 685 万 m³/年,其中灌溉引水指标为 28 000 万 m³/年,渠村灌区(包括本水库引水量)灌溉需引水量为 25 460 万 m³/年。水库工程不增加渠村引黄闸引水量。

根据《黄河水量调度条例》中的总则要求:实施黄河水量调度,应当首先满足城乡居民生活用水的需要,合理安排农业、工业、生态环境用水,防止黄河断流。黄河水量实行统一调度,总量控制,以供定需,分级管理,分级负责,并实施年度水量分配和干流水量调度预案制度。各引水口应定期上报引水方案,并根据上级下达的指标合理引水。黄河水量统一调度考虑各用水户的需求,经水量统一调度后,能够保证湿地自然保护区的用水需求,对濮阳县黄河湿地省级自然保护区无显著影响。当高村断面流量降至 120 m^3/s 的预警流量时,应关闭取水口停止取水,确保河流最低生态下泄流量。

2. 引水方式的变化对湿地的影响

水库引水时间主要为 5 月、7 月、8 月、10 月和 11 月。引水时间主要是非农灌时间和黄河丰水期。在正常的农灌时段内,农灌引水与湿地需水之间存在一定的争水问题。通过水库的引水调节,在一定程度上缓解了黄河补给与湿地需水矛盾。同时,因为本项目引水量有限,在丰水期或非农灌时段水库引水,对黄河的水文情势和流量影响很小,所以不会对湿地生态系统产生显著不利的影响。

因此,从引水量和饮水方式上考虑,本项目的实施不会对濮阳县黄河湿地省级自然保护区产生显著不利影响。

7.3.2 对饮用水源保护区的影响

水库附近的饮用水源保护区有中原油田基地地下水饮用水源保护区和沿西环线地下水饮用水源保护区。中原油田基地和沿西环线地下水饮用水源保护区的二级保护区边界距水库边界的最近距离分别为 1.5 km 和 2.5 km。水库范围不在中原油田基地和沿西环线地下水保护区的一、二级保护区范围内,但位于准保护区内。

根据《饮用水水源保护区污染防治管理规定》,准保护区内禁止建设城市垃圾、粪便和易溶、有毒有害废弃物的堆放站场,因特殊需要设立转运站的,必须经有关部门批准,并采取防渗漏措施;不得使用不符合《农田灌溉水质标准》(GB 5084—2005)的污水进行灌溉,合理使用化肥;保护水源林,禁止毁林开荒,禁止非更新砍伐水源林。调节水库工程不属于污染型项目,不属于《饮用水水源保护区污染防治管理规定》中的禁止建设内容,因此调节水库工程符合《饮用水水源保护区污染防治管理规定》中准保护区内的相关要求。

两个地下水饮用水源保护区井群深度在 120 m 左右,为承压水,承压水是充满两个隔水层之间的含水层中的地下水,承压水由于顶部有隔水层,它的补给区小于分布区,动态变化不大,不容易受污染;水源保护区主要由黄河侧渗补给,水库水来源于黄河水,水质有保障,同时水库位于水源保护区地下水流向下游,主要渗漏去向为浅层地下水,且侧渗量较小。因此,水库建设不会对上述地下水源保护区产生影响。

第8章　环境保护对策措施

8.1　生态保护及恢复措施

8.1.1　保护范围

保护范围为工程建设涉及的高新区胡村乡18个行政村,华龙区中原路街道办事处南里商村和孟轲乡北里商村,合计20个行政村。

8.1.2　保护目标

(1)维护区域景观异质性稳定、区域生物多样性及区域生态完整性的完整与稳定,减少因占地造成的生物量损失,避免生物多样性损失和减免生物多样性不利影响。

(2)预防和治理工程建设带来的植被破坏,避免工程建设对区域生态造成严重破坏,保证区域生态结构和功能不发生退化。

(3)注重生态恢复效果,用于生态恢复的植被必须符合生态安全要求,避免外来物种的侵害。

(4)保护土壤,施工期尽量减少对农田的占压,减少施工期农作物的损失。

8.1.3　工程征地植被保护措施

工程征地包括永久征地及临时征地,工程征地对生态环境的影响主要表现为征地范围内地表植被破坏。因此,工程应根据建筑物的布置、主体工程施工方法及施工区地形等情况,进行合理规划布置,尽可能地减少工程占压对植被的破坏。

8.1.3.1　临时征地植被保护措施

根据工程特点,本工程施工期临时征地包括临时弃土场征地、临时堆料场征地、施工生产生活区征地、施工道路和施工导流征地。

施工期临时征地主要造成区域地表扰动,地表植被破坏,减少区域地表植被生物量,加重施工现场水土流失。针对以上可能出现的不利生态环境影响,评价建议采取以下生态保护措施,详见表8-1。

根据工程施工特点,本工程弃渣主要为水库及引水渠、退水渠工程弃土方,根据工程设计,拟设置3处临时弃土场,均距施工现场很近。针对临时弃土场可能产生的生态影响,评价建议采取以下植被保护措施:

(1)在工程设计的临时弃土场基础上,合理规划临时弃土场,尽量减少临时弃土场征地,并尽量选择在地表植被覆盖率较低区域设置临时弃土场。

(2)施工前由建设单位指定专门人员记录临时弃土场植被生长情况,包括植被数量、类型及覆盖率数据,作为生态恢复的参考依据。

表 8-1　临时征地生态保护及恢复措施

工程	生态保护及恢复措施
临时生产场地	合理规划施工场地,尽量减少生产场地征地,并避免占用灌、乔木林地; 尽量选择地表植被稀疏区域设置生产场地,并保留 30 ~ 50 cm 表土层,在施工结束后进行表土覆盖,并落实植被恢复措施,植被应选择当地物种,并加强人工管理; 生产场地尽量避免水泥硬化,减少对征地区域土壤环境的破坏
办公生活区	尽量租用当地民房,减少临时生活区征地; 尽量与运行期管理人员办公区合建,减少重复征地; 尽量选择地表植被稀疏区域,并保留 30 ~ 50 cm 表土层,在施工结束后进行表土覆盖,并落实植被恢复措施,植被应选择当地物种,并加强人工管理
场内道路	合理规划场内道路交通,减少征地; 避免道路硬化,可以选择碎石路面,减轻对土壤的破坏; 道路布置尽量选择地表植被稀疏区域,并保留 30 ~ 50 cm 表土层,在施工结束后进行表土覆盖,并落实植被恢复措施,植被应选择当地物种,并加强人工管理

(3)弃土前应先剥离表面腐土,临时堆置防护。弃土弃渣场堆到设计高度后、坡面削坡放缓后植草,进行植被恢复,降低生物量损失,减轻水土流失。

(4)适合复耕的临时弃土场应在施工结束后交给当地群众落实复耕措施,增加耕地面积。

8.1.3.2　永久征地植被保护措施

永久征地范围包括调节水库库岸线范围内征地、进出水口建筑物征地和管理范围内征地、库岸管理范围内征地和水库管理局征地。

评价建议水库及引水渠和退水渠工程植被保护措施如下:

(1)施工前对施工区内植被进行调查,严格记录植被状况,施工完毕后进行绿化,尽可能使生物量损失降到最低。

(2)严格控制施工范围,尽量减小施工活动区域,对因施工而遭到破坏的植物,在施工完毕后应进行补偿。

(3)施工前保留 30 ~ 50 cm 表土层。

(4)加强对施工人员的教育,使他们认识到植被保护的重要性,减少施工以外的破坏。

8.1.4　景观保护措施

(1)工程弃土(渣)后,采用植被恢复措施,使它与周边环境协调。

(2)加强对管理人员和施工人员的教育,提高其环保意识。限制其活动范围,施工人员和机械不得在规定区域范围外随意活动和行驶;生活垃圾和建筑垃圾集中收集处理,不得随意抛撒。

(3)施工场地和营地设计应合理、有序,面积不应过大,减少景观影响范围。尽可能保持区域自然景观的天然性特点,少留人工斧凿的迹痕。已设置的要严格执行使用后的景观恢复措施。

8.2　施工期环境保护对策措施

8.2.1　水环境

本工程施工期产生的废水主要包括生产废水和施工人员生活污水。其中,生产废水主要包括混凝土拌和系统冲洗废水、混凝土养护废水、施工排水和车辆冲洗废水。

8.2.1.1　混凝土拌和系统冲洗废水及养护废水

1. 废水概况

混凝土拌和系统冲洗废水主要是混凝土拌和过程中对转筒和料罐的冲洗废水。本工程共布设 3 个施工区,主要分布于施工营地,拟在每个施工区布置混凝土拌和系统,分别配备 1 组 HZ50 拌和站和 1 台 0.4 m^3 搅拌机,施工期混凝土拌和系统废水排放量为 18 m^3/d。

混凝土养护废水主要是指混凝土构件的养护废水及现浇混凝土的养护废水,主要分布在引水河道工程、调节水库主库区工程和出水工程施工场地。施工期混凝土养护废水排放总量为 2.758 万 m^3。

混凝土拌和及养护废水具有 pH 值高、SS 高和间歇集中排放的特点。

2. 处理目标

处理后达到生产用水要求,进行循环利用,实现废水零排放。

3. 处理方案

考虑施工场地相对分散,混凝土拌和废水产生量小,因此建议各施工点修建临时集沟道,将混凝土拌和废水和混凝土养护废水统一收集,合并处理。

处理方案为在集沟道末端修建两组沉沙池交替使用,尺寸建议为长 × 宽 × 高 = 2.0 m × 3.0 m × 1.3 m(考虑安全超高 0.3 m)。养护废水及拌和冲洗废水集中收集后在沉淀池中静置沉淀 2 h 以上,根据废水处理效果,必要时投加絮凝剂,并根据混凝土拌和对水质 pH 值的要求,确定是否需要加酸以中和。处理后的废水循环用于混凝土养护和拌和,禁止排入地表水体。污泥可在两池间歇期自然干化后利用挖掘机外运至就近弃渣场。

8.2.1.2　车辆冲洗废水

1. 废水概况

工程区位于濮阳市市内,机械修配原则上在附近机械修配厂进行,仅车辆冲洗产生含油废水。每辆车冲洗废水产生量为 0.6 m^3,每天按 100 辆计算,产生含油废水约 60 m^3/d。污染因子主要为石油类,石油类污染物浓度一般为 40 mg/L。

2. 处理目标

含油废水产生量不大,经处理后回用于车辆清洗。

3. 处理方案

处理含油废水的常用方法有成套油水分离器法和隔油池法,评价根据本工程的废水特点,对以上两种处理方案进行比选,见表8-2。

表8-2　含油废水处理方案比选

方案	优点	缺点
成套油水分离器法	处理效果好,占地面积小,适用于含油量高的废水	设备投资大,修理保养费用和技术要求高
隔油池法	构造简单,造价低,管理方便,仅需定期清池	处理率较低,适用于含油量较低的废水

本工程不含机械修理冲洗水,只有车辆冲洗水,石油类含量较低,综合考虑方案优缺点,推荐间歇絮凝 – 隔油池处理方案,能够满足循环利用要求。

4. 工艺设计

含油废水先经过沉淀,可以去除SS,然后上清液进入隔油池进行隔油处理后回用,收集的废油按危险固体废弃物处置要求送危险废物处置中心处置。

本工程含油废水处理构筑物主要由集水沟、矩形沉淀池和隔油池组成。集水沟采用矩形断面,底面与两侧用浆砌石补砌,水泥砂浆抹面处理;集水沟的两侧上缘应该高于地面0.1 m,以防止其他物质进入含油废水处理设施。

出口修建2个矩形沉淀池和1个隔油池,沉淀池尺寸建议为:长×宽×高 = 4 m×4 m×3 m,隔油池尺寸为:长×宽×高 = 4 m×4 m×3 m。

5. 实施保障措施

应注意对沉淀池和隔油池及时清理,加强处理后水质的监测及监控,委托当地有资质的监测单位进行,监测处理后的水质满足《城市污水再生利用　城市杂用水水质》(GB/T 18920—2002)车辆冲洗水质标准要求后,回用于洗车。

6. 实施效果分析

含油废水污染物以石油类及SS为主,经过处理后水质预计污染物SS浓度≤5 mg/L、石油类浓度≤0.4 mg/L,基本可以满足车辆冲洗用水要求,收集的废油按危险固体废弃物处置要求送危险废物处置中心处置,实现零排放。

8.2.1.3　施工人员生活污水

1. 废水概况

生活污水来源于施工期施工人员生活排水,包括洗漱排水和餐饮排水。工程施工人员主要集中在引水河道工程、调节水库主库区工程和出水工程施工场地3个分区的施工营地。施工期生活污水排放量约为79.6 m³/d。

施工人员生活污水具有COD和BOD浓度大、SS高,含有悬浮性固体、溶解性无机物和有机物,以及细菌和病原体的特点。

2.处理措施

设计中在每个营区建一座一体化生活污水净化装置,经过硝化、杀菌处理后排入附近沟渠。评价认为,根据各施工营区人数,洗漱废水和餐饮废水可分别选择合适的中小型生活污水一体化设备进行处理,废水处理后回用于混凝土拌和系统,不外排。

建议在 3 个施工区域修建环保厕所 30 座,定期雇用濮阳市城肥队清理及运走粪便。

3.实施保障措施

定期雇用濮阳市肥队进行清理。

8.2.1.4 施工排水

1.废水概况

根据可行性研究报告,本项目引水河道工程施工存在不同程度的地下渗水,施工中须采取临时排水措施。

2.处理措施

由于排水为地下水,水质较好,可直接排入顺城河。应在引水河道施工区设置集水沟,使工程排水能够顺利排入顺城河,以避免重新渗入地下。

3.实施保障措施

经常检查集水沟流路畅通情况,保障流路通畅。

8.2.2 环境空气

8.2.2.1 保护目标

环境空气质量按照《环境空气质量标准》(GB 3095—1996)中的二级标准执行。

8.2.2.2 削减与控制措施

工程施工期对环境空气的污染主要来自库区、渠道开挖和道路运输扬尘及机动车辆、施工机械排放的尾气,污染物主要为扬尘、CO、SO_2、NO_x、C_nH_m 等。为控制大气污染,减轻施工期对环境空气的影响程度,根据环境影响评价结果,针对各种污染物排放特点及性质提出污染防治措施,详见表8-3。

表8-3 施工期环境空气保护措施一览

废气种类	主要内容
土方开挖及料场、临时弃土场扬尘	(1)土方开挖时应注意采取湿法作业,并避开大风天气,减轻对周围环境的影响; (2)临时弃土场和料场要有专人负责,在大风天气或空气干燥易产生扬尘的天气条件下,采用洒水措施,减少扬尘污染; (3)料场及临时弃土场堆放要严格按水保措施执行,减轻水土流失
交通运输粉尘	(1)对施工道路进行定期养护、维护、清扫,保持道路运行正常; (2)在无雨日,对于施工道路要有专门的洒水车定时洒水,一般每天可洒水3次; (3)运输易产生粉尘的建筑材料应加盖篷布,车辆不应装载过满; (4)运输车辆尽量避免穿村行驶,经过环境敏感点附近道路时减速慢行,设置减速牌,减少尾气及粉尘产生量

废气种类	主要内容
施工区燃油废气	(1)燃油机械使用优质燃料,严格禁止燃烧生活垃圾; (2)定期对燃油机械、尾气净化器、消烟除尘等设备进行检测与维护; (3)加强对施工机械管理,科学安排其运行时间,严格按照施工时间作业,不允许超时间和任意扩大施工路线; (4)生活营地要集中设置,避免分散,生活区内生活用能源尽量采用液化石油气和电能,禁止采用燃煤露天大灶,以减轻空气污染
粉料与混凝土系统粉尘	(1)混凝土系统要有专人负责,在大风天气或空气干燥易产生扬尘的天气条件下,采用定期洒水措施; (2)合理安排混凝土拌和点,尽量减少拌和点设置;加强施工人员身体保护,如发放口罩等; (3)水泥、石灰等容易产生粉尘的物料在临时存放时必须采取防风遮盖措施,可以采用帆布覆盖的方法减少粉尘的产生,临时堆放的土方要用挡板封闭,表面要经常洒水保持一定湿度;

此外,施工期间应加强对施工活动进行监理、监管,对环境空气质量进行定期监测,确保相关环境保护措施的落实

8.2.3 声环境

8.2.3.1 控制目标

声环境质量执行《声环境质量标准》(GB 3096—2008)中的 2 类标准。

8.2.3.2 削减与控制措施

工程施工期对声环境的污染主要是机械运行及运输车辆噪声,根据声环境影响评价结果,结合工程特点提出施工期声环境保护措施如下。

1.噪声源控制

(1)选用符合国家标准的施工机械和运输车辆,采用低噪声的施工机械和运输车辆。

(2)加强施工机械和运输车辆的维护及保养,保持机械润滑,降低运行噪声。

(3)振动大的机械设备配置减震机座等临时降噪设施,机械设备施工实际边界离敏感保护目标至少70 m以上。

2.施工人员劳动保护

在招标合同中明确施工人员有关噪声防护的劳动保护条款,给受噪声影响大的施工作业人员配发防噪声耳塞、耳罩或防噪声头盔等噪声防护用具。如对混凝土搅拌机操作人员、推土机驾驶人员等实行轮班制,并配发噪声防护用具。

3.敏感点防护

(1)对于受运输车辆流动声源影响的敏感点的防护,主要采取加强车辆的维护保养,尽可能减少它们产生的噪声。

(2)加强施工交通道路管理和养护工作,保持良好的路况。

（3）通往各施工点穿过村镇时,运输车辆要限速行驶,一般不超过15 km/h,并禁止使用喇叭。

（4）根据施工进度,合理安排运输时间,尽量减少夜间运输车辆。

（5）合理安排施工时间,在22:00~06:00不得施工。

（6）调整1#、3#、4#施工营地布局,后撤至距村庄125 m外,减轻对敏感点的声环境影响。

8.2.4 固体废弃物

工程施工期固体废弃物主要为弃土、施工人员及附属人员生活垃圾、生产废料和建筑垃圾。根据环境影响评价结果,针对各种固体废弃物排放特点及性质提出污染防治措施,见表8-4。

表8-4 施工期固体废弃物污染防治措施一览

固体废弃物种类	主要内容
工程弃土	（1）合理安排施工过程,优化工序,减少施工过程中产生的弃土; （2）在大风、大雨天气里,对临时弃土进行覆盖防护,减少粉状、颗粒状固体的散逸; （3）由建设单位组织车辆,定期、及时地将施工过程中的生产弃土运往临时弃土场,并及时采取生态恢复措施; （4）在临时弃土场周围安装洒水管,经常洒水,避免产生大的扬尘,影响周围环境; （5）严格落实水土保持方案提出的各项水土保持措施
施工人员生活垃圾	（1）在施工营地、各施工点设置垃圾桶,委托当地环卫部门定期清运生活垃圾,对垃圾桶、垃圾集中存放处定期喷药消毒,防止苍蝇等害虫滋生; （2）施工结束后,及时拆除工棚,并用石碳酸和生石灰进行消毒
建筑垃圾	工程结束后,拆除施工区的临建设施,对混凝土拌和系统、施工机械停放场、块石备料场、综合仓库和办公生活区及时进行场地清理,清除建筑垃圾及各种杂物,做好施工迹地恢复工作
生产废料	各施工承包商应安排专人负责生产废料的收集,废铁、废钢筋、废木碎块等应堆放在特定的位置,严禁乱堆乱放;废料统一回收,集中处理

8.3 运行期环境保护对策措施

8.3.1 引水渠道沿线水污染防治措施保障

濮阳市引黄灌溉调节水库工程拟通过渠村引黄闸从黄河引水,引水后先进入第一濮清南干渠,然后经主要引水渠第三濮清南干渠,在第三濮清南干渠桩号55+500附近,通过进水闸、提水泵站,再经过新挖的 3.35 km 长的引水河道将水输送入水库。

8.3.1.1　保护目标

第三濮清南干渠是濮阳市的一条农灌渠,设计功能为引黄补源,保护目标为《地表水环境质量标准》(GB 3838—2002)中的Ⅳ类标准。

8.3.1.2　保证措施

(1)沉沙池建设隔离防护网。为避免引水渠道周边居民倾倒生活垃圾、排放生活污水、破坏引水渠道,建议在引水渠道工程管理范围内,沉沙池两侧建设隔离防护网,并宣传教育当地居民保护引水渠。

(2)从现状监测看,引水水源黄河水质较好,挥发酚、COD、氨氮、高锰酸盐指数三日均能满足Ⅲ类水质目标要求。主要引水渠第三濮清南干渠桩号 55+500 上游 100 m 处水质较差,COD、氨氮、高锰酸盐指数三日均不能满足Ⅳ类水质目标要求,COD 和氨氮也不能满足《农田灌溉水质标准》(GB 5084—2005)中旱作类要求。濮阳市计划在西部工业区东北部建设濮阳市第二污水处理厂,预计 2012 年上半年能建成投产,可收纳排入第三濮清南干渠的全部生产废水和生活污水,废水经进一步处理后改排至马颊河。第三濮清南干渠将不再有废水排放口。

8.3.2　水库水质保护措施

水库运行期间,在局部河段、局部区域可能会产生水质恶化、富营养化等问题,评价建议采取以下措施:

(1)建立执法队伍,制定水库水质保护和库区管理的相关规定。成立一支专职的水政监察执法队伍,负责水库的水环境监管,以保证法律、法规和条例的贯彻实施。制定出台水库水质保护和库区管理的相关规定,建立有力的、长效的机制,使水库水质保护和库区管理工作做到有章可循,依法开展。

(2)加强宣传力度,对水库实行法制管理。加强对《中华人民共和国水法》、《中华人民共和国水土保持法》、《中华人民共和国环境保护法》、《中华人民共和国水污染防治法》、《水资源管理条例》等法律法规的宣传,以提高水库周边广大群众的法律意识,以法规的形式来规范人们的生产生活行为。

(3)做好引水渠道的截污和水库水体持续交换。加强水库运行水量调度管理,确保第三濮清南干渠每年提取黄河水进入水库,保障水库水体定期更换;做好引水渠道的截污工作,以保证入库水质状况良好。

(4)加强水库周边管理,杜绝废水及废弃物进入库区。在居民日常生活、旅游过程中,禁止各种污水及废弃物排入库区,禁止下水库游泳、洗衣服、冲凉等对水质有影响的人类活动。

(5)加强水库水质监测工作。加强水库水质监测,在中心库区 1#、2# 出水闸附近设置水质自动监测站,随时监控库区水质,并委托当地环保监测站定期在进口河道、库区中心及出口河道开展水质监测,确保水质满足地表水Ⅳ类标准要求,并形成报表制度,及时反馈信息,为保护水库水环境决策提供第一手资料。

(6)根据库区水质监测结果,对溶解氧低的区域随时进行曝气充氧;定期对库区底泥进行清淤处理;当发现藻类数量超标时,应考虑向水体投放硫酸铜、柠檬酸等化学药剂,或者采用人工打捞等措施,避免水体富营养化。

8.3.3 管理人员生活污水

8.3.3.1 污水概况

根据工程运行期管理,拟定运行期工程管理人员编制为 30 人,其中负责人 2 人,行政管理人员 3 人,技术、财务和水政监察 11 人,运行观测 11 人,其他辅助类岗位 3 人。在正常工作过程中,将产生一定量的生活污水。

8.3.3.2 处理目标

生活污水主要污染物为 BOD、COD 和氨氮,鉴于项目区距离濮阳市污水处理厂较近,评价建议运行期管理人员生活污水经化粪池处理后排入市政管网,进入濮阳市第二污水处理厂进一步处理后排入马颊河。

8.3.4 声环境

工程运行期对环境的影响主要是第三濮清南干渠引水泵站运行产生的噪声。设计拟选择 4 台 32ZLB - 125 型水泵,评价建议选用高性能、低噪声的设备,降低声源噪声;引水泵站所有设备全部安置在密闭的房间内,并采取减振、防震措施,安装消声装置。采取上述措施后,经预测,泵站附近住宅声环境噪声值均在《声环境质量标准》(GB 3096—2008)中的 2 类标准范围内,不会出现扰民现象。

8.3.5 运行期固体废弃物环境保护措施

(1)运行期产生的固体废弃物主要是管理人员生活垃圾,定期清运至市区垃圾中转站,与濮阳市生活垃圾统一处理。

(2)对垃圾桶、垃圾集中存放处定期喷洒灭害灵等药水,防止苍蝇等害虫滋生。

(3)运行期弃土利用时评价建议应根据弃土利用量,对临时弃土场分块开挖;对开挖面要及时洒水,避免二次扬尘。采用帐篷覆盖运土车辆表土,避免散落引起扬尘,运土车辆经常通过的道路,要注意及时洒水,减少扬尘量。

8.4 水土保持措施

8.4.1 水土流失防治责任范围

根据《开发建设项目水土保持技术规范》(GB 50433—2008)的规定,工程建设项目的水土流失防治责任范围包括工程建设区和直接影响区两部分。项目区防治范围为 715.02 hm²,其中项目建设区为 693.78 hm²,直接影响区为 21.24 hm²。

8.4.1.1 工程建设区

建设区指项目区永久征用、临时征用、租用和管辖范围的土地,即项目征、占、用、管的土地。项目建设区面积共计约 693.78 hm²。

8.4.1.2 直接影响区

直接影响区指项目建设区以外,由于工程建设行为而造成的水土流失和危害的直接产生影响的区域。依据本工程的实际情况,直接影响区包括临时弃土场、道路周边可能影响的区域,蓄水池边坡开挖影响的区域,共计 21.24 hm^2,详见表 6-19。

8.4.2 水土流失防治目标

项目区不属于国家和河南省水土流失重点预防区、重点监督区和重点治理区三区范围内,但项目区邻近濮阳城区,项目建设对当地经济开发区产生重大影响,根据《开发建设项目水土流失防治标准》(GB 50434—2008),经综合分析,确定项目区水土流失防治标准采用建设类项目二级防治标准,见表 8-5。

表 8-5　水土流失防治标准各项指标　　　　　　　　（%）

分类	二级标准标准值	
	施工期	试运行期
扰动土地整治率	★	95
水土流失总治理度	★	85
土壤流失控制比	1	1
拦渣率	95	95
林草植被恢复率	★	95
林草覆盖率	★	20

注:"★"表示指标值应根据批准的水土保持方案措施实施进度,通过动态监测获得,并作为竣工验收的依据之一。

8.4.3 水土流失防治分区

根据工程建设区的自然条件、地形地貌、工程建设时序、工程造成的水土流失特点及项目主体工程布局等,将工程的水土流失防治区分为主体工程防治区、临时弃土场防治区、临时堆料场防治区、施工生产生活区、施工道路防治区。各分区综合防治目标见表 8-6。

表 8-6　设计水平年各分区防治目标及项目区综合防治目标

项目分区		扰动土地整治率(%)	水土流失总治理度(%)	土壤流失控制比	拦渣率(%)	林草植被恢复率(%)	林草覆盖率(%)
主体工程防治区		95	90	1.0	—	95	15
临时弃土场防治区		95	85	1.0	—	95	80
临时堆料场防治区		95	85	1.0	—	95	80
施工生产生活防治区		95	85	1.0	95	95	0
施工道路防治区		95	85	1.0	95	95	80
综合	试运行期	95	87	1.0	95	95	30
	施工期			0.5	95		

8.4.4 分区防治措施

8.4.4.1 主体工程防治区

主体工程防治区包括引水、出水工程防治区,调节水库库岸线范围防治区,库岸管理范围防治区和管理局防治区。

引水工程防治范围自第三濮清南干渠桩号55＋500处设提水泵站和进水闸,从第三濮清南干渠引水后,通过3.35 km长的引水河道将水输送入水库;出水工程防治范围包括2个出水河道,1#出水河道水面宽度为60 m、长1 051 m;2#出水河道设在水库的东侧,长520 m,共设2座出水闸、1座节制闸。防治措施如下:施工过程中要求按照设计深度、坡比开挖,开挖坡面开口上面设挡埂和排水沟。挡水土埂高0.5 m、顶宽0.5 m、坡比为1:1.5,人工夯实,总长6.5 km;挡水土埂外设排水沟,排水沟连接濮清南干渠,排水沟采用梯形土沟,底宽0.5 m、沟深0.5 m、坡比为1:1.5;排水沟末端设沉沙池,其中进水工程、1#出水工程、2#出水工程各2个,沉沙池采用M7.5浆砌石砌筑,长3 m、宽1 m、深1.5 m。集中堆存腐殖土临时防护措施采用四周编织袋装土。装土编织袋规格为长0.5 m、宽0.4 m、高0.3 m,堆放两层,共需编织袋500 m。

调节水库库岸线防治区防治范围包括水域面积和岸坡占地面积,共占地378.57 hm²。施工临时防护措施施工作业面及时洒水,减少扬尘,开挖面成型后及时衬砌,减少裸露面放置时间。开挖坡面开口上面设挡埂和排水沟,减少降雨汇流对开挖面的冲刷,挡水土坎高0.5 m、顶宽0.5 m、坡比为1:1.5,人工夯实,挡水土坎围水库1周,总长29.6 km;挡水土埂外设排水沟,排水沟连接濮清南干渠、顺城河,排水沟采用梯形土沟,底宽0.5 m、沟深0.5 m、坡比为1:1.5;排水沟末端设沉沙池,共6个,沉沙池采用M7.5浆砌石砌筑,长3 m、宽1 m、深1.5 m。集中堆存腐殖土临时防护措施采用四周编织袋装土。装土编织袋规格为长0.5 m、宽0.4 m、高0.3 m,堆放二层,共需编织袋2 850 m。

库岸管理范围防治区、管理局防治区范围为水库库岸线以外30 m范围,面积为66.74 hm²。临时防护措施采用四周编织袋装土防护,上部撒草籽临时绿化。装土编织袋规格为长0.5 m、宽0.4 m、高0.3 m,堆放二层,共需编织袋2 000 m。施工过程中为减少水土流失,要求采取分段施工,完工后及时绿化。

8.4.4.2 临时弃土场防治区

库周弃渣场防治范围为水库周围30 m范围以外结合工程管理范围,设临时堆土区,平均堆高9.0 m,占地89.38 hm²。主体工程考虑腐殖土开挖回填和后期绿化等防护工程,水土保持设计考虑施工时的临时防护。由于工程距濮阳市较近,考虑临时植物措施,待弃土完毕后削坡,坡比要求不得陡于1:3,削坡后植草。腐殖土的临时防护措施已经在库岸管理范围防治区内考虑。植物措施:弃土弃渣场堆到设计高度且坡面削坡放缓后植草,草种选用三叶草,植草面积为66.74 hm²。

1#临时弃土场防治范围位于库区北面,现状多为一般农田,占地约96.58 hm²,平均堆高约9.0 m,为临时渣场,防护措施:后期可考虑城市建设需要,用于道路等建设,但考虑到城市建设速度和后期不确定因素,水土保持措施按照永久渣场考虑。弃渣场四侧设生态袋植草防护;弃土前先剥离表层腐土,临时堆置防护,腐殖土的临时防护措施主要是坡脚堆放编织袋。待弃土弃渣完毕后削坡,坡比要求不得陡于 1:3。工程措施:生态袋防护。在弃渣场四周设生态袋防护,渣场坡脚 2.0 m 范围内铺生态袋,长 5 600 m,面积为 11 200 m²。弃渣前先清除表层腐殖土,集中堆放,用于后期弃渣运完后的土地复耕。清除腐殖土厚 30 cm,共挖除表层土 28.97 万 m³。

植物措施:由于弃土堆放时间长,考虑弃土弃渣场堆到设计高度后,坡面削坡放缓后植草,草种选用三叶草,植草面积为 90.78 hm²,渣场四周种植攀爬植物,选用当地适生的爬山虎,间距 0.5 m;由于距离濮阳市较近,为防止风沙扬尘,集中堆放表层土植草绿化,草种选用狗牙根,植草面积为 5.8 hm²。腐殖土临时堆放防护:腐殖土临时堆放采用四周编织袋装土防护。装土编织袋规格长为 0.5 m、宽 0.4 m、高 0.3 m,堆放两层,腐殖土临时堆放共计 28.97 万 m³,占地面积为 5.8 hm²,共需编织袋 1 200 m。

2# 临时弃土场位于退水河道右侧,占地约 24.28 hm²,平均堆高约 9 m,防护措施:弃渣场四侧设生态袋植草防护;弃土前先剥离表层腐土,临时堆置防护,腐殖土的临时防护措施主要是坡脚堆放编织袋。待弃土弃渣完毕后削坡,坡比要求不得陡于 1:3。工程措施:生态袋防护。在弃渣场四周设生态袋防护,渣场坡脚 2.0 m 范围内铺生态袋,长 3 000 m,面积为 6 000 m²。弃渣前先清除表层腐殖土,集中堆放,用于后期弃渣运完后的土地复耕。清除腐殖土厚 30 cm,共挖除表层土 7.28 万 m³。

植物措施:由于弃土堆放时间长,考虑弃土弃渣场堆到设计高度且坡面削坡放缓后植草,草种选用三叶草,植草面积为 22.78 hm²;渣场四周种植攀爬植物,选用当地适生的爬山虎,间距 0.5 m;由于距离濮阳市较近,为防止风沙扬尘,集中堆放表层土植草绿化,草种选用狗牙根,植草面积为 1.5 hm²。腐殖土临时堆放防护:腐殖土临时堆放采用四周编织袋装土防护。装土编织袋规格为长 0.5 m,宽 0.4 m,高 0.3 m,堆放两层,腐殖土临时堆放共计 7.28 万 m³,占地面积为 1.5 hm²,共需编织袋 800 m。

8.4.4.3 临时堆料场防治区

水保方案考虑植物绿化措施和施工临时措施。

植物绿化措施:与周边环境一致,采用风景树绿化,树种采用合欢,要求 3 年生 1 等苗木,胸径不小于 6 cm,间、排距 3 m。为植物措施较早的起到防治水土流失作用,树木间距范围内植草,草种选用三叶草。

施工临时措施:施工临时堆料采用编织袋装土防护,编织袋装土防护规格为长 0.5 m、宽 0.4 m、高 0.3 m,堆放两层,施工临时堆料场防治措施见表 8-7。

表 8-7 施工临时堆料场防治措施统计

临时堆料场	堆料量 (m³)	堆料面积 (hm²)	编织袋防护 (m)	栽植合欢 (株)	植草面积 (hm²)
临时堆料场 1	32 727	0.95	790	650	0.95
临时堆料场 2	45 818	1.13	850	750	1.13
临时堆料场 3	52 362	1.27	900	810	1.27
合计	130 907	3.35	2 540	2 210	3.35

8.4.4.4　施工道路防治区

引水河道工程及出水工程场内设置右岸临时道路。主库区场内交通主要为环库区施工路,使外运物资入场及场内土料外运。采用场内二级道路标准,泥结碎石路面,路基宽8 m,路面宽7 m。

临时措施为一侧修建排水沟,排水沟末端修沉沙池。排水沟设计为土沟,横断面为梯形断面,纵坡一般为自然坡,设计底宽0.5 m、沟深0.5 m、边坡为1:1.5,长20.2 km;环库区、引水河道、出水河道施工道路各设2个沉沙池,沉沙池采用M7.5浆砌石砌筑,长3 m、宽1 m、深1.5 m。

8.4.4.5　施工生产生活区

引水河道工程和出水河道工程各设施工营地1个,主库区设施工营地4个,施工营地共计6个。

施工生产生活区水土流失主要发生在施工准备期场地平整阶段,要求在场地平整过程中做到挖填平衡,修排水、挡土设施后进行土方工程。施工生产生活区排水设施完善,所以施工生产生活区考虑临时措施和工程完工后覆腐殖土,平整,进行复耕。

每个施工营区排水沟出口处设1个沉沙池,沉沙池采用M7.5浆砌石砌筑,长3 m、宽1 m、深1.5 m。

8.5　人群健康保护措施

工程建设存在诱发传染病流行的影响因素,风险主要发生在施工期间的施工区。为保证施工期施工人员健康,应采取的人群健康保护措施如下:

(1)在临时生活区定期灭杀老鼠、蚊虫、苍蝇、螳螂等,以减少传染病的传染媒介。加强施工区饮用水水源、公共餐饮场所、垃圾堆放点、公共厕所等地的卫生管理,定期进行卫生检查。

(2)在施工人员进驻工地前,对施工人员进行全面的健康调查和疫情建档,健康人员才能进入施工区作业,外来施工人员还应监察来源地传染病等。

(3)根据疫情普查情况定期进行疫情抽样检疫,发现病情及时治疗。定期对施工人群采取预防性服药、疫苗接种等预防措施。

(4)各施工单位应明确卫生防疫责任人,按当地卫生部门制定的疫情管理制度及报送制度进行管理,并接受当地卫生部门的监督;设立疫情监控站,随时备用布鲁菌病、痢疾、肝炎等常见传染病的处理药品和器材,一旦发现疫情,立即对传染源采取治疗、隔离、观察等措施,对易感染人群采取预防措施,并及时上报卫生防疫主管部门。

(5)设立卫生室,配备一名具有相关专业知识的人员,并配备有关常用药品和应急物品;施工人员进入施工场地必须佩戴安全帽,进入施工场地后必须严格遵守施工管理要求;施工人员尤其是基坑开挖等扬尘较大区的施工人员,应佩戴口罩、风镜等,强噪声源设备的操作人员佩戴耳塞,加强身体防护。

(6)制定环境卫生、安全生产管理制度,疫情监控制度,以及各施工环节的安全生产操作程序,签订安全生产责任书,编制卫生防疫措施、疫情、安全事故应急措施。

（7）在食堂、宿舍等人员生活营区布设环境卫生展板，宣传环境卫生、卫生防疫的基本知识；每年至少开展一次关于环境卫生、卫生防疫基本知识的讲座；在施工区、生活营区布设安全生产宣传板，宣传各施工环节生产程序、安全生产制度、危害，以及安全事故的应急措施等。

（8）在工程管理范围内，以及工程管理、测量、观测等设施周围设立明显标志，避免破坏事故的发生。

（9）工程管理人员每年进行一次身体检查，经常性地进行安全教育宣传。

第9章 环境监测与管理

9.1 环境监测

9.1.1 监测目的

通过对工程影响范围内环境因子的监测,掌握各环境因子的变化情况,为及时发现环境问题、及时采取处理措施提供依据;验证环保措施的实施效果,根据监测结果及时调整环保措施,为工程建设环境保护、监督管理及工程竣工验收提供依据。

9.1.2 施工期环境监测

施工期环境监测包括水环境监测、环境空气监测、噪声监测、人群健康监测和生态环境监测。

9.1.2.1 水环境监测

施工期水环境监测包括水污染源监测和水环境质量监测。

1. 水污染源监测

施工期水污染源监测包括生产废水监测和生活污水监测。

1)生产废水监测

监测点位:引水工程区混凝土拌和及养护废水处理后排水、调蓄水库主库区混凝土拌和及养护废水处理后排水,各设置 1 个生产废水监测点,共 2 个生产废水监测点。

监测因子:根据混凝土拌和及养护废水、地下渗水的特点,选取 pH 值、SS 及流量为监测项目。

监测时间及频次:在施工高峰期监测 2 期,每期采样 2 次。

监测方法:依据为《地表水和污水监测技术规范》(HJ/T 91—2002)。

2)生活污水监测

监测点位:调蓄水库库区施工人员生活区生活污水处理后排水,设置 1 个生活污水监测点,共 1 个生活污水监测点。

监测因子:根据生活污水的特点,选取 COD、BOD、粪大肠菌群及流量为监测项目。

监测时间及频次:在施工高峰期监测 2 期,每期采样 2 次。

监测方法:依据为《地表水和污水监测技术规范》(HJ/T 91—2002)。

2. 水环境质量监测

监测点位:第一濮清南干渠至第三濮清南干渠分水口、引水河道引水口,各设置 1 个监测点,共 2 个监测点。

监测因子:pH 值、SS、溶解氧、COD、BOD、氨氮、总氮、总磷、石油类、水温和流量。

监测时间及频次:分枯水期、平水期 2 期,每期采样 2 次。

监测方法:水样采集按照《地表水和污水监测技术规范》(HJ/T 91—2002)的规定方法执行,样品分析按照《地表水环境质量标准》(GB 3838—2002)和《地表水和污水监测技术规范》(HJ/T 91—2002)的规定方法执行。

9.1.2.2　环境空气监测

主导风向:濮阳市冬季风向多偏北,夏季多吹偏南风,春秋两季风向多变,以偏北风居多。

监测点位:调蓄水库库区施工区设置 1 个监测点,共 1 个监测点。

监测因子:TSP、NO_2,同步实测气温、风速和风向。

监测时间及频次:施工高峰期监测 1 期,每期 7 d,每天 4 次。TSP 连续 24 h 采样,每天 1~2 个样品。

监测方法:依据为《环境监测技术规范》(大气部分)。

9.1.2.3　噪声监测

监测点位:引水河道施工区、调蓄水库库区施工区和出水河道施工区,各设置 1 个监测点,共 3 个监测点。

监测因子:昼间等效声级(L_d)、夜间等效声级(L_n)、最大 A 声级(L_{max})。

监测时间及频次:施工高峰期监测 1 期,每期 5 d,每天分白天时段和夜间时段。

监测方法:依据为《环境监测技术规范》(噪声部分)。

9.1.2.4　人群健康监测

监测范围:工程施工区和施工人员生活区。

监测项目:流行性传染病,如布鲁菌病、麻风、肝炎、痢疾、肺结核,以及其他感染性腹泻和流行性腮腺炎等。

监测时间及频次:施工高峰期监测 2 次。

监测方法:依据为《水利水电工程环境影响医学评价技术规范》(GB/T 16124—1995)。

9.1.2.5　生态环境监测

施工期生态环境监测是指陆生植物监测。

监测范围:工程施工区、施工人员生活区、施工道路、料场、渣场。

监测内容:植物区系、植被类型及分布。

监测时间及频次:每年监测 4 次。

监测方法:陆生植物采用实地调查法和定位监测法。

9.1.3　运行期环境监测

运行期环境监测包括水环境监测、噪声监测和生态环境监测。

9.1.3.1　水环境监测

运行期水环境监测是指水环境质量监测。

监测点位:选取进口河道入库前,调蓄水库西库区和调蓄水库东库区,出口河道 1,出口河道 2,各设置 1 个监测点,共 5 个监测点。

监测因子:pH 值、SS、溶解氧、COD、BOD、氨氮、总氮、总磷、石油类、水温和流量。

监测时间及频次:分枯水期、平水期 2 期,每期采样 2 次。

监测方法:水样采集按照《地表水和污水监测技术规范》(HJ/T 91—2002)的规定方法执行,样品分析按照《地表水环境质量标准》(GB 3838—2002)和《地表水和污水监测技术规范》(HJ/T 91—2002)的规定方法执行。

9.1.3.2　噪声监测

监测点位:引水河道泵站、调蓄水库西库区和调节水库东库区,各设置 1 个监测点,共 3 个监测点。

监测因子:昼间等效声级(L_d)、夜间等效声级(L_n)、最大 A 声级(L_{max})。

监测时间及频次:每年灌溉高峰期监测 3 期,每期 5 d,每天分白天时段和夜间时段。

监测方法:依据为《环境监测技术规范》(噪声部分)。

9.1.3.3　生态环境监测

运行期生态环境监测主要是陆生植物监测。

监测范围:工程管理区、料场、渣场。

监测内容:土地利用类型、结构、面积分布等,植物区系、植被类型及分布。

监测时间及频次:结合水土保持监测同步进行。

监测方法:土地利用采用实地调查法,陆生植物采用实地调查法和定位监测法。

9.1.4　水土保持环境监测

9.1.4.1　监测时段

工程监测时段分施工前、施工准备期至设计水平年两个时段。施工前为本底值监测,以便与项目施工、自然恢复监测结果进行对比分析;运行期监测一般为开始生产运行后 2~3 年或至方案服务期末。

9.1.4.2　监测点位

对工程施工期各监测项目采取定点监测的方法。对防治分区的水土流失量的监测采取每一场降雨后进行定点监测的方法,各监测点的布设详见表 9-1。

表 9-1　水土保持监测点的布设

监测区	监测点
主体工程区	调节水库开挖面 2 处,新开挖引水河道 1 处,水库连接河道 1 处,调节水库出口 1 处
施工生产生活区	施工营地、人工砂石料加工厂各 1 处
施工道路区	路基边坡 2 处
土料场区	料场边坡 1 处
堆弃渣场区	堆弃渣面、边坡,引水工程临时弃渣场、调节水库临时渣场各 3 处

9.1.4.3　监测内容

(1)水土流失影响监测。包括地形地貌、土壤性质、植被覆盖率和降水、风等因子。

(2)水土保持生态环境监测。如地形、地貌和水系变化情况,项目建设占地和扰动地表面积,挖填方数量和占地面积,弃土(石、渣)量、堆放形态和面积,临时堆土的数量、堆放时间、形态和占地面积,项目区林草覆盖率。

(3)水土流失动态监测。包括水土流失类型、面积、强度和流失量变化,对下游和周边地区造成的危害和趋势。

(4)水土保持成效监测。具体是各类水土保持措施的数量和质量,林草成活率、生长情况和保存率,工程措施的稳定性、完好程度和运行情况,各类措施的拦渣保土效果。

(5)防治目标监测。反映出扰动土地整治率、水土流失总治理度、土壤流失控制比、拦渣率、林草植被恢复系数、林草覆盖率六项指标。

9.1.4.4 监测频次

调查监测可根据监测内容和工程进度确定频次。《关于规范生产建设项目水土保持监测工作的意见》(水保[2009]187 号)规定:正在使用的取土(石)场、弃土(渣)量,正在实施的水土保持措施建设情况等,至少每10 d 监测记录1 次;扰动地表面积、水土保持工程措施拦挡效果等至少每月监测记录1 次;主体工程建设进度、水土流失影响因子、水土保持植物措施生长情况至少每3 个月监测记录1 次。遇暴雨大风情况应及时加测。水土流失灾害事件发生后1 周内完成监测。

水蚀的定位监测频次为雨季前、后各一次,雨季每月进行一次,遇日降水量大于50 mm 加测;风蚀定位监测为风季前、后各一次,风季每月进行一次,遇8 级大风加测,其他季节频次可适当减少。

9.1.4.5 监测方法

应采取调查监测与定位观测相结合的方法。线型工程以调查为主,辅以必要的定位观测;点型工程采用样地调查和地面定位观测相结合的方法进行监测。

1. 调查监测

调查监测包括普查、抽样调查、地块调查、访问调查和巡查等方法。监测内容包括地形、地貌,占地面积,扰动地表面积,挖方量、填方量、弃渣量及堆放形态,对项目及周边地区可能造成的水土流失危害,防治措施数量和质量,造林成活率、保存率、生长情况和覆盖率,工程措施的稳定性、完好程度和运行情况。

2. 定位观测

定位观测主要是测定土壤侵蚀强度和径流模数,计算水土流失量。

1)水蚀监测

水蚀监测常用的有以下四种方法:

(1)小区观测。除砾石堆积物外,适用于各种类型开发建设项目;应根据需要布设不同坡度和坡长的径流小区进行同步观测。

(2)控制站观测。适用于扰动破坏面积大、弃土弃渣集中在一定流域范围内的开发建设项目。

(3)简易观测场。适用于类型复杂和分散、暂不受干扰或干扰少的弃土弃渣流失的监测。

(4)简易坡面测量。适用于暂不被开挖的自然和堆积土坡面。

2)风蚀监测

采用降尘管(缸)观测扬尘,地面定位钎插、集沙仪观测风蚀。

各种定位观测要明确规格、监测方法,并绘制设计图。

9.1.5　拆迁安置区环境监测

拆迁安置区环境监测是指人群健康监测。为掌握移民安置区人体健康情况,减免工程建设及移民搬迁对人群健康可能造成的影响,对移民安置区进行人群健康监测。

监测点:对所有移民安置点各设置1个监测点。

监测项目:流行性传染病,如布鲁菌病、麻风、肝炎、痢疾、肺结核,以及其他感染性腹泻和流行性腮腺炎等。

监测时间及频次:每年监测2次。

监测方法:依据为《水利水电工程环境影响医学评价技术规范》(GB/T 16124—1995)。

9.2　环境管理

9.2.1　环境管理的目的

通过全面监督和检查环境保护措施的实施和效果,及时处理和解决临时出现的环境污染事件,使工程兴建对环境的不利影响得以减免,促进工程地区社会经济与生态环境相互协调良性发展。

9.2.2　环境管理的任务

环境管理是工程管理的组成部分,是工程环境保护工作有效实施的重要环节,应当贯穿项目建设的全过程。

9.2.2.1　筹建期

(1)确保环境影响报告书中提出的各项环保措施纳入工程最终设计文件。

(2)确保招标投标文件及合同文件中纳入环境保护条款。

(3)筹建环境管理机构,并对环境管理人员进行培训。

9.2.2.2　施工期

(1)制订工程建设环境保护工作实施计划,编制年度环境质量报告,并呈报上级主管部门。

(2)加强工程环境监测管理,审定监测计划,委托具有相应监测资质的专业部门实施环境监测计划。

(3)加强工程建设的环境监理,委托具有相应监理资质的单位进行施工期的环境监理。

(4)组织实施工程环境保护规划,并监督、检查环境保护措施的执行情况和环保经费的使用情况,保证各项工程施工活动能按环保"三同时"的原则执行。

(5)协调处理工程引起的环境污染事故、环境纠纷和文物保护等。

(6)加强环境保护的宣传教育和技术培训,提高施工人员的环境保护意识和参与意识,提高工程环境管理人员的技术水平。

(7)配合开展工程环境保护竣工验收,负责项目环境监理延续期的环境保护工作。

9.2.2.3 运行期

(1)加强工程运行环境管理,处理运行过程中出现的环境问题。

(2)通过对各项环境因子的监测,掌握其变化情况及影响范围,及时发现潜在的环境问题,提出治理对策措施并予以实施。

(3)加强运行期各种环境保护措施建设及环境监督管理。

(4)加强工程建成后部分临时弃土的监督与管理。

9.2.3 环境管理机构与职责

9.2.3.1 管理机构

濮阳市引黄灌溉调节水库为新建项目,在建设期间成立"濮阳市引黄灌溉调节水库建设管理局"作为建设项目法人,具体负责本工程的招标投标、工程建设和竣工验收工作,并严格依照有关规定和章程,对工程建设进行管理,建设期内管理模式采用项目法人负责制、招标投标制和建设监理制。

按照《河南省水利水电工程概预算定额及设计概(估)算编制规定》(豫水建[2006]52号)有关建设单位定员标准,该工程为中型水库,定员人数为10~35人,结合《水利工程管理单位定岗标准》,确定濮阳市引黄灌溉调节水库建设管理局定员人数为30人,除设正副局长及总工程师外,下设办公、计划合同、工程技术、质量安全、财务、移民迁安等科室。

工程建成后,建管处大部分人员和资产转移至濮阳市引黄灌溉调节水库管理局。

9.2.3.2 机构职责

1. 筹建期

(1)执行和宣传国家有关环境保护的方针、政策、法规、条例,结合本次工程特点及环境特征,制定和执行相关环境管理的规定。

(2)监督环境保护措施实施。

2. 施工期

(1)制订施工期环境保护计划,全面监督、管理施工期环境保护工作。

(2)负责制订施工期废水、废气、噪声、固体废弃物污染防治措施,并监督各项污染防治措施的落实情况。

(3)负责施工期生态环境保护措施的实施、监督与管理工作,确保各项措施落实。

(4)负责检查和监督施工期弃土堆放情况,对不合理堆放现象及时处理,尽量减少对土地的不利影响。

(5)负责检查和监督施工期水土保持方案落实情况,及时发现并处理问题。

(6)负责组织检查施工人员生活区防疫工作,定期负责施工人员体检工作。

3. 运行期

（1）负责制订运行期工程水质安全保护监测计划及措施，定期进行水质监测，确保水质安全。

（2）负责运行期生态恢复措施的制订及监督各项生态保护措施落实的情况，定期检查植被恢复情况，发现问题及时作出处理。

（3）负责制订运行期水土流失防治计划和措施，并监督各项水土流失防治措施的落实情况。

9.3　环境监理

9.3.1　监理目的

工程环境监理是工程监理的重要组成部分，应贯彻工程建设的全过程。工程环境监理工作的主要目的是全面落实环境影响报告书中提出的各项环保措施，及时处理和解决临时出现的环境污染事件，将工程施工和移民安置产生的不利影响降低到可接受的程度。

9.3.2　监理职责

监理工程师依据与业主签订的合同条款对工程施工活动中的环境保护工作进行监督管理，其主要职责为：

（1）贯彻国家和地方环境保护的有关法律、法规、政策和规章制度。

（2）监督承包商环境保护合同条款的执行情况，并负责解释环保条款，对重大环境问题提出处理意见和措施；对施工人员进行监督，防止施工人员对环境的污染和对植被、鱼类的破坏行为。

（3）负责检查施工期间各弃土场占压土地情况，监督和检查弃土场和料场各项环保措施的落实情况，减少对环境的破坏和降低水土流失率。

（4）参加承包商提出的技术方案和施工进度计划的审查会议，就环保问题提出改进意见。审查承包商提出的可能造成污染的施工材料、设备清单及它所列环保指标。

（5）对现场出现的环境问题及处理结果作出记录，每周向主管环境保护的部门提交报表，并根据积累的有关资料整理环境监理档案，每月提交一份环境监理评估报告。

（6）工程竣工投入运行前，根据环境保护措施，全面检查各施工单位负责的弃土场、施工营地等的处理、恢复情况。

（7）在日常工作中做好监理记录及监理报告，参与竣工验收。

9.3.3　监理工作制度

9.3.3.1　工作记录制度

环境监理工程师根据工作情况做出工作记录（监理日记），重点描述现场环境保护工作的巡视检查情况，指出存在的环境问题，问题发生的责任单位，分析产生问题的主要原因，提出处理意见及处理结果。

9.3.3.2 监理报告制度

监理工程师应组织编写环境监理工程师的月报、季度报告、半年报告、年度监理报告以及承包商的环境月报,报建设单位环境管理科室。

9.3.3.3 函信往来制度

监理工程师在现场检查过程中发现的环境问题,应下发问题通知单,通知承包商及时纠正或处理。监理工程师对承包商某些方面的规定或要求,一定要通过书面的形式通知对方。有时因情况紧急需口头通知,随后必须以书面形式予以确认。

9.3.3.4 环境例会制度

每月召开一次环保会议。在环境例会期间,承包商对本合同段本月的环境保护工作进行工作总结,监理工程师对该月各标段的环境保护工作进行全面评议,会后编写会议纪要并发给与会各方,并督促有关单位遵照执行。

重大环境污染及环境影响事故发生后,由环境总监理工程师组织环保事故的调查,会同建设单位、地方环境保护部门共同研究处理方案,下发给承包商实施。

9.3.4 监理内容

工程环境监理包括施工区环境监理和拆迁安置区环境监理。

9.3.4.1 施工区环境监理

施工区环境监理的范围为所有承包商的施工现场、工作场地、生活营地、弃土场、料场、施工道路等可能造成环境污染的区域。施工区环境监理的具体内容主要包括以下几个方面:

(1)生活供水。施工人员生活饮用水水质情况。

(2)生产废水处理。混凝土拌和及养护废水等处理情况。

(3)生活污水处理。施工人员生活区生活污水处理情况。

(4)固体废弃物处理。主要包括施工中产生的弃土、施工人员生活垃圾等的处理。

(5)大气污染防治。主要包括土方开挖、施工交通运输产生的扬尘及燃油机械产生的烟尘等。

(6)噪声控制。主要包括选用低噪弱振设备和工艺、禁止夜间施工、车辆限速和配备防噪耳塞等。

(7)健康与安全。包括医疗卫生、传染病防治、灭蚊蝇和灭鼠等。

(8)生态保护。主要包括调查土地利用情况、陆生植物保护等。

9.3.4.2 拆迁安置区环境监理

拆迁安置区环境监理的范围为所有移民安置区。移民安置区环境监理的具体内容主要包括以下两个方面:

(1)生活供水。移民生活饮用水水质情况。

(2)健康与安全。包括医疗卫生、传染病防治、灭蚊蝇和灭鼠等。

第 10 章 环境保护投资及环境影响经济损益分析

10.1 环境保护投资估算

10.1.1 编制原则

(1)"谁污染、谁负责、谁开发、谁保护"的原则。结合国家及地方现行的有关环境保护政策、法规和项目环境影响评价结论,确定工程环境保护的内容、责任单位、投资金额。

(2)"突出重点"的原则。对受项目影响较大、公众关注、保护等级较高的环境因子进行重点保护,在经费上予以优先考虑。

(3)"功能恢复"的原则。环境保护对策措施的投资规模以保护或恢复到工程建设前的生态与环境功能为基础,减免由工程造成的不利环境影响。

(4)"一次性补偿"的原则。对工程所造成的难以恢复、改建的环境影响对象和生态与环境损失,可采取替代补偿和生态恢复措施,或按有关补偿标准进行一次性补偿。

10.1.2 编制依据

(1)《水利水电工程环境保护概估算编制规程》(SL 359—2006)。

(2)《水利工程设计概(估)算编制规定》(水总[2002]116 号)。

(3)《水土保持工程概算定额》(水总[2003]67 号)。

(4)《建设工程监理与相关服务收费管理规定》(发改价格[2007]670 号)。

(5)《国家计委、环保总局发布环境影响咨询收费有关问题的通知》(计价格[2002]125 号)。

(6)《濮阳市引黄灌溉调节水库工程可行性研究报告》。

10.1.3 投资项目划分

根据《水利水电工程环境保护概估算编制规程》(SL 359—2006),结合工程的实际情况,本次环境保护工程项目共划分为四个部分,分别如下。

第一部分:环境监测措施。主要是指在施工期开展的环境监测,包括水质监测、空气质量监测、噪声监测、生态监测和卫生防疫监测。

第二部分:环境保护措施。主要是指为减免工程对环境不利影响和满足工程功能要求而兴建的环境保护措施,包括水质保护。

第三部分:环境保护独立费用。包括环境保护建设管理费、环境监理费和环保科研勘测设计咨询费。

第四部分:基本预备费。主要是指为解决环境保护设计变更增加的投资及解决意外环境事故而采取的措施所增加的工程项目和费用。

水土保持投资计入水土保持专项投资。

10.1.4 环境保护投资估算

10.1.4.1 环保投资

本环保投资预算包括水质保护、大气污染控制、噪声污染控制、固体废弃物处理、人群健康保护、环境管理、环境监理、环境监测、环保勘测设计费、基本预备费等。估算总投资623.5万元。

10.1.4.2 水土保持专项投资

濮阳市引黄灌溉调节水库工程水土保持新增投资1 121.71万元,其中工程措施投资377.93万元,植物措施投资313.59万元,临时工程投资118.37万元,独立费用231.03万元,基本预备费62.45万元,水土保持补偿费18.34万元。水土保持措施新增投资估算见表10-1。

表 10-1　水土保持措施新增投资估算　　　　　　　　　(单位:万元)

编号	项目名称	建安工程费	植物措施费		独立费用	合计
			栽(种)植费	苗木、草、种子费		
壹	第一部分　工程措施	377.93				377.93
一	弃渣场防治区	377.93				377.93
贰	第二部分　植物措施		156.27	157.32		313.59
一	植物措施		156.27	157.32		313.59
叁	第三部分　临时工程	118.37				118.37
一	临时防护工程	104.54				104.54
二	其他施工临时工程	13.83				13.83
肆	第四部分　独立费用				231.03	231.03
一	建设管理费				16.20	16.20
二	水土保持科研勘测设计费				106.86	106.86
1	水土保持方案编制费				60.00	60.00
2	水土保持勘测设计费				46.86	46.86
三	水土保持监测费				64.97	64.97
四	技术文件咨询费				3.00	3.00
五	水土保持设施竣工验收技术评估报告编制费				40.00	40.00
	小计	496.30	156.27	157.32	231.03	1 040.92
	预备费					62.45
	基本预备费					62.45
	水土保持补偿费					18.34
	静态投资					1 121.71
	总投资					1 121.71

10.2 环境影响经济损益分析

10.2.1 分析目的与遵循原则

10.2.1.1 分析目的

运用环境学和经济学原理,在考虑工程建设与区域生态建设和社会经济持续、稳定、协调发展的前提下,运用费用－效益分析法对工程的环境效益和损失进行全面的分析,对减免工程引起的不利影响所采取对策措施的投资进行综合经济评价,为工程论证提供科学依据。

10.2.1.2 遵循原则

参照国内外现有水利工程环境经济损益分析的成果,结合工程环境影响特点,确定主要遵循以下原则:

(1)直接影响原则。水利工程涉及范围广,建设周期长,受它影响的生态系统是一个复杂的大系统,系统内部环境因子之间的关系复杂,工程对生态与环境的影响往往出现一系列连锁反应,因此在进行工程的环境经济损益分析时,只考虑对生态环境或人类经济活动直接影响的结果。

(2)功能恢复原则。在分析工程可能产生的环境影响时,应突出预防、保护和挽救,以保持和恢复生态环境原有的功能,因此在环境经济损益分析中确定防护措施或补救措施的费用,作为反映工程影响效应大小的尺度,并规定这些防护、补救措施的投资规模,只以保持和恢复工程建设前的生态环境功能为限。

(3)一次性估价原则。由于工程造成的环境损失和产生的环境效益时间各异,这些损益之间没有可比性,因此在分析过程中,将按有关规定依适当的年限将工程的环境损失和环境效益分别折算为现值,作出一次性估价,以便进行分析计算。对无法估价的环境影响,不作定量经济分析,只作定性说明。

10.2.2 分析方法

10.2.2.1 总体思路

工程对渠村引黄灌区生态环境系统服务功能的影响是复杂的、多方面的,对其生态环境服务功能影响的最终结果表现为正面影响和负面影响,即正效益和负效益。本次环境经济损益评价是在对渠村引黄灌区生态环境系统服务功能进行分类的基础上,根据生态环境系统服务功能可能受到调蓄水库工程建设运行影响特征,分析引黄灌区生态服务功能的变化情况,然后选择生态系统服务功能价值核算的方法和参数,计算受影响的生态系统服务功能的价值变化量。在单项服务功能价值估算完成之后,对各单项指标进行加和汇总,最终得到第三濮清南干渠流域生态环境系统服务功能价值受到调节水库工程影响的总变化量。

10.2.2.2 生态系统服务功能的分类

根据提供生态服务的机制、类型和效用,将生态系统的服务功能分为提供产品、支持功能、调节功能和文化娱乐四类。

(1)提供产品:指生态系统直接提供的生产活动和为人类带来直接利益的产品或服务(包括食品、渔业产品、加工原料等),以及人类生活及生产用水、水力发电、灌溉、航运等。

(2)支持功能:指生态系统具有维护生物多样性、维持自然生态过程与生态环境条件的功能,如保持生物多样性、土壤保持、初级生产力和提供生境等。

(3)调节功能:指人类从生态系统过程的调节作用中获取的服务功能和利益,如水文调节、河流输送、侵蚀控制、水质净化、气候调节等。

10.2.2.3 评估方法

1. 提供产品功能类

提供产品功能类包括提供食品生产和灌溉。工程建设永久占用土地,将导致这些土地丧失提供食品的功能;工程运行后,将向渠村灌区顺城河以北灌区供水,有利于提高河南省粮食产量,切实保障国家粮食安全。

(1)提供食品生产:水电开发工程占用土地导致生态系统提供食品减少的价值,可以用单位土地面积的平均产值和占用的土地面积的乘积表示。

$$V_1 = P_s \cdot S$$

式中:V_1 为占用土地面积导致食品生产损失的价值,元/年;P_s 为单位面积的食品平均产值,元/(亩·年);S 为占用的土地面积,亩。

(2)灌溉:灌溉的效益可用保证灌溉的耕地产值的增值来表示。

$$V_2 = \alpha P_s \cdot S_r$$

式中:V_2 为灌溉的效益,元/年;P_s 为单位耕地的粮食平均产值,元/(hm²·年);S_r 为保证灌溉的耕地面积,hm²;α 为灌溉的效益分摊系数。

2. 支持功能类

支持功能类包括有机质生产和水土流失。工程运行后永久占用土地,部分居民需要搬迁,造成原有生境改变,陆生植被和陆生动物受到一定程度影响;同时,由于工程兴建,对工程建设区和直接影响区造成一定的水土流失,在采取必要的水土保持防治措施后,能够将水土流失减小到最低。

(1)有机质生产:生态系统的生物生产力是生态系统支持功能的表现特征。水电开发破坏河流生态系统的格局,结构的变化导致植被生产能力的改变。在初级生产力中,植物的根、茎不直接为人类提供粮食,但可以为生物质能提供能量来源。对这部分初级生产力生产有机质价值计算,采用秸秆发电所产生的经济效益进行估算。

$$V_3 = R_e M P_e$$

式中:V_3 为初级生产力生产有机质价值损失,元/年;R_e 为单位有机质的年发电量,kW·h/(t·年);M 为有机质的年损失量,t;P_e 为影子电价,元/(kW·h)。

(2)水土流失:将工程水土保持总投资作为恢复土壤保持服务功能价值的损失,按照工程折旧年限50年分摊到年,计算出V_4(V_4为水土流失的价值损失,元/年)。

3. 调节功能类

调节功能类是指气候调节。工程运行后,形成人工水库,形成气候舒适、独特的中原水陆新城景观,可以改善区域气候,整体提升调节水库主库区周边地区的环境质量。

气候调节:通过调查人们对环境的支付意愿,以及受益的人群数量来计算出气候调节的环境经济效益。

$$V_5 = PW_{tp}$$

式中:P为受益的人群数量,人;W_{tp}为人们对环境的支付意愿,元/(人·年)。

10.2.3 环境经济效益分析

10.2.3.1 提供产品功能类

1. 提供食品生产

引黄灌溉调蓄工程中永久占用土地7 048亩。根据工程建设征地区土地补偿计算成果,单位面积年平均产值取值如下:土地1 000元/(亩·年)。该项年经济效益损失共为704.8万元。

2. 灌溉

供水区主要为旱作物地区,种植以小麦、玉米、棉花为主。根据农业发展规划,本次工程补灌区作物种植比例为:小麦80%、玉米70%、棉花30%,复种指数为1.8。

灌溉增产量:灌区灌溉制度为小麦3次,棉花、玉米各2次,根据灌区调查资料灌比不灌增产量:小麦120 kg/亩、玉米140 kg/亩、棉花20 kg/亩。作物单价:小麦2.0元/kg、玉米1.9元/kg、棉花18元/kg。

工程任务为补水灌溉,经多年调蓄计算,多年平均灌溉面积为89万亩。灌溉效益计算采用《水利建筑项目经济评价规范》(SL 72—94)中的分摊系数法,按有无项目对比灌溉和农业技术措施可获得的总增产值乘以灌溉效益分摊系数,分摊系数采用0.7,水源系数采用0.7,补水灌溉分摊系数采用0.6,多年平均灌溉效益为12 722万元。

10.2.3.2 支持功能类

1. 有机质生产

影子电价P_e按0.30元/(kW·h)计;据相关资料,生物质能热电厂的秸秆发电量R_e为0.06 kW·h/(t·年);有机质年损失量为150万t;该项年效益损失为2.7万元。

2. 水土流失

水土保持工程总投资为1 121.71万元,工程折旧年限为50年,社会折现率采用8%,因此水土流失年效益损失为91.69万元。

10.2.3.3 调节功能类

调节功能类是指气候调节。工程运行后,受益人群数量为15万人,人们对环境的支付意愿为20元/(人·年),因此气候调节年效益为300万元。

以上各项参数取值具体见表10-2。

表 10-2 调蓄水库工程损益分析计算结果

类别		参数				效益(万元/年)	
						正效益	负效益
提供产品功能	提供食品生产	单位面积食品平均产值	1 000 元/(亩·年)				704.8
		引水工程、调蓄水库	7 048 亩				
	灌溉	多年平均补灌面积	89 万亩	补水灌溉系数	0.6	12 722	
支持功能	有机质生产	单位有机质的年发电量	kW·h/(t·年)	有机质的年损失量	150 万 t		2.7
		影子电价	元/(kW·h)				
	水土流失	水土保持总投资	万元	社会折现率	8%		89.74
		工程折旧年限	50 年				
调节功能	调节气候	受益人群数量	15 万人	人们对环境的支付意愿	20 元/(人·年)	300	
总计						13 022	797.24

10.2.4 损益分析

采用效益－费用法,通过对工程的环境影响经济损益情况进行计算可知,工程建设引起的环境影响经济效益为 13 022 万元/年,环境影响经济损失为 797.24 万元/年,效益/费用为 16.33/1,环境影响经济效益远大于环境影响经济损失。

从环境影响经济损益角度考虑,调节水库工程对环境的有利影响是主要的,不利影响较小,利远大于弊。环境经济损失较小,有些损失只是暂时的,且这些损失可以通过相应补偿和环保措施得以减免。

综上所述,从环境影响经济损益角度考虑,工程的生态环境效益显著,工程建设是可行的。

第 11 章　公众参与

本工程是以农业灌溉为主,兼顾城市生态用水的水利建设项目。项目的建设势必会给周围的生态和社会环境带来有利或不利的影响,从而直接或间接影响项目周围区域居民的生产、生活、居住环境。

为了解公众对项目建设及区域环境质量的看法和建议,充分发挥公众的监督作用,提高评价的有效性,根据《中华人民共和国环境影响评价法》和《环境影响评价公众参与暂行办法》(环发 2006[28 号])的有关要求,评价单位协助建设单位在一定范围内进行了公众参与调查。评价将调查结果和公众意见综合反映在环境评价报告书中,提醒建设单位和有关部门在工程规划设计、环保措施、项目施工和建成后运行管理以及相关决策时予以足够的重视,尽可能考虑与采纳公众的合理化建议,使工程施工期及运营期造成的不利环境影响得到有效监督和控制,从而最大限度地减少工程建设对周围环境和居民的不利影响,使工程建设更加完善,充分发挥本项目的综合长远效益。

11.1　公众参与的对象和方式

11.1.1　公众参与对象

公众参与调查以针对性和随机性相结合的方式进行,本着公开、公正、客观、真实的基本原则,选择本项目建设区的移民、工程影响区域居民、濮阳市政府官员、公务员、相关领域专家和相关管理部门的管理人员等作为调查对象。

11.1.2　公众参与方式

本项目公众调查采用问卷调查和现场走访相结合的形式,调查工程建设对区域公众和环境的影响。公众意见调查主要采用以下三种方式:

(1)管理部门参与。通过座谈会的形式,听取工程所在地区相关管理部门、主管单位、运营单位等对工程的态度以及对项目环境影响的意见和要求。

(2)现场问卷调查。针对项目区涉及的居民做到上门走访、详细调查,同时发放公众参与调查问卷,征询公众对该项目的看法、要求,并对调查结果调查整理分类统计,将有代表性的意见和建议,反馈给相关部门和建设单位,并在报告书中提出解决问题的建议。

(3)按照国家环保总局颁布的《环境影响评价公众参与暂行办法》中对信息公开的规定,进行环境影响项目公示,对公众进行调查、信息公开。

11.2 公众参与工作

11.2.1 第一次信息公开

根据《环境影响评价公众参与暂行办法》要求,本评价在2011年3月1～15日在工程区采用粘贴的方式进行了第一次公众参与公示,公示的主要内容包括濮阳市引黄灌溉调节水库工程名称、项目概要、环境影响评价的工作程序和主要工作内容、征求公众意见的主要事项、公众提出意见的主要方式、建设单位和环评单位机构名称和联系方式等。以提高公众对本工程建设的知情度,并及时公开客观接受公众反馈的意见。

11.2.2 第二次信息公开

评价在2011年4月20日至5月9日在工程区采用粘贴的方式进行了第二次公众参与公示,公示的主要内容包括建设项目情况概述、建设项目对环境可能造成影响的概述、预防或者减轻不良环境影响的对策和措施的要点、环境影响报告书提出的环境影响评价结论的要点、征求公众意见的范围和主要事项、公众查阅环境影响报告书简本的方式和期限,以及公众认为必要时向建设单位或者它委托的环境影响评价机构索取补充信息的方式和期限。

11.2.3 简本公示

在召开座谈会的同时,发放了环评报告书简本,存放于各单位,便于公众查阅和提出意见,报告书存放单位有濮阳市华龙区人民政府、濮阳市高新区管理委员会、胡村乡人民政府、濮阳市发展和改革委员会、濮阳市国土资源局、濮阳市规划局、濮阳市环境保护局、濮阳市水利局、濮阳市住房和城乡建设局、张仪村、孟村、涉及搬迁的专项设施单位和濮阳市人民政府。

11.2.4 座谈会

11.2.4.1 基本情况

濮阳市引黄灌溉调节水库工程环评公众参与座谈会于2011年5月16日下午在濮阳市水利局会议室召开,参加会议的有濮阳市林业局、濮阳市规划局、濮阳市国土资源局、濮阳市水利局、濮阳市发展和改革委员会、濮阳市环境保护局、濮阳市住房和城乡建设局、濮阳市卫生防疫站、濮阳市文物局、濮阳市高新区管理委员会、环境影响评价单位黄河水资源保护科学研究所、胡村乡人民政府、工程征地涉及搬迁改建的专项设施单位和厂址周边村庄的村民代表共52人。会议形成了会议纪要。

11.2.4.2 结论及分析

座谈会上,建设单位对项目概况作了详细介绍和说明,环评单位介绍了工程建设可能产生的环境影响,以及针对产生的环境影响采取的环保措施。各方代表对所关心的问题发表了意见和建议,与会人员就项目各自关心的问题进行了讨论。

通过座谈会上各方代表的意见可知,村民代表主要关心的是施工过程中对公众生产生活的影响、交通和扬尘的问题、晚上施工的安全,以及征地补偿标准的问题。

11.2.5 公众参与问卷调查

11.2.5.1 公众参与调查表的发放

评价单位协助建设单位于项目环境影响评价期间进行了公众参与调查。调查采用发放调查表的方式进行,调查对象主要是工程区周围村庄及政府部门的职工。收集不同年龄、不同文化程度、不同职业的公众对项目建设的意见,本次公众参与问卷共发放 400 份,回收问卷 374 份,回收率为 93.5%。公众参与调查问卷见表 11-1。

11.2.5.2 公众参与调查表统计结果分析

本次公众参与调查人群主要是项目所在区域以及周边的公众,包括张仪村、许村、孟村、北里商村等,以及市、区、乡等政府机关单位的公众。通过调查,被调查的工程影响区公众人群结构具有年龄较年轻、男性为主、文化程度较高的特点,具体公众人群结构基本情况见表 11-2,针对公众影响区域的社会情况,本次公众参与被访问者构成相对有一定的代表性,可较为客观地反映工程影响区公众对工程建设的态度和意见。

11.2.5.3 调查结果统计

根据公众意见调查结果分析,可以得出以下结论:

(1)调查结果显示,21.4% 的人对工程很熟悉,74.3% 的人对工程有所了解,4.3% 的人不知道该工程,因此可知工程的建设受广大群众的关注。

(2)被调查公众之中有 52.9% 的人认为工程对周围环境影响是有利的,21.2% 的人认为工程建设对环境无影响,14.7% 的人认为工程的建设对环境利弊共存,5.3% 的人认为工程建设对环境的影响说不清楚,4.8% 的人认为工程建设对环境的影响有待时间检验,说明公众对水利工程的环境影响不是很了解。

(3)27.3% 的人认为施工产生的废气,运输车辆扬尘对附近居民生产、生活产生不利影响,26.5% 的人认为工程对环境影响较大的是施工及运输对附近交通的不利影响,20.9% 的人认为施工产生的噪声对周围环境产生不利影响,14.2% 的人关注施工产生的废水对周围环境的不利影响,说明公众比较关心的问题是自身的生活质量。

(4)79.9% 的人认为工程的建设有利于提高个人和家庭的生活质量,16.6% 的人认为工程建设对生活无大的影响,3.5% 的人认为工程建设对生活造成很大不便。

(5)57.2% 的人能够接受移民生产安置,38.2% 的人认为移民安置可以改善现有生活状况,说明在涉及移民问题上公众较能接受。

(6)48.1% 的人能够接受耕地被占用,51.9% 的人接受经补偿后占用耕地,没有人不同意占用自家耕地,说明公众对耕地占用这样的敏感问题态度较为开明。

(7)62% 的人认为该项目兴建可以提升濮阳市城市品位,39.6% 的人认为可以增加旅游机会,说明大部分公众对该项目建设持积极态度。

(8)99.7% 的人认为有必要并且支持工程的建设,仅有 1 人反对工程建设,主要反对原因是征地补偿问题。

表 11-1　濮阳市引黄灌溉调节水库工程公众参与调查表

姓名		性别		年龄		民族		职业	
文化程度					联系电话				
住址或单位					身份证号				
工程概况				略去					
一、您对工程的了解程度?		□很熟悉				□了解			
		□不知道							
二、您认为工程的建设对周围环境会产生影响吗?		□有利影响较大				□不利影响较大			
		□利弊共存				□无大的影响			
		□有待时间检验				□说不清楚			
三、您认为工程的建设对环境产生哪些不利影响?		□施工活动、取料、弃渣占地造成水土流失和地表植被破坏				□施工产生的废气,运输车辆扬尘对附近居民生产、生活的不利影响			
		□施工产生的废水对周围环境的不利影响				□施工产生的噪声对附近居民生产、生活的不利影响			
		□施工及运输对附近交通的不利影响				□其他			
四、您认为工程对个人和家庭产生哪些影响?		□有助于提高生活质量				□对生活造成很大不便			
		□对生活没什么影响							
五、您对移民生产安置的看法		□可以接受生产安置				□无法恢复现有生活水平			
		□安置后能改善现有生活状况				□其他			
六、您认为工程建设对濮阳市的有益影响		□发展旅游				□增加就业机会			
		□提升濮阳市的城市品位				□其他			
七、工程若占用您家耕地或其他用地,您的态度是?		□同意占用				□不同意占用			
		□补偿后同意占用							
八、您对工程建设的态度?		□赞成				□反对			
九、您认为该工程应采取哪些环境保护措施?									
十、您对工程建设有哪些意见或建议?									

表 11-2　公众人群结构基本情况

项目	调查项目	调查人数(个)	比例(%)
性别分布	男	306	81.8
	女	68	18.2
年龄分布	30 岁以下	41	11
	30~50 岁	258	69
	50 岁以上	75	20
职业分布	农民	183	48.9
	国家干部及公务员	103	27.5
	工人	77	20.7
	其他	11	2.9
文化程度	初中以下	56	15
	中专及高中	192	51.3
	大专以上	126	33.7

(9)对公众在工程建设的意见和建议汇总如下:大部分公众对本工程建设比较关注,并且表示支持该项目建设,但希望在征地补偿问题上领导给予重视,提高补偿标准。

11.3　公众参与意见处理

11.3.1　公众参与调查表意见处理

从公众调查的意见归纳结果来看,99.7%的人支持本项目的建设,同时公众代表也对本工程建设提出了意见和建议。

评价单位对公众意见和建议大体分为以下几种处理途径:

(1)有关工程环境保护的内容尽可能在环境影响报告书中反映,并提出减免不利影响的对策措施。

(2)有关工程建设质量、工程进度方面的意见及建议通过有关途径反映给工程建设部门供其参考。

(3)有关移民安置方面的意见及建议通过有关途径反映给工程建设部门以及移民安置实施规划的编制部门,以便在移民安置的实施过程中采纳公众提出的合理建议。

对公众参与意见的处理主要有以下几点:

(1)施工过程产生的废水、废气、废渣以及噪声污染要采取妥善的措施,切实保证污染防治措施的有效实施,严格控制建设期间"三废"的排放。

(2)在施工区采取噪声污染防治措施,采取控制施工时间、设置隔声屏障,加强人员防护,降低噪声的危害程度。

（3）严格落实水土保持措施，避免造成新的水土流失。

（4）在施工场地周围设置宣传栏，对当地群众普遍关心的问题及其解决办法进行公示，及时收集施工过程中当地群众提出的意见和建议，做到与当地群众及时沟通。

（5）对反对人员，由建设单位濮阳市水利局进行回访，调查原因，进行当面解释，通过濮阳市水利局的工作，该同志表示同意和支持水库项目的建设。

11.3.2 公众参与座谈会意见处理

根据座谈会公众意见，处理建议如下：

（1）有关工程施工方面问题，通过濮阳市水利局反映给工程建设部门，让建设部门施工时严格遵守各项施工操作的规章制度，并做好环评报告上提出的各项环保措施的落实工作。

（2）对于村民主要关心的征地划片补偿标准不同和补偿标准低的问题，建设单位濮阳市水利局表示向上级反映，争取取得让大家满意的结果。

11.4 公众参与结论

通过两次信息公开、发放公众意见调查表、召开座谈会及现场走访等方式，充分了解了不同年龄、职业和文化程度的公众代表，以及相关的政府部门代表关心的问题和提出的意见及建议。就公众关心的问题进行咨询和现场解答，建设单位根据国家法律法规也给予了承诺，严格施工管理，降低环境不利影响。

从公众参与工作的反馈来看，项目区公众比较支持该项目的建设。可以暂时忍受施工期废水、废气、废渣产生的不利影响，他们对本项目建成后生活质量的提高、居住环境的改善持有肯定的态度，希望工程早日开工。

第 12 章　结论与建议

12.1　项目概况

12.1.1　工程概况

濮阳市引黄灌溉调节水库位于濮阳市北部,濮范高速以南 1.5 km 左右,在规划的卫都路附近,张仪村、许村以南,绿城路以北。工程建设任务以农业灌溉为主,兼顾城市生态用水。

工程规模为中型,工程等别为Ⅲ等。工程年引黄水量为 3 560 万 m³,调蓄水库引水时段为每年的 5 月、7 月、8 月、10 月、11 月,调蓄供水时段在 8 月和 11 月灌溉时段(工程调蓄灌区每年 3 月、4 月、6 月、8 月、11 月为农灌期),分两次反调节灌溉,以满足下游 89 万亩灌区的灌溉需求。

本项目水源工程主要利用现有的渠村引黄闸、第三濮清南干渠,可以满足本项目的需要。本工程自第三濮清南干渠桩号 55 +500 至调节水库的西库区,新建 3.35 km 的引水河道,设计流量为 25 m³/s。水库共设 2 条出水河道,1# 出水河道水设计流量为 14 m³/s,出水经顺城河后流入第三濮清南干渠;2# 出水河道设计流量为 10 m³/s,出水至马颊河。

调节水库水面面积为 3.2 km²,平均深度为 5.03 m 左右,正常蓄水位为 51.5 m,相应库容为 1 612 万 m³。

12.1.2　规划协调性分析

为了减少在城市和经济发展进程中给农业生产和粮食安全造成的不利影响,保障河南省粮食生产区规模和效益,针对濮阳市渠村灌区下游灌溉保证率低、引水能力与用水过程的不匹配、灌溉过程难以保障以及地下水资源缺乏的现状,濮阳市引黄灌溉调节水库工程主要是调节引黄水量为渠村灌区灌溉供水。综合分析,该工程符合《国家粮食战略工程河南核心区建设规划》有关规划措施的要求。

本项目已被列入全国中型水库建设规划,符合全国中型水库建设规划要求。本项目是《濮阳市水利发展"十二五"规划》中的重点项目,计划于 2011 年开工建设。项目的建设符合《濮阳市水利发展"十二五"规划》的要求。

本项目为濮阳市引黄灌溉调节水库,工程任务以保障农业灌溉为主,符合濮阳市城市总体规划中关于"加强基础设施建设,实施安全生活饮用水和引黄灌溉工程,解决缺水和高氟苦水盐碱区生产生活用水困难问题"的要求。

本项目占地 10 360 亩,主要占地类型为一般耕地,为 8 970 亩,不占用基本农田。濮阳市引黄调节水库工程建设项目用地预审报告已上报,2011 年 6 月 13 日河南省国土资源厅以豫国土资函[2011]291 号文同意水库工程用地预审。

12.1.3　工程建设方案环境合理性分析

调节水库选址为卫都路方案,该方案既能够保证水库功能的正常发挥,又能较好地与城市的发展和布局相结合,提高了濮阳市城市品位,同时节约利用土地资源,有效地保护了耕地,也没有重大的环境制约因素,方案较为合理。

调节水库采用"节制闸 + 进水闸 + 提水泵站"的进水方案,该方案运行费用小,管理方便,且不需对濮清南干渠进行加高及防渗等施工处理,工程量小,施工范围及环境影响范围小,从环境保护的角度考虑,较为合理可行。

12.2　主要环境作用因素及影响源

工程施工过程中产生的"三废一声"将对环境造成一定的影响。生态环境的影响主要为施工开挖和工程占地对地表植被的破坏影响;水环境的影响主要为混凝土拌和及养护废水、施工人员生活污水对当地水环境的影响;环境空气质量的影响主要为库区开挖,弃土,施工物料,车辆运输过程中产生的粉尘、扬尘,其次为机械尾气等;声环境的影响主要为施工机械作业对施工人员及声环境敏感点的影响。

工程运行期间的环境影响主要表现为生态环境影响、土壤环境影响、水环境影响和社会环境影响。其中,对生态环境的影响主要为工程实施对区域土地利用类型的影响;对土壤环境影响主要为地下水位抬升可能引起的浸没、土壤次生盐碱化;对水环境影响为工程运行后调节水库水质的保证、对下游水体水环境的影响,以及造成地下水位的抬升;对社会经济的影响主要为有效缓解灌区的缺水状况,有利于提高粮食产量和当地居民生活水平,保障国家粮食安全,以及调节水库水面的形成对濮阳市城市景观以及生态环境的影响。

12.3　结　论

12.3.1　环境现状评价结论

12.3.1.1　水环境

黄河渠村断面水质相对较好,挥发酚、pH 值、高锰酸盐指数、COD、NH_3—N 均能满足地表水Ⅲ类标准要求。由于受西工业区大量工业废水及生活污水排污影响,第三濮清南干渠本工程引水段水质污染严重,既不能满足地表水Ⅳ类标准要求,也不能满足农田灌溉水质标准要求。受工业废水及生活污水排污影响,顺城河和马颊河水质也不能满足地表水Ⅳ类标准要求,但可以满足农田灌溉水质标准要求。

12.3.1.2　环境空气

评价区域 NO_2 小时平均浓度和日均浓度均能满足《环境空气质量标准》(GB 3095—1996)中的二级标准要求,污染较轻。TSP 因子日均最高浓度均已超过环境质量标准上限,最大超标倍数为2.153。这是监测时间为春季,地表干旱,风沙大等造成的。

12.3.1.3 声环境

区域内昼间和夜间的环境噪声均符合《声环境质量标准》(GB 3096—2008)中2类区域标准,项目区域内声环境现状良好。

12.3.1.4 土壤环境质量

区域土壤的pH值大于7.5,呈碱性,符合标准,砷、铅、铜、锌、铬、镉等监测因子在4个测点均能满足《土壤环境质量标准》(GB 15618—1995)二级标准要求。评价认为该区域土壤质量状况良好。

12.3.1.5 生态环境

项目区土地总面积为8 880 hm²。土地利用类型主要有耕地、园地、林地、居民点及工矿用地、城镇、交通用地和水域7种。其中,耕地面积为4 135.1 hm²,占土地总面积的46.6%;园地面积为408.5 hm²,占土地总面积的4.6%;林地面积为129.6 hm²,占土地总面积的1.5%;居民点及工矿用地面积为3 642.8 hm²,占土地总面积的41.0%;交通用地面积为95 hm²,占土地总面积的1.1%;水域及水利设施占地面积为140.4 hm²,占土地总面积的1.6%。项目区主要有农田生态系统和城市生态系统,农田生态系统稍占优势,呈现出典型的城郊生态系统特征。

农作物群落以小麦、玉米等的生物量水平较高,而其他作物的水平相对较低。城镇区域已经构成城市生态系统,显示出城市生态系统的特征。人工建筑占据了大部分的土地,企业的生产者成为生态系统的主要生产者。自然植被现存量很少且分散,动物主要以小型啮齿类和家养动物为主。

景观结构中,农田生态系统所占比例最大,城镇村及工矿生态系统次之,相对其他生态单元,农田地生态系统的景观空间结构较为复杂,且相对完整;区域均匀度指数为59.48%,相对较高,破碎化指数为0.018,相对较低;评价区景观主要由农田生态系统所支配。该评价区景观异质性不高。

评价区内没有发现需要重点保护的珍稀、濒危植物;项目区动物资源相对简单,主要是一些人工饲养的畜禽,包括猪、牛、羊、鸡、鸭、鹅等,没有珍稀的或受特殊保护的动物。

黄河渠村河段水生植物资源主要有浮游植物和水生维管束植物。浮游植物生物量平均约为0.672 mg/L,主要种(属)为双胞藻、栅藻、绿梭藻、衣藻、球囊藻、空星藻、小球藻、四角藻、卵囊藻、十字藻、鼓藻、盘星藻等。浮游动物生物量平均约为0.682 mg/L,主要种(属)有钟形虫、变形虫、龟甲轮虫、臂尾轮虫等,僧帽溞、裸腹溞、秀体溞及剑水溞类等。本河段底栖动物生物量平均约为4.83 g/m²。鱼类资源:本区主要的鱼类资源有33种,其中尤以黄河鲤鱼、北方铜鱼最为著名。

本引黄灌溉调节工程项目涉及的自然水体主要为马颊河。因为第一濮清南干渠与马颊河相连,河中水生生物种类与黄河类似,主要有草鱼、黄河鲤鱼、鲫鱼、鲢鱼、鲶鱼等,由于水质较差,鱼类资源数量较少。

评价区没有发现国家级和省级重点保护水生生物。

12.3.1.6 水土流失

工程项目区地处黄河冲积平原,地貌以平原为主,地势平坦,气候温和,水土流失较轻。工程区主要为城郊农村地貌,土地利用主要为农田、村庄和城镇。植被覆盖稍差,主要为农作物。区域内土壤侵蚀类型主要是水力侵蚀,其中以面蚀、细沟侵蚀为主,水土流失面积占土地总面积的30%~50%。项目区水土流失已稳定,土壤侵蚀超过容许值。

12.3.2 环境影响预测评价结论

12.3.2.1 生态环境

1. 对土地利用的影响

项目实施后,水域及水利设施的面积增加较多,其余各土地利用类型都有所减少。项目区耕地和居民点及工矿用地占明显优势,水域水利设施所占面积次之,依次占水库区总面积的百分比为42.05%、40.67%和6.75%。水库建成后,耕地、园地、林地等各征地类型较现状分别减少了4.52%、0.06%、0.20%,土地利用结构不会发生较大变化。

2. 对生态系统的影响

工程永久征地引起的生物量损失为17 954.9 t/年,占评价区总生物量的9.6%;临时征地引起的生物量损失为8 560.9 t/年,占评价区生物量的4.6%。工程建设对生物量的影响不大,不会引起生态系统向生产力更低一级的自然系统衰退。

3. 对生态景观的影响

调节水库建成前是由农业生态系统和城市生态系统各占40%左右,其中农业生态系统稍占优势。农业生态系统是由村庄、菜地、农田、田间小路等组成的农业景观;城市生态系统主要由城镇、道路、企业、管线、人工绿化带或绿化区等组成。调节水库建成后,水库地区景观更加多样化,增加了湖体景观,景观更为丰富多样。

水库建成后,区域以河流、道路等地貌作物作为自然分割,并结合沿道路、河流两侧及水库周围的环湖绿化带,形成各功能区间的生态回廊。

4. 对动植物的影响

评价区没有珍稀植物种类,均为常见的植被,且在评价区广泛分布,工程建设虽然会对植被产生一定的破坏,但是不会造成物种的灭绝和丧失。工程施工期会造成一定数量植被的破坏,但对植物的多样性影响不大。

项目区无国家珍稀野生保护动物,工程建设期会对放养的家禽等动物产生干扰,但由于施工区域比较有限,该区域具有很大的生态相似性,工程建设期虽然对该区域的动物产生一定的干扰,但影响不大。

本项目不增加引水量,对黄河流量影响很小,工程建设后,流量变化很小,对黄河的水流速、水体特征、水深、水温等几乎没有影响,对鱼类生境无显著影响。

项目投入运行后,顺城河、第三濮清南干渠、马颊河三条河流水质较现状有所改善,可以在一定程度上改善水生生物生境,有利于保护水生生物。

工程实施后,库周的绿色带将为该区域及周边居住区提供一个良好的生态保护带,也会为鸟类及其他生物提供一个良好的生存环境。

12.3.2.2 水文、泥沙

1. 水文

本工程引水后,高村水文站断面年径流量较调水前逐月径流量减少比例范围为

0.01% ～0.052%,其中受调水影响相对最大的是 11 月。总体来看,由于工程引水,高村水文站断面各月流量减少比例在 0.052% 以内,工程引水对黄河高村河段水文情势影响甚微。

工程运行后,每年 8 月上旬和 11 中旬,水库调节对灌区补水,每次供水量为 1 413 万 m³,下游河道水量增加,增大流量为 1.635 m³/s,且沿顺城河分流进入第三濮清南干渠和马颊河,所以对此 3 条河流水文情势有一定影响,但不会影响河道行洪。此外,这几条河的功能为行洪排涝和灌溉,故水文情势变化基本不影响河流功能。

2. 泥沙

渠村引黄闸引水含沙量在 6 kg/m³ 左右,经沉沙池后出池含沙量在 3 kg/m³ 左右,经 50 多 km 的渠道运输沉降后,进库含沙量 < 1 kg/m³,满足进库含沙量要求,对调节水库影响较小。

12.3.2.3 运行期水环境影响

采用 Vollenweider 负荷模型计算得到,调蓄池的年平均 T_P 浓度为 0.022 mg/L,满足水库水质 Ⅱ 类标准。通过对湖泊水库富营养化的一般规律分析,并类比中国北方河流、黄河现有大型水库,评价认为,调蓄池来水水质有保证,工程引水路线沿线、调蓄池周围的工业废水和生活污水全部截留治污后,可保证调蓄池无污染水体注入,因此运行期调蓄池发生富营养化的可能性较小。

在引水线路全线截污、调蓄池周围废污水不进入池区的前提下,调蓄池水体可保证Ⅳ类水质目标。

12.3.2.4 施工期环境影响

1. 地表水环境

施工期生产废水主要为混凝土养护废水和冲洗废水,机械冲洗含油废水,处理达标后回用于施工生产。

施工期施工人员较多,生活污水排放量较大,在每个施工营地、施工区设环保厕所,污水处理后回用于施工过程,不会对工程附近地表水环境产生显著影响。

2. 环境空气

本工程施工期对环境空气质量的影响主要来自于土方开挖、回填及堆放、施工机械运行、车辆运输、混凝土拌和等,产生的主要污染物包括 TSP、NO₂、CO 等,其中 TSP 占主导地位,主要是对施工人员以及附近环境空气产生一定影响。建议施工现场及混凝土拌和系统均采取必要的降尘措施,最大限度地减少扬尘产生量及对周围大气环境的影响。评价认为,采取上述措施后施工对施工区周围环境空气质量影响不大。

3. 声环境

工程施工时间短,施工工区分散,因此工程施工不会对区域声环境产生大的影响。噪声主要对施工现场施工人员影响较大,建议采用符合国家有关规定标准的施工机械和运输车辆,注意加强施工机械和运输车辆的维护及保养,降低运行噪声;同时控制车流量和行车速度,施工运输车辆经过敏感点及施工生活区附近道路时,禁止鸣笛,减速慢行,尽量减少噪声对区域声环境的影响。1#、3#、4# 施工营地距村庄较近,最近处为 50 m,会对附近村庄产生一定的噪声影响,建议调整 1#、3#、4# 施工营地布局,后撤至距村庄 125 m 外,减轻对敏感点的声环境影响。综上考虑,评价认为施工噪声对周围声环境不会产生明显影响。

4.固体废弃物

工程对施工期生活垃圾进行定点、集中收集,定期运至附近生活垃圾中转站(清运站)和濮阳市生活垃圾统一处置。通过严格施工管理和配置相应的生活垃圾清理、处理设施后,施工人员生活垃圾对周围环境的影响可以减少到最低,评价认为生活垃圾定期处理不会对周围环境产生较大危害。

建筑垃圾除分拣重新利用外,送当地建筑垃圾堆放场处理,可有效减少建筑垃圾对环境造成的不利影响。

12.3.2.5 土壤

正常运行水位下由于防渗墙的作用和地下水位埋藏较深,浸没的临界地下水埋深为2 m。结合水库工程整体规划方案,库岸周边将抬高到53.0 m,将不存在浸没影响。

项目区内浅层地下水的含水层岩性为粉砂、细砂、中砂。因为第⑥层重粉质壤土局部缺失,故承压水隔水顶板局部存在天窗,使得上部浅层地下水和下部承压水联系紧密。成库前主库区的农田埂上未见盐碱化现象。另外,库区周围土壤受浸没影响很小,地下水位上升的可能性较小。所以,水库周围地区土壤基本不会发生盐碱化。

工程补水灌溉供水范围为渠村灌区顺城河以北的地区。由于灌区土壤物理性状良好,土壤含盐量较小,地下水埋深较大,且区内地下水为低矿化弱碱性水,评价认为在落实节水灌溉措施、加强排水设施建设后,灌溉用水对地下水位影响较小,灌区不会出现盐渍化现象。

12.3.2.6 水土流失

工程扰动原地貌、土地总面积为 693.78 hm^2,破坏水土保持设施面积总计 22.93 hm^2,项目区弃土总量为 1 815.46 万 m^3,项目建设期和运行初期预测新增水土流失量为 26 003 万 t。

12.3.2.7 文物

项目建设中,对于县级以上文物保护单位,原则是就地保护,基本建设不能侵入其保护范围。张仪烈士墓处于调节水库西库区的北部边缘,经建设单位、文物部门和规划设计单位共同协商,同意该处留出一个半岛,以对该墓群进行保护。

对于尚未公布为文物保护单位的文物点,在基本建设项目启动时要根据国家文物局《关于加强基本建设工程中考古工作的指导意见》进行逐步实施,以确保文化遗产安全。

12.3.2.8 局地气候

调节水库水体对环境温度的影响表现为降温作用,并且降温范围主要都集中在库区和水库周围,夏季降温作用的程度和范围都是最大的。水库周围平均温度降低 0.25 ℃的区域范围基本上距水库岸边不超过 0.5 km,且往南(城区)影响范围稍远,超过此距离,水库对温度的影响已不明显。

水库运行后将造成周边空气湿度的增加,其中以春季增加最明显,秋季次之,夏季不明显。调节水库建成后,库区以外舒适度级别没有明显改变,最明显的改变是夏季库区舒适度较好,感觉舒服。因此,从水库水体对人体的舒适度影响来看,濮阳市北部沿库环境要较建库前更适合居住。

12.3.2.9 社会经济

工程供水灌区面积为 89 万亩,现状灌溉水源无法保障,导致粮食产量偏低,灌区灌溉效益不能充分发挥。工程建设之后,能够满足农田灌溉需水量,显著改善下游农业生产条件,促进灌区农业发展,保障粮食生产安全。

本工程的实施将使第一濮清南干渠、第三濮清南干渠、马颊河、顺城河等水体水质基本达到水质目标,城市水环境质量得到全面改善,城市生态水系得以维持,创造良好的生态环境;形成重要的城市景观,能够改善濮阳市的自然景观,将给濮阳乃至河南省创造一个良好的旅游、休闲场所,提高城市品位,为濮阳市的发展起到促进作用。

12.3.2.10 拆迁安置环境影响

水库涉及搬迁安置人口 2 045 人,移民搬迁安置主要采取在本村、本乡内安置的方式,按照搬迁标准安置宅基地,新址地形应相对平缓。移民安置后,主要依托已有的基础设施和服务设施,易于解决供水、供电、交通、上学、就医等。移民安置规划实施后,移民新址位置距原址较近,移民搬迁后的居住环境条件应该保持原有水平或者有所提高。随着供水工程的运行、区域经济的发展,移民区的居住环境会进一步得到改善和提高。移民生活质量将保持原有水平或有所提高。

按照移民安置规划,水库建成后,可提高农业灌溉保证率,采取推广农业科技技术、优化种植结构、扩大高效经济作物种植比例、提高农产品商品率、发展综合农业为主要途径的生产安置方式,采取调整种植结构,优先发展大棚蔬菜、林果、花卉等经济作物及小规模养殖,实现高投入高产出。安置规划的实施,可增加移民收入,使移民生活保持原有水平或有所提高,最终实现生产恢复和生活水平提高的安置目标。

本工程移民数量不大,且移民安置主要采取在本村、本乡安置的措施,迁移距离短、远离地表水体,影响范围较小,移民安置建设不会对周边环境产生不利影响。

12.3.2.11 重要生态敏感区

本工程利用原有渠村引黄闸,不用新建,同时水库南边界与黄河湿地自然保护区实验区最北边界距离为 42 km,水库施工不会对湿地保护区产生影响。水库工程没有增加渠村引黄闸引水量,同时根据黄河水量调度,各引水口应定期上报引水方案,并根据上级下达的指标合理引水。黄河水量统一调度考虑各用水户的需求,经水量统一调度后,能够保证湿地自然保护区的用水需求,对濮阳县黄河湿地省级自然保护区无显著影响。通过水库的引水调节,一定程度上缓解了黄河补给与湿地需水矛盾。同时,因为本项目引水量有限,在丰水期或非农灌时间段水库引水,对黄河的水文情势和流量影响很小,所以不会对湿地生态系统产生不利影响。

水库附近的集中式生活饮用水源有中原油田基地地下水保护区和沿西环线地下水保护区。中原油田基地地下水保护区和沿西环线地下水保护区的二级保护区边界距水库最近的边界距离分别为 1.5 km 和 2.5 km。水库范围不在中原油田基地地下水保护区和沿西环线地下水保护区的一、二级保护区范围内,但位于准保护区内。调节水库工程不属于污染型项目,根据《饮用水水源保护区污染防治管理规定》相关要求,不属于《饮用水水源保护区污染防治管理规定》中的禁止建设内容,因此调节水库工程符合《饮用水水源保护区污染防治管理规定》中准保护区内的相关要求。

两个地下水饮用水源保护区井群深度在 120 m 左右,为承压水,承压水是充满两个隔水层之间的含水层中的地下水,承压水由于顶部有隔水层,它的补给区小于分布区,动态变化不大,不容易受污染;水源保护区主要由黄河侧渗补给,水库水来源于黄河水,水质有保障,同时水库位于水源保护区地下水流向的下游,主要渗漏去向为浅层地下水,且侧渗量较小。因此,水库建设不会对上述地下水源保护区产生影响。

12.3.3 环境保护措施

12.3.3.1 水环境

(1)混凝土拌和及养护废水:

①在施工营地混凝土拌和系统周边设置 2 组 6 m³ 的沉淀池,废水经沉淀、中和、絮凝、静置沉淀达标后回用于施工生产。

②污泥自然干化后利用挖掘机外运至就近弃渣场。

(2)车辆冲洗废水经沉淀、隔油处理达标后回用于施工生产。

(3)施工人员生活污水:建议在施工营地修建环保厕所 30 座,定期雇用濮阳市城肥队清理及运走粪便,避免对工程附近地表水环境产生影响。

(4)运行期水质保护措施:保证库区上游的第三濮清南干渠、第一濮清南干渠全线截污措施,切实保证其水质不受污染,并确保下游灌渠水质满足农业用水水质要求。

调蓄池运行期间,建议采取以下措施:保证库区水体持续交换,加强库区水量调度管理;设置水质自动监测站;加强库区周边污水收集和处理;根据区域水质监测结果,对溶解氧低的地区随时进行曝气充氧;定期对池区底泥进行清淤处理;当发现藻类数量超标时,应考虑向水体投放硫酸铜、柠檬酸等化学药剂,或者采用人工打捞等措施,避免水体富营养化。

运行期管理人员生活污水收入城市污水管网纳入污水处理厂统一处理。

12.3.3.2 环境空气

工程施工期产生的大气污染主要对施工区现场作业人员及施工场地附近村民产生一定的影响,主要采用防尘、防噪、安装除尘设备,采取交通道路洒水降尘、养护等措施,合理安排施工时间等。

调节水库 3 个弃土场为临时弃土场,弃土用于濮阳市新区道路及周边地区基本建设,在弃土转运期间,应做好防护措施,大风扬沙天气增加洒水次数,以避免弃土场扬尘对濮阳市区环境空气质量的影响。

12.3.3.3 声环境

加强施工机械和运输车辆的维护与保养,保持机械润滑,降低运行噪声;禁止夜间施工,白天运输车辆在敏感区路段需减速行使,并设立标示牌,禁止鸣笛,车辆时速限制在 15 km/h 以内。

工程运行期建议水库引水河道引水泵站选用高性能、低噪声的设备,降低声源噪声;引水泵站所有设备全部安置在密闭的房间内,并采取减振、防震措施,安装消声装置。

12.3.3.4　固体废弃物

工程弃土场应有专门设计,根据不同弃土场的具体情况,采取具体的水保措施,防止产生水土流失。弃土应结合周边城市建设,尽快予以综合利用。

施工结束后,要对混凝土拌和、砂石料加工等施工用地及时进行场地清理。

施工期施工人员生活垃圾及运行期管理人员生活垃圾均应定期收集,清运至市区垃圾中转站统一处理。

12.3.3.5　生态保护措施

对于占用农田的工程、弃土场,工程结束后进行土地平整。

绿化植物选择当地适宜种类,通过采集保护区内植物种子或移植保护区内植物幼株的方式。

工程弃土(渣)后,采用植被恢复措施,使植被与周边环境协调;施工场地和营地设计应合理、有序,面积不应过大,减小景观影响范围。

12.3.3.6　敏感生态目标保护措施

工程引水应服从黄河水量统一调度,确保河流生态环境水量。

弃土堆放应满足濮范高速的相关防护要求,并注意与四周的景色相和谐。

12.3.3.7　水土保持措施

针对工程建设中主体工程区、弃渣堆土场、施工道路防治区、施工生产生活区水土流失的具体情况,结合主体设计中已有水土保持设施布置水土保持措施,因地制宜地采取工程、植物和土地整治措施,临时措施和预防保护措施相结合的防治措施,形成水土流失防治体系。

12.3.4　公众参与

通过两次信息公开、发放公众意见调查表、召开座谈会及现场走访等方式,开展了公众参与工作,从公众参与的调查结果来看,调查到的公众均支持本项目的建设,可以暂时忍受施工期产生的废水、废气、废渣的不利影响,他们对本项目建成后生活质量的提高、居住环境的改善持有肯定的态度。建设单位根据国家法律法规也给了承诺,严格施工管理,降低环境不利影响。

12.3.5　工程建设的环境可行性

濮阳市引黄灌溉调节水库工程的实施,将有效改善河南省引黄灌区的引水条件,有利于提高灌溉保证率,补充灌区地下水,保障粮食生产可持续发展,增强河南省粮食生产核心区的灌溉保障能力。同时,工程建成后,形成重要的城市景观,能够改善濮阳市的自然景观,为濮阳市的发展起到促进作用。工程实施对环境的不利影响主要源于项目区土地资源的减少;施工期池体开挖、施工活动以及施工期、运行期弃土场土料转运产生的粉尘、扬尘对环境空气质量的影响必须采取防治措施得到降低;其他如陆生生物、库区水质以及施工期水、噪声等影响可通过采取恢复、防治措施得到减免;工程引水对黄河渠村段水量影响甚微,在黄河水量统一调度下,工程实施基本不会对濮阳县黄河湿地省级自然保护区以及饮用水源保护区造成显著影响。

从环保角度看,在本工程采取相应的环境保护以及工程建设期污染防治措施后,工程建设不存在制约工程可行性的环境问题,工程建设可行。

12.4 建 议

为保证工程顺利实施,现就工程施工、运行期间可能遇到的相关问题,提出如下几项建议:

(1)工程涉及拆迁安置人数较多,征地拆迁管理工作意义重大,建议相关部门按照《国务院办公厅关于进一步严格征地拆迁管理工作切实维护群众合法权益的紧急通知》(国办发明电[2010]15 号 中机发 5668 号)要求,严格执行农村征地程序,做好征地补偿工作,征地涉及农民住房的,必须先安置后拆迁。评价建议本项目完成安置工作后再进行工程施工,一方面可避免工程施工对库区居民产生的不利环境影响,另一方面也可进一步确保工程施工安全。

(2)第一濮清南干渠及第三濮清南干渠上游作为调节水库的引水河道,其水质状况对库区有直接影响,因此应严格按照当地污染源整治方案,保证河道全部截污,避免库区水质受到污染。此外,强降雨初期河流水质较差,此时应关闭库区进水口水闸,做好水质监测工作,待河道水质好转后再恢复引水。

(3)工程开工前,按水行政主管部门要求完成相关前期手续。在工程实际运行过程中,工程引水应按照《黄河水量调度条例》要求,严格按照黄河水量调度预案批准的引水量及过程进行引水。服从黄河水利委员会组织实施的应急调度,保证下游生态流量。

(4)工程项目区可能存在文物古迹,建议按照《中华人民共和国文物法》相关规定,在工程开工建设前开展相关调查、发掘工作。在工程施工过程中,若发现文物古迹,及时上报文物保护主管单位,并根据文物保护主管单位要求开展施工活动。

(5)做好水库水质监测工作,尤其是水体流动较差的中心湖、局部湖弯处,根据监测结果及时采取相应措施,避免库体水质恶化。

(6)工程运行后,对库区周边地下水水位、浸没、土壤盐渍化进行定期监测,制订应急预案,及时采取有效手段应对调节水库防渗可能出现的问题。

(7)张仪村、疙瘩庙村、祁家庄村距相应施工营地的距离分别为 50 m、50 m、100 m,昼间可以满足声环境 2 类要求,但夜间不能满足声环境 2 类要求。因此,评价建议调整 1#、3#、4# 施工营地布局,后撤至距村庄 125 m 外,减轻对敏感点的声环境影响。

参 考 文 献

[1] 叶守泽,等. 水库水环境模拟预测与评价[M]. 北京:中国水利水电出版社,1998.

[2] 陈玉民,等. 中国主要作物需水量与灌溉[M]. 北京:中国水利水电出版社,1995.

[3] 叶文虎,等. 环境质量评价学[M]. 北京:高等教育出版社,1994.

[4] 黄祥飞,等. 湖泊生态调查观测与分析[M]. 北京:中国标准出版社,2000.

[5] 高吉喜. 可持续发展理论探索:生态承载能力理论、方法与应用[M]. 北京:中国环境科学出版社,
2001.

[6] 程秀文,等. 黄河下游引黄灌溉中的泥沙处理利用[J]. 泥沙研究,2000(2):10-14.

[7] 周益人,等. 赵口引黄灌区一号沉沙池设计方案优化试验研究[J]. 泥沙研究,2000(2):49-54.

[8] 罗长军,韩建秀,等. 橡胶坝蓄水工程对城市浅层地下水环境影响的评价[J]. 水利学报,2004(8):
1-9.

[9] 李坷凌,宋丽红. 濮阳市地下水位下降及其防治[J]. 水文地质工程地质,2004(1):79-81.

[10] 马晓蕾,王静,等. 濮阳市地下水污染特征分析[J]. 地下水,2010(4):39-41.

[11] 王新伟,姜翠玲,等. 水库蓄水初期水质变化与富营养化成因分析[J]. 水电能源科学,2010(1):38-
40.

[12] 朱建坤,俞海平,等. 汤浦水库富营养化趋势分析及防治研究[J]. 环境科学与技术,2010(S1):219-
221.

[13] 方子云. 现代水资源保护管理理论与实践[M]. 北京:中国水利水电出版社,2007.

[14] 水利部农村水利司. 渠道防渗技术[M]. 北京:中国水利水电出版社,1998.

[15] 刘玉林,周艳丽. 黄河流域水污染危害调查与结果分析[C]//黄河流域水资源保护局. 黄河水资
源保护科技成果与论文选编. 郑州:黄河水利出版社,2005:10-15.

[16] 张立成,佘中盛,章冉,等. 水环境化学元素研究[M]. 北京:中国环境科学出版社,1995.

[17] 张学锋,梁海燕,张军献. 黄河花园口口供水水源地污染问题浅析[C]//黄河流域水资源保护局黄河
水资源保护科技成果与论文选编. 郑州:黄河水利出版社,2005:16-20.

[18] 董保华. 黄河水资源保护30年[M]. 郑州:黄河水利出版社,2005.

[19] 张宏,王振霞,王苏芳. 价值工程在水利工程施工环境影响评价中的应用研究[J]. 河北水利,2011
(4):22-23.

[20] 黄锦辉,郝伏勤,高传德,等. 黄河干流生态需水量初探[C]//黄河流域水资源保护局. 黄河水资源
保护科技成果与论文选编. 郑州:黄河水利出版社,2005:173-177.

[21] RS 瓦尔希尼. 水利工程建设后新的环境平衡[J]. 潘晓颖,孙远,译. 水利水电快报,2010(11):
15-18.

[22] 王丽伟,张曙光,宋华力. 黄河小浪底水利枢纽工程建设期库区及下游水环境分析[C]//黄河流域
水资源保护局. 黄河水资源保护科技成果与论文选编. 郑州:黄河水利出版社,2005:43-47.

[23] 刘鸿志,李发生,任隆江. 三河三湖污染防治计划及规划[M]. 北京:中国环境科学出版社,2000.

[24] 王丽伟,张曙光. 黄河调水调沙期间小浪底工程下游水质变化情况分析[C]//黄河流域水资源保
护局. 黄河水资源保护科技成果与论文选编. 郑州:黄河水利出版社,2005:27-30.

[25] 张建军,黄锦辉,高传德,等. 黄河水环境承载力及护理利用[C]//黄河流域水资源保护局. 黄河水
资源保护科技成果与论文选编. 郑州:黄河水利出版社,2005:209-215.

[26] 王伟. 论水利水电工程中环境影响评价的应用[J]. 中国科技博览,2010(30):481.

[27] 李振海,赵蓉.环境影响评价在水利水电工程建设中的主要功能及作用——以张峰水库工程为例[J].水利发展研究,2009(12):37-41.

[28] 王丽宏.水利项目的环境影响评价研究[J].水利水电工程设计,2009(3):28-31.

[29] 赵娜,孙志刚,孙华.水利专项规划环境影响评价研究[J].重庆科技学院学报:自然科学版,2007(3):16-22.

[30] 廖远志,廖鸿志.荷兰水利工程建设与生态环境协调发展探讨[J].水利水电快报,2007(16):7-9.

[31] 曹连栋,黄晞湛,张新华.水利水电工程环境影响评价的探讨[J].山东水利,2007(4):61-62.

[32] 欧辉明.水利水电项目环境风险评价的探索与实践[J].广西水利水电,2006(4):44-46.

[33] 姜华,彭寿永.万安水利枢纽的社会、经济、环境影响综合评价研究[J].水电站设计,2006(4):44-47.

[34] 罗小勇,邹颖.论水利水电工程环境影响评价中的公众参与[J].水电站设计,2007(2):105-107.

[35] 唐凤丹.输水渠道工程环境影响评价研究[J].海河水利,2005(4):37-39.